高·等·学·校·教·材

# Inorganic Chemistry

# 无机化学

普通版

陈玉凤　主编

李东平　李永绣　副主编

化学工业出版社

·北京·

本教材适用于非化学专业的院系使用，是结合非化学专业的特点以及目前无机化学课程实际的学时数来编写的，在专业版无机化学教材的基础上，精简了教材内容，并添加了与无机化学相关的前沿研究材料，如纳米材料、有机-无机杂合材料等。全书分为化学反应基本原理、化学平衡、物质结构基础、固体结构与超分子化学元素化学五个方面，既强调无机化学知识体系的基础理论、基本规律，也注重现代无机化学的新发展、特点及新的研究方法，并将一些学科发展的前沿知识贯穿在整个教材的各个章节，以激发和培养学生科学的思维方法、创新意识和创新能力。

**图书在版编目(CIP)数据**

无机化学(普通版)/陈玉凤主编. —北京：化学工业出版社，2016.9（2021.10重印）
ISBN 978-7-122-27273-7

Ⅰ.①无… Ⅱ.①陈… Ⅲ.①无机化学 Ⅳ.①O61

中国版本图书馆 CIP 数据核字（2016）第 176008 号

责任编辑：李晓红 傅聪智　　　　　　　加工编辑：李 玥
责任校对：王素芹　　　　　　　　　　　装帧设计：王晓宇

出版发行：化学工业出版社（北京市东城区青年湖南街 13 号　邮政编码 100011）
印　　装：北京虎彩文化传播有限公司
710mm×1000mm　1/16　印张 14½　字数 295 千字　2021 年 10 月北京第 1 版第 4 次印刷

购书咨询：010-64518888　　　　　　　　售后服务：010-64518899
网　　址：http://www.cip.com.cn
凡购买本书，如有缺损质量问题，本社销售中心负责调换。

定　　价：39.00 元　　　　　　　　　　　　　　　版权所有　违者必究

# 前　言

　　无机化学是研究无机物质的组成、结构、性质和变化的科学。《无机化学》课程是化学化工、环境科学、冶金工程、材料工程和生物食品等专业大学生进入大学后学习的第一门基础课程。其教学目的是需要学生在掌握化学基本原理的基础上围绕无机单质和化合物的微观组成和结构与其宏观化学物理性质的关系建立系统的思辨和认知方法，为后续各学科的学习和研究打下坚实的基础。事实上，大学时期学习的大学化学、普通化学、化学原理、化学概论等课程均是以无机化学为主体内容（一般在90％左右），适当补充一点分析方法、有机化学初步知识而形成的。

　　目前，化学系学生的《无机化学》教学时间为一学年，使用的《无机化学》教材主要有武汉大学和吉林大学编的《无机化学》（上、下册），该教材内容比较详细，适合化学专业的《无机化学》教学课程。而非化学专业的《无机化学》教学因课时少，且不同的学科其教学大纲的要求也存在差异，如食品、生物学科等理科类的无机化学教学大纲要求与材料、化工等工科类的无机化学教学大纲要求是不同的，所以需要一套适合理工类非化学专业的无机化学教材。目前这样的教材还较少，常用的教材主要有大连理工大学编写的《无机化学》教材和浙江大学的《普通化学》。前书内容充实，选材也好，适合于学时数充分（64学时及以上）的班级使用。后一本书更贴近材料类专业的化学课程学习，因为所选内容和章节编排纳入了较多材料化学方面的内容。

　　这些年的教学改革对非化学专业《无机化学》课程的学时压缩得比较厉害，一般是32学时或48学时。而现有的无机化学教材一般内容比较繁多，按照教学计划，书中很多内容无法讲授完；通过对现有无机化学教材的研读和比较发现，各类无机化学教材中均存在与高中阶段的化学或与后续分析化学和物理化学课程相重复的内容。而这些内容往往还是在前面出现，并在教学计划中给予了充分的体现，占用了学时数，学生也缺乏新鲜感进而缺乏学习动力。

　　为了克服以上不足，本教研室经过充分的讨论并根据多年的教学体会和教学需要，组织编写了这本教材以供非化学专业的无机化学基础课使用。《无机化学》（普通版）教材将根据"合理控制教学总量，整体优化教学内容"的基本要求，贯彻"少而精"的基本原则来进行编写。既强调无机化学知识体系的基础理论、基本规律，也注重现代无机化学的发展特点及新的研究方法，以培养学生的科学思维方法和创新意识。

根据无机化学学科的特点，本书内容主要由三个知识点体系组成：第一个知识点体系是关于化学反应的基本原理，其中主要涉及化学反应的热力学和动力学基础知识，以及化学反应平衡，这部分内容是无机化学这门课程的基础知识；第二个知识点是关于物质结构，包括原子结构、分子结构和固体结构，这部分知识点是无机化学学科的核心内容；第三个知识点是关于化学元素的简介，这部分内容比较简洁，这也是本教材与其他教材不同的特点之一。本无机化学教材的内容比较精简，以适合非化学专业学生的实际教学需要。

本书的编写由陈玉凤和李永绣提出编写大纲和编写要求。陈玉凤担任主编，李东平和李永绣任副主编。第1章、第2章和附录由陈玉凤编写；第3章和第4章由李东平编写；第5章由李静编写；李永绣负责全书的审稿和结构编排，并对各章节提出修改意见。

自2016年9月第1次印刷以来，经过三年的实践试用，获得了师生们的肯定，同时也得到了师生们提出的宝贵意见。第2次印刷根据师生反馈的意见对第1次印刷中出现的错误和不足进行了更正，尤其是对第1~4章后面的习题作了较大的调整。此外，还删除了第4章有关超分子化学简介内容。本次修订得到了黎先财教授的悉心指导，并吸取了本校使用《无机化学》（普通版）教材的老师们在教学实践中的经验。在此表示衷心的感谢！

鉴于编者水平和实践经验所限，书中难免会存在不足之处，恳请读者及时提出批评意见。

编　者
**2019 年 8 月**

# 目　录

# 第**1**章
# 化学反应热力学和动力学基础

本章主要讨论化学反应的热力学和动力学基础知识。在实际的化学生产中，既要考虑化学反应进行的程度又要考虑化学反应进行的快慢（或反应速率），这两个问题是实际化学工业生产中的关键问题。化学反应进行的程度是属于化学反应的热力学范畴，这个范畴主要是研究反应的可能性，即反应进行的方向和限度；而化学反应的快慢是属于化学反应的动力学范畴，这个范畴还包括化学反应的机理。本章重点讨论化学反应进行的方向、限度与反应速率三大问题。

## 1.1 化学反应热力学基础

化学反应热力学（chemical thermodynamic）是研究化学变化过程中能量的传递或转化关系的学科。其主要内容是利用热力学第一定律来计算变化过程中的热效应；利用热力学第二定律来研究化学反应的方向。在此基础上，进一步通过热力学第三定律中熵的规定，来解决化学反应的限度问题。因此，化学热力学可以解决化学反应的可能性、化学反应的方向和限度以及化学反应的热效应等问题。化学反应动力学则是解决化学反应的速率和机理问题。化学反应热力学和动力学是相辅相成的，一个是研究反应的可能性，一个是研究反应的现实性。热力学上可行的化学反应，在实际的生产中不一定可行，如反应速率太慢，实际的工业生产就没有意义了；反之，如果是热力学上不可行的化学反应，那就没有必要再去研究反应的速率问题了。所以反应热力学和动力学是化学反应的基础知识。

### 1.1.1 热力学基本概念及术语

（1）系统（体系）和环境

所谓系统就是指研究的对象。除系统之外，与系统相关的那部分物质世界称为环境。如研究密闭容器里的溶液时，容器壁、密封盖等以外的空间都是环境的组成部分。系统的选择是否恰当往往是解决问题的关键。根据系统与环境之间能量和物质的交换情况，将系统分为敞开系统、封闭系统和孤立系统三类（图1-1）。

① 敞开系统：系统与环境之间既有物质交换也有能量交换。如无盖的瓶内就是敞开系统。

② 封闭系统：系统与环境间只有能量交换，而没有物质交换。如密闭盖的瓶

内可以看成是封闭系统。在这里瓶内与外界没有物质交换，但可以进行能量的传递。

③ 孤立系统：系统与环境间既无能量交换，也无物质交换。如密封的绝热钢瓶可以看成孤立系统。

敞开系统、封闭系统和孤立系统是相对的，是可以相互转换的。例如，在敞口的瓶子中盛满热水，以热水为研究对象，则这瓶水是敞开系统。降温过程中系统不断向环境放出热能，且不断地有水分子变为水蒸气逸出。若在瓶子上加盖子不让水分子逸出，则避免了瓶子与环境间的物质交换，于是得到一个封闭系统。若把瓶子换成一个理想的保温瓶，则既杜绝了能量的交换也杜绝了物质的交换，于是成了一个孤立系统。在热力学中，主要研究封闭系统，如果没有特别指明，一般是指封闭系统。

（2）状态和状态函数

系统的状态是系统所有宏观性质的综合体现，如温度（$T$）、压力（$P$）、体积（$V$）、物质的量（$n$）以及密度（$\rho$）等都是系统的宏观状态性质。当系统处于一定状态时，描述系统状态的宏观物理量称为状态函数，如内能（$U$）、焓（$H$）、熵（$S$）、吉布斯函数（$G$）等。系统处于一定状态时，状态函数具有确定的值，并且状态函数的变化值只与系统的始态和终态有关，与系统从始态变化到终态所经历的具体途径没有关系。

（3）热、功和过程

① 热：系统与环境间因温度差而发生的能量交换形式称为热（或热量），符号为 $Q$。系统吸热，$Q > 0$；系统放热，$Q < 0$。

② 功：系统与环境间除热以外的其他各种能量交换形式称为功，符号为 $W$。系统对环境做功，$W < 0$；环境对系统做功，$W > 0$。

热和功不是状态函数，因它们与系统的具体变化途径有关。

如图 1-2 所示，从始态 $A$ 到达终态 $B$ 有三条变化途径Ⅰ、Ⅱ、Ⅲ。这三条具体途径不同，它们所做的功也不同，所吸收或放出的热也不同。但它们的状态函数的变化值是一样的，因为始态和终态是一样的。

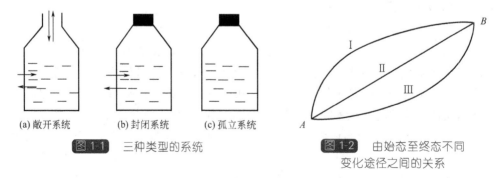

(a) 敞开系统　　(b) 封闭系统　　(c) 孤立系统

**图 1-1**　三种类型的系统

**图 1-2**　由始态至终态不同变化途径之间的关系

③ 过程：系统的状态发生变化，从始态变到终态所经历的一个热力学过程，简称过程。有些过程是在特定的条件下进行的，如恒压过程、恒温过程、恒容过程。若过程中系统和环境没有能量传递，则称之为绝热过程。各种特定过程定义如下。

恒压过程：指系统由始态变到终态的过程中压力始终相等，并等于外压。

恒温过程：指系统由始态变到终态的过程中温度始终相等。

恒容过程：指系统由始态变到终态的过程中容积始终相等。

当系统经历一个过程时可以采取许多种不同的方式，把每一种具体的方式称为一种途径。如理想气体由始态 $p=1\times10^5\,Pa$，$V=2\times10^{-3}\,m^3$ 经一恒温过程变到终态 $p=2\times10^5\,Pa$，$V=1\times10^{-3}\,m^3$，可以由下面两种或更多种具体方式来实现（图 1-3）。

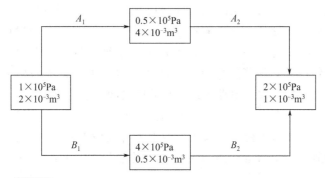

**图 1-3**　系统在恒温条件下经过不同途径到达终态的原理

（4）相

根据系统中物质存在的形态和分布不同，将系统分为相（phase）。相是指在没有外力作用下，物理性质和化学性质完全相同、成分相同的均匀物质的聚集态。不同的相之间有明显的界面，超过此界面，一定有某宏观性质（如密度、组成等）发生突变。在压强、温度等外界条件不变的情况下，物质从一个相转变为另一个相的过程称为相变。相变过程也就是物质结构发生突然变化的过程。通常任何气体均能无限混合，所以系统内无论含有多少种气体都是一个相，称为气相。对于液体来说，完全互溶的液体形成的混合物系统一般是一个相，如水和乙醇可以任意比互溶而形成一个相。不完全互溶或完全不互溶的液体形成的混合体系是多相，如四氯化碳和水混合得到的体系就是一个多相体系。对于固体来说，一种纯净物就是一个相，有几种纯净物混合在一起就有几个相。

（5）化学计量方程式和化学反应进度

化学计量方程式：根据质量守恒定律，用规定的化学符号和化学式来表示化学反应的公式。

反应进度：指对既定的化学计量方程式，反应物反应掉的物质的量或生成产物的物质的量与方程式中对应物质的计量数之比。即：

$$aA + bB \Longrightarrow gG + dD$$
$$\Delta n_A \quad \Delta n_B \quad \quad \Delta n_G \quad \Delta n_D$$

$$\xi = \frac{\Delta n_A}{a} = \frac{\Delta n_B}{b} = \frac{\Delta n_G}{g} = \frac{\Delta n_D}{d} \tag{1-1}$$

当反应进度 $\xi = 1\text{mol}$ 时，化学反应中的物质的量的变化值正好等于化学方程式中的计量数。

根据定义可知，反应进度与化学计量方程式的具体写法有关。对指定的化学计量方程式，反应进度与物质的选择无关。

### 1.1.2 热力学第一定律

(1) 热力学第一定律与热力学能

"自然界的一切物质都具有能量，这些能量不会凭空产生或消失，它只能从一种形式转化为另一种形式，而能量的总和不变"，这就是著名的能量守恒与转化定律。把能量守恒与转化定律用于具体的热力学系统，就是热力学第一定律。即在孤立系统中，各种形式的能量可以相互转化，但能量的总值保持不变。或者也可表述为系统热力学能的改变值等于系统与环境之间的能量传递。

$$\Delta U = Q + W \tag{1-2}$$

系统的热力学能（内能）是指系统内部各种能量的总和，包括分子的平动能、转动能、振动能、电子的运动能和原子核内的能量以及系统内分子之间的相互作用能等。

**例 1-1** 某系统从环境吸收热量并膨胀做功，已知系统从环境吸收热量 300kJ，对环境做功 150kJ，求该过程中系统的热力学能变和环境的热力学能变。

解：依据热力学第一定律

$$\Delta U(\text{系}) = 300\text{kJ} + (-150\text{kJ}) = 150\text{kJ}$$
$$\Delta U(\text{环}) = -300\text{kJ} + 150\text{kJ} = -150\text{kJ}$$
$$\Delta U(\text{系}) + \Delta U(\text{环}) = 150\text{kJ} - 150\text{kJ} = 0\text{kJ}$$

(2) 化学反应热

化学变化常常伴随着吸热或放热现象。对于一个化学反应，反应物可以看成系统的始态，生成物看成系统的终态。因各种物质蕴含的热力学能不同，当化学反应发生后，生成物的总热力学能与反应物的总热力学能往往是不相等的。这种反应物热力学能和生成物热力学能之差就是化学反应热的来源。所以化学反应热是指生成物与反应物的温度相同时，系统在化学反应过程中，只做体积功而不做非体积功时所吸收或放出的热量。因化学反应具体方式不同时，其反应热也不同，所以根据反应方式不同，反应热可分为恒容反应热和恒压反应热。

① 恒容反应热：指在恒容过程中完成的化学反应，其热效应称恒容反应热，通常用 $Q_V$ 来表示。由热力学第一定律可知：$\Delta U = Q_V + W$。因恒容过程中 $W = 0$，所以 $\Delta U = Q_V$，即在恒容过程，系统吸收或放出的热量全部用来改变系统的热力学

能(内能)。

② 恒压反应热：指在恒压过程中完成的化学反应，其热效应称为恒压反应热，通常用 $Q_p$ 来表示。

图 1-4 为恒压膨胀过程做功示意，根据这个过程可以推算如下关系式：

$$W = -Fl = -p_{ex}Al = -p_{ex}(V_2 - V_1)$$
$$= -p_{ex}\Delta V = -p\Delta V$$
$$\Delta U = Q_p + W \qquad Q_p = \Delta U - W$$

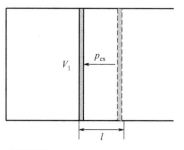

**图 1-4**　恒压过程做功示意图

所以，$Q_p = \Delta U + p\Delta V = U_2 - U_1 + p(V_2 - V_1) = (U_2 + pV_2) - (U_1 + pV_1)$

令 $H = U + pV$，并将 $H$ 定义为焓，单位为 J 或 kJ，无明确物理意义。则

$$Q_p = H_2 - H_1 = \Delta H$$

即恒压过程中，系统吸收或放出的热量全部用于增加或减少系统的焓。

$\Delta H > 0$ 系统吸热，$\Delta H < 0$ 系统放热。

$\Delta H$ 在特定条件下等于 $Q_p$，$\Delta H$ 是状态函数，$Q_p$ 不是状态函数。

③ 恒压反应热和恒容反应热的关系：由恒压反应热中对焓的定义可知

$$H = U + pV$$
$$\Delta H = \Delta U + \Delta(pV)$$

对于反应都是凝聚相的系统来讲，$\Delta(pV)$ 的值很小，一般可忽略不计，此时，$\Delta H \approx \Delta U$。但系统中如果有气相存在，$\Delta(pV)$ 值不能忽略，如果气体是理想气体，根据理想气体状态方程 $pV = nRT$，有 $\Delta(pV) = \Delta nRT$，所以

$$\Delta H = \Delta U + \Delta(pV) = \Delta U + \Delta nRT$$

如果反应进度是 1，则

$$\Delta_r H_m = \Delta_r U_m + \sum \nu_i RT \tag{1-3}$$

式中，$\nu_i$ 为化学反应方程式中的计量数；$R$ 为理想气体常数；$T$ 为温度。

**例 1-2**　在 298.15K 和 100kPa 下，2mol $H_2$ 完全燃烧放出 483.64kJ 的热量。假设均为理想气体，求该反应的 $\Delta H$ 和 $\Delta U$。

解：　　$2H_2(g) + O_2(g) =\!=\!= 2H_2O(g)$

物质的量　2mol　　　1mol　　　　2mol

$\Delta H = Q_p = -483.6kJ$

$\Delta n = 2mol(H_2O) - 1mol(O_2) - 2mol(H_2) = 2 - (1+2) = -1$

$\Delta n$ 等于气相产物物质的量的总和与气态反应物质的量的总和之差。

所以　$\Delta H = \Delta U + \Delta nRT = \Delta U - RT$

$$\Delta U = \Delta H + RT = (-483.64 + 8.31 \times 298.15 \times 10^{-3})kJ = -481.16kJ$$

(3) 物质的标准摩尔生成焓、标准摩尔燃烧焓和化学反应的标准摩尔焓变

不同条件下的热力学函数不同，且其绝对值无法确定，所以要规定物质的标准态。

① 物质的标准态：

a. 理想气体物质的标准态：气体处于标准压力 $p^\ominus$ 下的状态，混合理想气体中任一组分的标准态是该气体组分的分压为标准压力 $p^\ominus$ 时的状态。

b. 纯液体（或固体）物质的标准态：标准压力下的纯液体或固体。

c. 溶液中溶质的标准态：标准压力下溶质的浓度为标准浓度（$c^\ominus = 1\text{mol} \cdot \text{L}^{-1}$）的溶液。

② 标准摩尔生成焓：在参考温度和标准压力下，由元素的最稳定单质态生成 1mol 某物质 i 时所吸收或放出的热量，称为该物质 i 的标准摩尔生成焓，用 $\Delta_f H_m^\ominus$ 来表示，其中 f 表示生成（formation），m 表示 1mol，$\ominus$ 表示标准态。

③ 标准摩尔燃烧焓：在参考温度和标准压力下，完全燃烧（或氧化）1mol 物质 i 时所放出的热量。用 $\Delta_c H_m^\ominus$ 来表示。

④ 化学反应的标准摩尔焓变：在标准状态下，对给定的化学反应，当反应进度为 1mol 时所对应的反应热称为该反应的标准摩尔焓变，用 $\Delta_r H_m^\ominus$ 表示，其中 r 表示反应（reaction）。

**例 1-3** 在 298.15K 和 100kPa 下，1mol $H_2$ 完全燃烧生成水（$H_2O$）放出了 285.83kJ 的热量。试求水的标准摩尔生成焓、$H_2$ 的标准摩尔燃烧焓以及化学反应 $2H_2(g) + O_2(g) \Longrightarrow 2H_2O(l)$ 的标准摩尔焓变。

解：　　　　　$2H_2(g) + O_2(g) \Longrightarrow 2H_2O(l)$

物质的量　　1mol　　1/2mol　　　　1mol

由化学反应标准摩尔焓变的定义可知，该化学反应的标准摩尔焓变为：$\Delta H = Q_p = 2 \times (-285.83) = -571.66\text{kJ}$；根据标准摩尔生成焓以及标准摩尔燃烧焓的定义可知：水的标准摩尔生成焓以及 $H_2$ 的标准摩尔燃烧焓都为 $-285.83\text{kJ} \cdot \text{mol}^{-1}$。而化学反应 $2H_2(g) + O_2(g) \Longrightarrow 2H_2O(l)$ 的标准摩尔焓变为 $-571.66 \text{kJ} \cdot \text{mol}^{-1}$。

（4）赫斯定律

根据恒压或恒容反应热的特点可知，在恒容或恒压条件下，化学反应的反应热只与反应的始态和终态有关，而与化学反应的具体途径无关，这就是赫斯定律。这个结论是 1840 年赫斯（Hess）从大量热化学实验中总结出来的，它既为热力学第一定律的建立奠定了基础，也是热力学第一定律建立后，热力学第一定律的必然推论。因为在恒压或恒容条件下，$Q_p = \Delta H$，$Q_V = \Delta U$，而反应的 $\Delta U$ 和 $\Delta H$ 都是状态函数的变量，与具体反应途径无关，所以 $Q_V$、$Q_p$ 只与始终态有关，与具体过程无关，但它们不是状态函数。赫斯定律还表述为"在恒容或恒压条件下，一个化学反应不论是一步完成还是分几步完成，其反应热完全相同"。

例如：$C(s) + O_2(g) \Longrightarrow CO_2(g)$　　　　$\Delta H_1$　　　　　　　　　　（1）

$C(s) + 1/2O_2(g) \Longrightarrow CO(g)$　　　$\Delta H_2$　　　　　　　　　　　（2）

$CO(g) + 1/2O_2(g) \Longrightarrow CO_2(g)$　　$\Delta H_3$　　　　　　　　　　（3）

$(2)+(3)=(1)$　　　　所以有 $\Delta H_2 + \Delta H_3 = \Delta H_1$

**例 1-4**　已知下列反应的 $\Delta_r H_m$（298K）

(1) $Fe_2O_3(s) + 3CO(g) \Longrightarrow 2Fe(s) + 3CO_2(g)$，$\Delta_r H_{m1}^{\ominus} = -27.6 kJ \cdot mol^{-1}$

(2) $3Fe_2O_3(s) + CO(g) \Longrightarrow 2Fe_3O_4(s) + CO_2(g)$，$\Delta_r H_{m2}^{\ominus} = -58.6 kJ \cdot mol^{-1}$

(3) $Fe_3O_4(s) + CO(g) \Longrightarrow 3FeO(s) + CO_2(g)$，$\Delta_r H_{m3}^{\ominus} = 38.1 kJ \cdot mol^{-1}$

求反应 (4) $FeO(s) + CO(g) \Longrightarrow Fe(s) + CO_2(g)$ 的 $\Delta_r H_m^{\ominus} = ?$

解：根据题中方程式之间的关系得出：

$(1) \times 3 - (2) \times 1 - (3) \times 2 = (4) \times 6$

则：$3\Delta_r H_{m1}^{\ominus} - \Delta_r H_{m2}^{\ominus} - 2\Delta_r H_{m3}^{\ominus} = 6\Delta_r H_m^{\ominus}$

所以，$\Delta_r H_m^{\ominus} = 1/6[3 \times (-27.6) - (-58.6) - 38.1 \times 2] kJ \cdot mol^{-1} = -16.73 kJ \cdot mol^{-1}$

(5) 化学反应的标准摩尔焓变与物质的标准摩尔生成焓及标准摩尔燃烧焓的关系

任意一个化学反应 $a\mathrm{A} + b\mathrm{B} \Longrightarrow g\mathrm{G} + d\mathrm{D}$ 中，各物质的标准摩尔生成焓与该化学反应的标准摩尔焓变具有如下关系：

$$\Delta_r H_m^{\ominus} = \sum \nu_i \Delta_f H_m^{\ominus} \tag{1-4}$$

即化学反应的标准摩尔焓变＝生成物的标准摩尔生成焓之和减去反应物的标准摩尔生成焓之和。而化学反应的标准摩尔焓变与各物质的标准摩尔燃烧焓的关系：

$$\Delta_r H_m^{\ominus} = -\sum \nu_i \Delta_c H_m^{\ominus} \tag{1-5}$$

即化学反应的标准摩尔焓变＝反应物的标准摩尔燃烧焓之和减去生成物的标准摩尔燃烧之和。

**例 1-5**　甲烷在 298.15K，100kPa 下与 $O_2$（g）的燃烧反应如下：

$CH_4(g) + 2O_2(g) \Longrightarrow CO_2(g) + 2H_2O(l)$

求甲烷的标准摩尔燃烧焓 $\Delta_c H_m^{\ominus}(CH_4, g)$。

解：依题意 $\Delta_c H_m^{\ominus}(CH_4, g) = \Delta_r H_m^{\ominus}$

$\Delta_r H_m^{\ominus} = \Delta_f H_m^{\ominus}(CO_2, g) + 2\Delta_f H_m^{\ominus}(H_2O, l) - \Delta_f H_m^{\ominus}(CH_4, g) - 2\Delta_f H_m^{\ominus}(O_2, g)$

$\Delta_c H_m^{\ominus}(CH_4, g) = \Delta_r H_m^{\ominus} = [-393.51 + 2 \times (-285.85) - (-74.81) - 0] kJ \cdot mol^{-1} = -890.41 kJ \cdot mol^{-1}$

**例 1-6**　已知乙烷的标准摩尔燃烧焓 $\Delta_c H_m^{\ominus}(C_2H_6, g) = -1560 kJ \cdot mol^{-1}$，计算乙烷的标准摩尔生成焓。

解：已知乙烷的燃烧反应为：

$C_2H_6(g) + 7/2O_2(g) \Longrightarrow 2CO_2(g) + 3H_2O(l)$

$$\Delta_r H_m^{\ominus} = \Delta_c H_m^{\ominus}(C_2H_6,g) = 2\Delta_f H_m^{\ominus}(CO_2,g) + 3\Delta_f H_m^{\ominus}(H_2O,l) - \Delta_f H_m^{\ominus}(C_2H_6,g) - \frac{2}{7}\Delta_f H_m^{\ominus}(O_2,g)$$

所以，$\Delta_f H_m^{\ominus}(C_2H_6,g) = 2\Delta_f H_m^{\ominus}(CO_2,g) + 3\Delta_f H_m^{\ominus}(H_2O,l) - \Delta_c H_m^{\ominus}(C_2H_6,g) - \frac{2}{7}\Delta_f H_m^{\ominus}(O_2,g) = [2\times(-393.5) + 3\times(-285.8) - (-1560) - 0]kJ \cdot mol^{-1} = -84.4 kJ \cdot mol^{-1}$

### 1.1.3　热力学第二定律和热力学第三定律

热力学第一定律解决了能量守恒以及能量的各种形式之间的转化关系，但它无法解决化学反应的方向和反应进行的限度。自然界的变化都不违反热力学第一定律，但不违反热力学第一定律的变化却未必能自发进行。例如，热可以自发地从高温物体传向低温物体，而它的逆过程即热从低温物体传向高温物体是不能自发进行的；水可以自发地从高处向低处流，而不能自发地从低处向高处流。这些问题是热力学第一定律无法解决的，所以要借助于热力学第二定律来解决变化的方向和限度。

（1）化学反应的自发性

自然界中所发生的变化具有一定的方向性，如水总是自高处向低处流，铁在潮湿的空气中易生锈。这种在一定条件下不需外界做功就能自发进行的过程，称为自发过程。若是化学反应，则称为自发反应，那决定这些自发变化的方向和限度的因素到底是什么呢？人们在对自然界的自发变化过程的研究中发现：自发过程的发生是由于系统的能量有自然降低的倾向。显然，系统的能量越低，其状态越稳定。远在一百多年前，化学家就发现许多自发反应或自发过程是放热的（如所有的燃烧反应是放热的，也是自发的过程），所以曾有人企图用反应的热效应或焓变来作为判断反应能否自发进行的依据。但是后来发现有些吸热反应也是自发进行的，如$NH_4Cl$固体的溶解过程是自发进行的，但却是吸热的过程。由此可见，影响反应自发性的因素除了热效应或焓变外，还存在其他因素。

（2）熵和热力学第二定律

熵是描述系统（或物质）混乱程度大小的物理量，也是系统的状态函数。系统（或物质）的混乱度越大，其对应的熵值也越大。

对于一个孤立系统，任何自发过程中，系统的熵总是增加的，即 $\Delta S$（孤立）$> 0$，这就是热力学第二定律。孤立系统是指系统与环境之间不发生任何物质和能量的交换的系统。真正的孤立系统是不存在的，因为能量交换不能完全避免。但是若将系统与它的环境组成一个新的系统，这个新系统可以看作孤立系统。

因此，$\Delta S$（总）$= \Delta S$（系统）$+ \Delta S$（环境）$> 0$　　　　　　　　　　（1-6）

如果某一变换过程中，系统的熵变和环境的熵变都已知，则可用式（1-6）来判断该过程自发方向，即

$\Delta S$(系统)$+ \Delta S$(环境)$> 0$　　自发过程

$\Delta S$(系统)$+ \Delta S$(环境)$< 0$　　非自发过程

孤立系统可能发生的一切宏观过程，均向着熵增大的方向自发进行，直至熵达到该条件下的极大值；任何可能的过程均不会使孤立系统的熵自发减小，这就是熵增加原理。

（3）热力学第三定律

由于熵是描述系统（或物质）混乱程度的物理量，系统（或物质）的混乱度与其微观粒子的运动速率有关，而温度是影响微观粒子运动速率的因素之一。其他条件不变的情况下，温度越高，系统微观粒子的混乱程度就越大，熵值就越大，所以熵与温度也有关。为了确定物质在某个温度下的熵值 $S_T$（熵的绝对值），规定一切纯净完整的晶体物质在 0K 时的熵值为零（$S_0 = 0$），这就是热力学第三定律。因为一切完整无损的纯净晶体在 0K 时，其组成粒子（原子、分子或离子）处于完全有序的排列状态，即 $S_0 = 0$。以此为基础，可求得物质在其他温度下的熵值（$S_T$）。例如，将一种纯净晶体从 0K 升温到任意温度（$T$），此过程的熵变 $\Delta S = S_T - S_0 = S_T$，其中 $S_T$ 为该物质在 $T$(K) 时的熵。与热力学能 $U$ 及焓 $H$ 不同，熵的绝对值 $S_T$ 是可以确定的。1mol 纯物质在标准态下的熵值称为该物质的标准摩尔熵（简称标准熵），符号为 $S_m(T)$，单位为 J・mol$^{-1}$・K$^{-1}$。熵属于系统的广度性质具有加和性。当 $T$ 没有特别指明时，一般是指 298.15K（25℃），书本后附录数据中的标准态下的温度采用 298.15K。

① 熵（$S$）与系统微观状态数 $\Omega$ 的关系：除了温度影响系统的混乱度外，还有什么因素影响着系统的混乱度？例如：不同数量的分子在不同自由空间的微观状态数如图 1-5 所示。

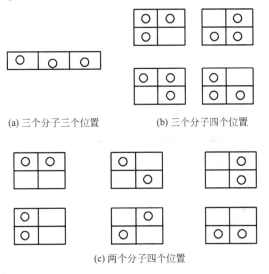

(a) 三个分子三个位置　　　　(b) 三个分子四个位置

(c) 两个分子四个位置

图 1-5　不同数量的分子在不同自由空间的微观状态数

由此可知，分子的自由空间越大，微观状态数越多，混乱度越大，熵值也越大。

奥地利物理学家和数学家 L. E. Boltzmann 将系统的熵与其状态数的定量关系提出如下：

$$S = k \ln \Omega \tag{1-7}$$

式中，$k$ 为玻耳兹曼常数；系统的微观状态数 $\Omega$ 越多，熵值越大。

② 标准摩尔熵：以 $S(0K) = 0$ 为始态，温度为 $T$ 时的指定状态 $S(i, T)$ 为终态，所算出的反应进度为 1mol 的物质 $i$ 的熵变即为物质 $i$ 在该指定状态下的摩尔规定熵 $S_m^\ominus(i, T)$。

在标准状态下的摩尔规定熵为标准摩尔熵。298.15K 及标准状态下单质的标准摩尔熵不等于零。

③ 影响熵值的因素：温度、压力、物质聚集态、分子量、分子结构。

通过对一些物质的标准摩尔熵值的分析和研究发现，常见物质的标准摩尔熵值具有如下规律：

a. 同一物质，气态的标准摩尔熵值总是大于其液态的标准摩尔熵值，而液态的标准摩尔熵值大于其固态的标准摩尔熵值，因为微粒的运动自由程度总是气态大于液态，液态大于固态。例如水蒸气的标准摩尔熵值大于水的标准摩尔熵值，水的标准摩尔熵值大于冰的标准摩尔熵值。

b. 结构相似的物质（或同类物质），其摩尔质量 $M$ 越大，标准摩尔熵值越大，因为原子数、电子数越多，微观状态数越多，熵值越大（见表 1-1）。

表 1-1　同类物质摩尔质量与标准摩尔熵 $S_m^\ominus$ 的关系

| 物质 | $F_2(g)$ | $Cl_2(g)$ | $Br_2(g)$ | $I_2(g)$ |
|---|---|---|---|---|
| $M/g \cdot mol^{-1}$ | 38.0 | 70.9 | 160.8 | 253.8 |
| $S_m^\ominus/J \cdot mol^{-1} \cdot K^{-1}$ | 203 | 223 | 245 | 261 |
| 物质 | $CH_4$ | $C_2H_6$ | $C_3H_8$ | $C_4H_{10}$ |
| $M/g \cdot mol^{-1}$ | 16.0 | 30.0 | 44.0 | 58.0 |
| $S_m^\ominus/J \cdot mol^{-1} \cdot K^{-1}$ | 186 | 230 | 270 | 310 |

c. 气态多原子分子的标准摩尔熵值比单原子的大，因为原子数越多，微观状态数也越多（见表 1-2）。

表 1-2　气态多原子分子的 $S_m^\ominus$ 与单原子的 $S_m^\ominus$ 值比较

| 物质 | O | $O_2$ | $O_3$ | N | NO | $NO_2$ |
|---|---|---|---|---|---|---|
| $S_m^\ominus/J \cdot mol^{-1} \cdot K^{-1}$ | 161 | 205 | 238 | 153 | 210 | 240 |

d. 摩尔质量相同的物质（如同分异构体），结构越复杂，标准摩尔熵值越大。如乙醇的对称性比二甲醚的差，故乙醇的标准摩尔熵值比二甲醚的大。

e. 同一物质的熵值随着温度的升高而增大，因为温度升高，微粒的运动自由度增加，相应熵值大。

f. 压力对固体、液体物质的熵值影响较小，而对气体物质的熵值影响较大。压力越大，微粒运动自由程度越小，相应的熵值就越小。

④ 标准摩尔反应熵变与物质的标准摩尔熵的关系：化学反应的标准摩尔熵变等于生成物的标准摩尔熵之和减去反应物的标准摩尔熵之和，即其关系式为：

$$\Delta_r S_m^\ominus = \sum \nu_i S_m^\ominus(i) \tag{1-8}$$

**例 1-7**　计算反应 $2SO_2(g) + O_2(g) =\!=\!= 2SO_3(g)$ 在 298.15K 标准态的熵变。

解：查表知各物质的标准摩尔熵值为 $S_m^\ominus(SO_2, g) = 248.1 \, J \cdot mol^{-1} \cdot K^{-1}$，$S_m^\ominus(SO_3, g) = 256.7 \, J \cdot mol^{-1} \cdot K^{-1}$，$S_m^\ominus(O_2, g) = 205.0 \, J \cdot mol^{-1} \cdot K^{-1}$

根据 $\Delta_r S_m^\ominus = \sum \nu_i S_m^\ominus(i)$，

$\Delta_r S_m^\ominus = 2 S_m^\ominus(SO_3, g) - 2 S_m^\ominus(SO_2, g) - S_m^\ominus(O_2, g)$

$\Delta_r S_m^\ominus = 2 \times 256.7 - 2 \times 248.1 - 205.0 = -187.8 \, J \cdot mol^{-1} \cdot K^{-1}$

由此可见，此反应为熵值减小的反应。由反应方程式的计量关系也可看出，反应前后气体的分子总数少了，混乱度较小，所以熵值较小。

### 1.1.4　吉布斯函数

根据热力学第二定律，用 $\Delta S(总) = \Delta S(系统) + \Delta S(环境) > 0$ 来判断化学变化的自发性时，这既牵涉到系统又牵涉到环境，不能单独判断系统的自发方向；此外，由前面内容可知，化学反应的自发性还与系统的熵有关，因此如果能找到一个函数来判别反应的自发性就方便多了。通常的化学反应都是在恒温恒压下进行的。基于热力学第二定律，进行了如下的推导和判断：

在等温等压条件下，$Q（环境）= -\Delta H（系统）$，

$\Delta S(总) = \Delta S(系统) + \Delta S(环境) > 0$

$\Delta S(总) = \Delta S(系统) + \dfrac{Q（环境）}{T}$

$\Delta S(总) = \Delta S(系统) - \dfrac{\Delta H（系统）}{T}$

$T \Delta S(系统) - \Delta H(系统) > 0$，即：$\Delta H - T \Delta S < 0$，为自发过程

进一步变换为：

$(H_2 - H_1) - T(S_2 - S_1) < 0$

$(H_2 - TS_2) - (H_1 - TS_1) < 0$

1876 年 Gibbs 提出：设 $G \equiv H - TS$，并利用 $\Delta G$ 来判别自发反应的方向，则在恒温恒压、非体积功为零的条件下，当 $\Delta G = \Delta H - T \Delta S < 0$ 时，反应自发进行；

$\Delta G>0$ 时，反应不能自发进行（其逆过程可自发进行）；$\Delta G=0$ 时，反应处于平衡状态。又因焓变和熵变与物质的量有关，所以 $\Delta G$ 也与物质的量有关，我们把 $G$ 称为吉布斯函数，$\Delta G$ 称为吉布斯函数变。

（1）反应标准摩尔吉布斯函数变

反应标准摩尔吉布斯函数变指在温度 $T$ 和标准状态下，对给定的化学计量方程式反应进度为 1mol 时所对应的吉布斯函数变。其计算公式：

$$\Delta_r G_m^\ominus(T)=\Delta_r H_m^\ominus(T)-T\Delta_r S_m^\ominus(T) \tag{1-9}$$

虽然系统的 $H$、$S$、$G$ 值随温度的变化会改变，但一般情况下，当反应确定后，因温度改变而引起生成物所增加的焓、熵值与反应物所增加的焓、熵值相差不大，所以化学反应的焓变与熵变受温度的影响并不明显。一般在计算化学反应的焓变与熵变时可不考虑温度的影响，当反应不在 298.15K 时，可近似用的 $\Delta_r H_m^\ominus$（298.15K）和 $\Delta_r S_m^\ominus$（298.15K）来分别代替 $\Delta_r H_m^\ominus(T)$ 和 $\Delta_r S_m^\ominus(T)$。

即：

$$\Delta_r G_m^\ominus=\Delta_r H_m^\ominus(298.15K)-T\Delta_r S_m^\ominus(298.15K) \tag{1-10}$$

此关系式是用于近似计算某温度下的标准摩尔吉布斯函数变 $\Delta_r G_m^\ominus(T)$。

（2）标准摩尔生成吉布斯函数

在温度 $T$ 及标准态下，由参考状态的最稳定单质生成 1mol 物质 $i$ 时的反应标准摩尔吉布斯函数变，即为该物质 $i$ 在温度 $T$ 时的标准摩尔生成吉布斯函数。所以在标准状态下，所有参考状态的最稳定单质的标准摩尔生成吉布斯函数为 0。

（3）反应标准摩尔吉布斯函数变与标准摩尔生成吉布斯函数的关系

$$\Delta_r G_m^\ominus=\sum \nu_i \Delta_f G_m^\ominus(i) \tag{1-11}$$

**例 1-8** 计算反应 $2NO(g)+O_2(g)\Longrightarrow 2NO_2(g)$ 在 298.15K 时的反应标准摩尔吉布斯函数变 $\Delta_r G_m^\ominus$，并判断此时反应的方向。

解：$\Delta_r G_m^\ominus=\sum \nu_i \Delta_f G_m^\ominus(i)$

$\Delta_r G_m^\ominus=2\Delta_f G_m^\ominus(NO_2,\ g)-2\Delta_f G_m^\ominus(NO,\ g)-\Delta_f G_m^\ominus(O_2,\ g)$

$\qquad=(2\times 51.31-2\times 86.55-0)kJ\cdot mol^{-1}=-70.48kJ\cdot mol^{-1}<0$

此时反应正向进行。

**例 1-9** 估算反应 $2NaHCO_3(s)\Longrightarrow Na_2CO_3(s)+CO_2(g)+H_2O(g)$ 在标准状态下的最低分解温度。

解：依题意 $\Delta_r G_m^\ominus<0$，$\Delta_r H_m^\ominus-T\Delta_r S_m^\ominus<0$

$\Delta_r H_m^\ominus=\sum \nu_i \Delta_f H_m^\ominus(i)$

$\Delta_r H_m^\ominus=[(-1130.68)+(-393.509)+(-241.818)-2\times(-950.81)]kJ\cdot mol^{-1}=135.61kJ\cdot mol^{-1}$

$$\Delta_r S_m^{\ominus} = \sum \nu_i S_m^{\ominus}(i)$$

$$\Delta_r S_m^{\ominus} = [134.98 + 213.74 + 188.825 - 2 \times 101.7] J \cdot mol^{-1} \cdot K^{-1}$$

$$= 334.15 J \cdot mol^{-1} \cdot K^{-1} > 0$$

$$T \Delta_r S_m^{\ominus} > \Delta_r H_m^{\ominus}, \quad T > \Delta_r H_m^{\ominus} / \Delta_r S_m^{\ominus},$$

$$T > (135.61 \times 10^3 / 334.15) K = 405.84 K$$

所以 $NaHCO_3$ 的最低分解温度为 405.84K。

注意：对恒温恒压下的化学反应，$\Delta_r G_m^{\ominus}$ 只能判断处于标准状态时的反应方向。若反应不是在标准状态下进行，则不能用来判断，必须用相应条件下的 $\Delta_r G_m$ 来判断。

# 1.2　化学反应动力学基础

在实际的化学工业生产中，既要考虑化学反应的方向和进行的程度，也要考虑化学反应的快慢。因为化学反应的快慢直接影响生产效率和经济效益。在相同的外界条件下，不同的化学反应，其化学反应的快慢是不同的；而对于相同的化学反应，在不同的反应温度和压力下，其反应快慢也是不同的。为此，了解和熟悉化学反应的快慢及其影响因素是很重要的。本节主要介绍化学反应速率、影响化学反应速率因素以及化学反应机理的理论模型。

### 1.2.1　化学反应速率概念

不同的化学反应，其反应速率极不相同。有些反应进行得很快，如酸碱中和反应瞬间完成；而有些反应进行得很慢，如常温下氢和氧混合可以几十年都不会反应生成水，某些放射性元素的衰变则需要亿万年的时间。为此必须采用反应速率来比较化学反应的快慢。化学反应速率表示为单位时间内反应物或生成物的物质的量的变化。通常测量获得的反应速率是通过实验测量某一时间间隔内反应物或产物浓度的变换来确定的。因化学反应过程中，各物质的浓度随时间是不断在变化的，要获得准确的实验数据，必须选用适宜的分析方法并严格控制实验条件。

（1）平均速率

平均速率是指在某一时间间隔内浓度变化的平均值，或者说在某一有限时间间隔内浓度的变化量，即其表达式为：

$$\bar{v} = \frac{1}{\nu_i} \times \frac{\Delta c_i}{\Delta t} \tag{1-12}$$

（2）瞬时速率

指化学反应在某个时刻的物质的变化量，或者说当时间间隔 $\Delta t$ 趋于无限小时的平均速率的极限。

$$v = \lim_{\Delta t \to 0} \frac{\Delta c_i}{\Delta t} = \frac{dc_i}{dt} \tag{1-13}$$

对任一化学反应，根据国家标准反应速率定义为：

$$a A + b B \Longrightarrow g G + d D$$

$$v = \frac{d\xi}{dt} = \frac{-dn_A}{a\,dt} = \frac{-dn_B}{b\,dt} = \frac{dn_G}{g\,dt} = \frac{dn_D}{d\,dt} \tag{1-14}$$

对于恒容反应体积不变，则

$$v = \frac{d\xi}{Vdt} = \frac{-dn_A}{Va\,dt} = \frac{-dn_B}{Vb\,dt} = \frac{dn_G}{Vg\,dt} = \frac{dn_D}{Vd\,dt}$$

$$v = \frac{d\xi}{Vdt} = \frac{-dc_A}{a\,dt} = \frac{-dc_B}{b\,dt} = \frac{dc_G}{g\,dt} = \frac{dc_D}{d\,dt} \tag{1-15}$$

### 1.2.2　化学反应速率方程

对于任意给定的化学反应：$a A + b B \longrightarrow y Y + z Z$

其反应速率方程表示为：$v = kc_A^\alpha c_B^\beta$ (1-16)

其中 $\alpha$、$\beta$ 称为反应级数。若 $\alpha=1$，A 为一级反应，$\beta=2$，B 为二级反应，则总反应级数为 $\alpha+\beta=3$，$\alpha$、$\beta$ 是通过实验来确定的，一般情况下，$\alpha \neq a$，$\beta \neq b$。$k$ 为反应速率常数，其值与反应物浓度无关，与温度有关，温度一定，$k$ 为定值。反应速率单位与反应级数有关，故可以从速率常数的单位来判断反应级数。例如，一级反应速率常数单位是 $s^{-1}$，二级反应速率常数单位是 $mol^{-1} \cdot L \cdot s^{-1}$，$n$ 级反应速率常数单位是 $mol^{-(n-1)} \cdot L^{n-1} \cdot s^{-1}$。

（1）速率方程的确定——初始速率法

要确定一个化学反应速率方程，就要确定其反应级数。这里介绍一种最简单的方法来确定反应级数，即通过改变反应物的初始浓度，测试其相应的初始速率，来确定其反应级数。

**例 1-10**　25℃时，测得化学反应 $2NO + O_2 \longrightarrow 2NO_2$ 在不同初始浓度所对应的初始速率如下表所示。

| 实验序号 | 初始浓度/mol·L$^{-1}$ | | 初始速率/mol·L$^{-1}$·s$^{-1}$ |
| --- | --- | --- | --- |
| | $c(NO)$ | $c(O_2)$ | |
| 1 | 0.010 | 0.010 | $1.6 \times 10^{-2}$ |
| 2 | 0.010 | 0.020 | $3.2 \times 10^{-2}$ |
| 3 | 0.010 | 0.030 | $4.8 \times 10^{-2}$ |
| 4 | 0.020 | 0.010 | $6.4 \times 10^{-2}$ |
| 5 | 0.030 | 0.010 | $1.44 \times 10^{-1}$ |

求：（1）该反应的速率方程式和反应级数；

（2）反应的速率常数 $k$。

解：（1）设反应的速率方程式为 $v = kc^\alpha(NO)c^\beta(O_2)$

由 1、2、3 号实验可知，当 $c(NO)$ 不变时，$v$ 与 $c(O_2)$ 成正比，即 $v \propto c(O_2)$，$\beta=1$；

由 1、4、5 号实验可知，$c(O_2)$ 不变时，$v \propto c^2(NO)$，$\alpha = 2$；

所以该反应的速率方程式为 $v = kc^2(NO)c(O_2)$；

反应级数 $n = \alpha + \beta = 2 + 1 = 3$。

（2）任一号实验数据代入速率方程式，即可求得速率常数：

$$k = v / [c^2(NO)c(O_2)] = \frac{1.6 \times 10^{-2} mol \cdot L^{-1} \cdot s^{-1}}{(0.010)^2 mol^2 \cdot L^{-2} \times 0.010 mol \cdot L^{-1}}$$

$$= 1.6 \times 10^4 L^2 \cdot mol^{-2} \cdot s^{-1}$$

（2）简单反应级数的反应

不同的化学反应，因其反应机理不同，故反应级数也不同，则反应速率方程不同。化学反应速率方程（或反应级数）是通过实验来确定的。因化学反应种类繁多、数量庞大，不是所有的化学反应都能准确地确定其速率方程，目前能够确定反应速率方程的化学反应还是有限的。根据反应速率与浓度幂次方的关系，目前简单的反应级数速率方程有零级反应、一级反应和二级反应三类。

① 零级反应：指反应速率与反应物浓度无关的反应，即反应过程中反应速率为常数。

例如：B（反应物）$\longrightarrow$ D（生成物）

$$v = kc_B^0 = k = -\frac{dc_B}{dt}$$

$$dc_B = -k\,dt$$

$$\int_{c_0}^{c_B} dc_B = -\int_0^t k\,dt$$

$$c_B - c_0 = -kt \tag{1-17}$$

**例 1-11**　某物质 A 的分解过程是属于零级反应，物质 A 的初始浓度为 $0.5 mol \cdot L^{-1}$，经过 60min 后，其浓度变为 $0.25 mol \cdot L^{-1}$，求该反应的速率常数和速率方程。

解：根据公式（1-15）可知 $c_B = 0.25\ mol \cdot L^{-1}$，$c_0 = 0.5\ mol \cdot L^{-1}$，$t = 60min$。

所以，$0.25 mol \cdot L^{-1} - 0.5 mol \cdot L^{-1} = -k \times 60min$

$k = 0.0042 mol \cdot L^{-1} \cdot min^{-1}$

所以其速率方程为：$v = 0.0042 mol \cdot L^{-1} \cdot min^{-1}$

② 一级反应：指反应速率与反应物浓度的一次方成正比的反应。

例如：B（反应物）$\longrightarrow$ D（生成物）

$$v = kc_B = -\frac{dc_B}{dt}$$

$$\frac{dc_B}{c_B} = -k\,dt$$

$$\int_{c_0}^{c_B} \frac{dc_B}{c_B} = -\int_0^t k\,dt$$

$$\ln \frac{c_B}{c_0} = -kt$$

$$\ln c_B = \ln c_0 - kt \tag{1-18}$$

**例 1-12**　在一定条件下，双氧水 $H_2O_2$ 的分解反应是一级反应，且其速率常数 $k = 4.5 \times 10^{-3} \, s^{-1}$。某初始浓度为 $0.1 \, mol \cdot L^{-1}$ 的双氧水分解一段时间后，其浓度变为 $0.01 \, mol \cdot L^{-1}$，问该双氧水的分解经历了多长时间？

**解：** 由公式（1-18）知 $c_B = 0.01 \, mol \cdot L^{-1}$，$c_0 = 0.1 \, mol \cdot L^{-1}$，$k = 4.5 \times 10^{-3} \, s^{-1}$

所以，$\ln 0.01/0.1 = -4.5 \times 10^{-3} t$

$t = 512 \, s$

③ 二级反应：指反应速率与反应物的二次方成正比的反应，以反应物是一种的反应为例。

例如：B（反应物）$\longrightarrow$ D（生成物）

$$v = -\frac{dc_B}{dt} = kc_B^2$$

$$\int_{c_0}^{c_B} \frac{dc_B}{c_B^2} = -\int_0^t k \, dt$$

$$\frac{1}{c_B} - \frac{1}{c_0} = kt \tag{1-19}$$

**例 1-13**　某放射性元素 X 的放射过程是属于二级反应，已知 2015 年发现该元素的含量 $0.1 \, mol \cdot L^{-1}$，且该元素的放射速率常数为 $2.5 \times 10^{-3} \, L \cdot mol^{-1} \cdot a^{-1}$（a 表示年），试求 1915 年该元素的含量是多少？

**解：** $c_B = 0.1 \, mol \cdot L^{-1}$，$k = 2.5 \times 10^{-3} \, L \cdot mol^{-1} \cdot a^{-1}$，$t = (2015 - 1915)a = 100a$，代入公式（1-19）可得，

$$\frac{1}{c_B} - \frac{1}{c_0} = \frac{1}{0.1} - \frac{1}{c_0} = 2.5 \times 10^3 \times 100$$

$c_0 = 0.1025 \, mol \cdot L^{-1}$

（3）半衰期

半衰期（$t_{1/2}$）是指反应物由初始浓度减小到初始浓度的一半时所经历的时间。根据以上不同化学反应的速率方程，可计算出各类反应的半衰期如下。

零级反应半衰期：$t_{1/2} = \dfrac{c_0}{2k}$

一级反应半衰期：$t_{1/2} = \dfrac{\ln 2}{k} = \dfrac{0.693}{k}$

二级反应半衰期：$t_{1/2} = \dfrac{1}{kc_0}$

其中一级反应的半衰期与初始浓度无关，是一个与 $k$ 有关的常数，这是一级

反应的特征，故可以根据半衰期的特点来判断反应是一级反应。

（4）化学反应速率常数与温度的关系——Arrhenius 方程

由反应速率方程 $v=kc_A^{\alpha}c_B^{\beta}$ 可知，化学反应速率大小与反应物浓度以及速率常数有关。当温度一定时，速率常数是个定值，这时反应速率的大小主要受浓度的影响。当温度变化时，速率常数要发生改变，所以反应速率也要发生改变。速率常数与温度究竟存在怎样的关系？1889 年，Arrhenius 在大量实验的基础上建立了速率常数与温度关系的经验式，即 Arrhenius（阿伦尼乌斯）方程：

$$k=A\exp(-E_a/RT) \tag{1-20}$$

式中，$A$ 为常数，称指前因子（或频率因子），它与温度、浓度无关，与反应类型有关，不同反应 $A$ 值不同。$A$ 与 $k$ 具有相同的量纲。$R$ 为摩尔气体常数，$R=8.314\times10^{-3}$ kJ·mol$^{-1}$·K$^{-1}$，$T$ 为热力学温度；$E_a$ 为活化能（单位为 kJ·mol$^{-1}$），对于某一给定的反应，$E_a$ 为定值，在反应温度区间变化不大时，$E_a$ 和 $A$ 不随温度变化而改变。

对式（1-20）取对数，方程为：

$$\ln k=-\frac{E_a}{RT}+\ln A$$

如化学反应由温度 $T_1$ 变化到温度 $T_2$ 时，且 $E_a$ 在此温度区间不受温度影响，则速率常数与温度的关系可表示为：

$$\ln\frac{k_2}{k_1}=\frac{E_a}{R}\times\frac{T_2-T_1}{T_1T_2} \tag{1-21}$$

**例 1-14**　反应 $NO_2(g)+CO(g)\Longrightarrow NO(g)+CO_2(g)$ 在 600K 时的速率常数为 0.0280L·mol$^{-1}$·s$^{-1}$，在 650K 时的速率常数为 0.220L·mol$^{-1}$·s$^{-1}$，求此反应的活化能。

解：根据公式

$$\ln\frac{k_2}{k_1}=\frac{E_a}{R}\times\frac{T_2-T_1}{T_1T_2}$$

$$\ln\frac{0.220}{0.0280}=\frac{E_a}{8.314}\times\frac{650-600}{650\times600}$$

所以，$E_a=1.34\times10^5$ J·mol$^{-1}$=134kJ·mol$^{-1}$

**例 1-15**　已知反应 $2N_2O_5(g)\longrightarrow 4NO_2(g)+O_2(g)$ 在 318K 和 338K 时的反应速率常数分别为 $k_1=4.98\times10^{-4}$ s$^{-1}$ 和 $k_2=4.87\times10^{-3}$ s$^{-1}$，求该反应的活化能 $E_a$ 和 298K 时的速率常数 $k_3$。

解：由公式

$$\ln\frac{k_2}{k_1}=\frac{E_a}{R}\times\frac{T_2-T_1}{T_1T_2}$$

$$\ln\frac{4.87\times10^{-3}}{4.98\times10^{-4}}=\frac{E_a}{8.314}\times\frac{338-318}{338\times318}$$

所以，$E_a = 1.02 \times 10^5 \, J \cdot mol^{-1} = 102 kJ \cdot mol^{-1}$

设 298K 的速率常数为 $k_3$，依题意知：

$$\ln \frac{k_3}{k_1} = \frac{E_a}{R} \times \frac{T_3 - T_1}{T_1 T_3}$$

$$\ln \frac{k_3}{4.98 \times 10^{-4}} = \frac{1.02 \times 10^5}{8.314} \times \frac{298 - 318}{298 \times 318}$$

所以，$k_3 = 3.74 \times 10^{-5} \, s^{-1}$

### 1.2.3　反应速率理论

（1）碰撞理论

碰撞理论是以分子运动论为基础，主要适用于气相双分子反应。其理论要点是：①分子必须发生碰撞；②碰撞的分子具备足够的能量；③分子碰撞的方位要适当。只有具备这样条件的分子在碰撞过程中才有可能发生化学反应。我们把能发生化学反应的碰撞称作有效碰撞，能够发生有效碰撞的分子叫活化分子，使化学反应发生所需的最低能量叫做活化能。

以 NO 与 $O_3$ 的反应为例，$O_3$ 中的一个 O—O 键要断开，同时 NO 中的 N 与 O 结合要形成新的 N—O 键。断键要克服原子间的吸引作用，新键的形成又要克服原子间价电子的排斥作用。这种吸引和排斥作用构成了原子重排过程中必须克服的"能垒"，所以发生化学反应分子必须具备足够的能量。在 $O_3$ 分子与 NO 分子碰撞的过程中，必须是 $O_3$ 分子中一个 O 原子与 NO 分子中 N 直接碰撞才有可能发生反应，如果是与 NO 中的 O 直接碰撞就不能发生反应，这就是碰撞的方位要适当。根据此理论，化学反应速率与温度和浓度的关系可以做如下解释：当温度一定时，随着浓度的增大，单位体积内的活化分子数增多（但活化分子百分数不变），有效碰撞增加，所以反应速率增大；当浓度一定时，随着温度的增加，单位体积内的活化分子数增多，活化分子的百分数也增大，所以反应速率增大。

（2）过渡态理论

该理论是以量子力学的方法对反应的"分子对"相互作用过程中的势能变化来进行推算的。其理论要点是：化学反应过程中形成一个中间过渡态络合物，该络合物的平均势能较高，它处在旧化学键被削弱，新化学键刚开始形成的过渡状态，所以该络合物很不稳定。仍以 NO 与 $O_3$ 的反应为例，在这个反应过程中会出现一个过渡态：

这个过渡态很不稳定，很快分解为 $NO_2$ 和 $O_2$。

活化络合物理论提供了反应动力学和热力学之间的联系。如图 1-6（a）所示，反应物分子从状态 I 爬过能峰 $E_{ac}$ 之后，到达状态 II，$E(\text{I}) < E(\text{II})$，反应的净结果要吸收能量。系统的终态与始态的能量之差等于化学反应的摩尔焓变。即：

$\Delta_r H_m = E(\text{II}) - E(\text{I}) = E_a(\text{正}) - E_a(\text{逆})$。

当 $E_a(\text{正}) > E_a(\text{逆})$ 时，$\Delta_r H_m > 0$，吸热反应，见图 1-6（a）。

当 $E_a(\text{正}) < E_a(\text{逆})$ 时，$\Delta_r H_m < 0$，放热反应，见图 1-6（b）。

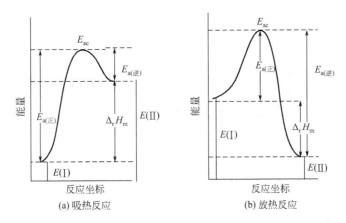

图 1-6　化学反应进程中能量的变化关系

（3）反应历程与基元反应

① 基元反应：反应物分子（离子、原子、自由基等）直接碰撞发生作用而生成产物的反应称为基元反应，它是一步完成的、是组成一切化学反应的基本单元。

② 反应历程：一般是指反应由哪些基元反应组成的。

③ 基元反应的速率方程：对任一基元反应 $a\text{A} + b\text{B} \longrightarrow g\text{G} + d\text{D}$，其反应速率方程式可直接表示为 $v = kc_A^a c_B^b$。

注意：只有基元反应才能直接这样写出速率方程，对于非基元反应，速率方程中的反应级数要通过实验才能确定。

（4）影响化学反应速率的因素

决定化学反应速率的因素可分为内因和外因。内因是指固有的化学反应，即在一定条件下，不同的化学反应的速率是不同的，且差异很大。例如氢气在空气中的燃烧（氧化）反应可以瞬间完成，而铁、铜金属在空气的氧化要经历很长时间。外因是指化学反应的外在条件，如温度、浓度、催化剂等。浓度的改变对反应速率的影响主要是改变了单位体积内活化分子的数目，从而改变有效碰撞次数，进而导致反应速率的改变。温度的改变对化学反应速率的影响主要是通过改变活化分子的百分数，从而改变有效碰撞次数，进而导致反应速率的改变。催化剂是指能显著地改变反应速率，不改变化学平衡，且反应前后自身的质量、组成和化学性质基本不变的物质。加快反应速率的催化剂称为正催化剂，减慢反应速率的催化剂称负催化剂。催化剂改变化学反应的速率主要是通过改变化学反应的活化能，从而导致反应速率的改变。值得注意的是催化剂在化学反应过程中，主要改变反应历程，降低或升高活化能，缩短或延长达平衡所需的时间，但不改变平衡，因为它同时加快或减慢正、逆反应的速率。催化剂与反应物同处于一个相中的称为均相催化，催化剂与反应物处于不同相中的称为多相催化。

# 习　题

1. 计算下列体系的热力学能的变化。

（1）体系放热 250kJ，同时对环境做功 180kJ；

（2）体系吸热 60kJ，且环境对体系做功 120kJ。

2. 某体系对环境做功 235kJ，同时从环境中吸收热量 520kJ，问该体系以及环境的内能如何变化？各自变化多少？

3. 180g 水蒸气在 1 标准大气压和 100℃ 下凝结成水，已知水的蒸发热为 18.0kJ·mol$^{-1}$，试计算此蒸发过程的 $Q$、$W$、$\Delta H$ 和 $\Delta U$。

4. 下列说法是否正确？

（1）系统的焓变等于恒压反应热；

（2）系统的焓等于系统的热量；

（3）单质的焓等于零；

（4）单质的生成焓等于零；

（5）单质的吉布斯函数值等于零；

（6）最稳定的纯态单质的标准摩尔生成焓等于零；

（7）单质的标准摩尔熵等于零；

（8）由于 $BaCO_3$ 的分解是吸热的，所以 $BaCO_3$ 的生成焓是负值；

（9）化学反应的焓变与化学反应的方程式的书写有关；

（10）化学反应热与反应掉的物质量有关。

5. 某刚性绝热的气缸中含有 $H_2$ 和 $O_2$ 的混合物，混合物充分燃烧放出 120kJ 的热，问燃烧完后体系的内能如何变化？变化多少？

6. 某体重为 60kg 的人欲登上 5000m 高的山（按有用功计算）需要消耗一定的能量，假设他消耗的这部分能量都是从他体内的蔗糖代谢所获取的，且蔗糖代谢放出的热有 50% 可供他登山，问他登上这山顶需要消耗多少蔗糖？

已知蔗糖（$C_{12}H_{22}O_{11}$）的燃烧焓为 $-2222kJ·mol^{-1}$，蔗糖在人体内的代谢反应为：$C_{12}H_{22}O_{11}(s) + 12O_2(g) \rightleftharpoons 12CO_2(g) + 11H_2O(l)$。

7. 苯在氧气中完全燃烧的化学反应方程式为：$C_6H_6(l) + 15/2O_2(g) \rightleftharpoons 6CO_2(g) + 3H_2O(l)$。在 298.15K、100kPa 下，0.5mol 苯完全燃烧放出 1634kJ 的热量，试求 $C_6H_6$ 的标准摩尔燃烧焓 $\Delta_c H_m^{\ominus}$ 以及该化学反应的标准摩尔热力学能变 $\Delta_r U_m^{\ominus}$。

8. 已知下列各化学反应的标准摩尔焓变，试计算乙炔（$C_2H_2$）的标准摩尔生成焓。

(1) $C_2H_2(g) + 5/2O_2(g) \rightleftharpoons 2CO_2(g) + H_2O(g)$　　$\Delta_r H_m^\ominus = -1246.2 \text{kJ} \cdot \text{mol}^{-1}$

(2) $C(s) + 2H_2O(g) \rightleftharpoons CO_2(g) + 2H_2(g)$　　$\Delta_r H_m^\ominus = 90.9 \text{kJ} \cdot \text{mol}^{-1}$

(3) $2H_2O(g) \rightleftharpoons 2H_2(g) + O_2(g)$　　$\Delta_r H_m^\ominus = 483.6 \text{kJ} \cdot \text{mol}^{-1}$

9. $1\text{mol } C_2H_2(g)$ 在 298.15K 的恒容条件下完全燃烧生成 $H_2O(l)$ 和 $CO_2(g)$，并放出热量 1303kJ。已知 $H_2O(l)$ 和 $CO_2(g)$ 的标准生成焓分别为 $-285.83\text{kJ} \cdot \text{mol}^{-1}$ 和 $-393.51\text{kJ} \cdot \text{mol}^{-1}$，求 298.15K 下 $C_2H_2(g)$ 的标准摩尔燃烧热 $\Delta_c H_m^\ominus$ 以及标准摩尔生成焓 $\Delta_f H_m^\ominus$。

10. 酒精在人体内经过一系列的反应可以被除去，即

$$CH_3CH_2OH \xrightarrow{O_2} CH_3CHO \xrightarrow{O_2} CH_3COOH \xrightarrow{O_2} CO_2$$

请计算人体内除去 $1\text{mol } C_2H_5OH$ 时各步反应的标准摩尔焓变以及总反应的标准摩尔焓变。

11. 已知下列反应的焓变为：

$$\frac{1}{2}H_2(g) + \frac{1}{2}I_2(s) \rightleftharpoons HI(g)$$　　$\Delta_r H_m^\ominus = 25.9 \text{ kJ} \cdot \text{mol}^{-1}$

$$\frac{1}{2}H_2(g) \rightleftharpoons H(g)$$　　$\Delta_r H_m^\ominus = 218 \text{ kJ} \cdot \text{mol}^{-1}$

$$\frac{1}{2}I_2(g) \rightleftharpoons I(g)$$　　$\Delta_r H_m^\ominus = 75.7 \text{ kJ} \cdot \text{mol}^{-1}$

$$I_2(s) \rightleftharpoons I_2(g)$$　　$\Delta_r H_m^\ominus = 62.3 \text{ kJ} \cdot \text{mol}^{-1}$

计算反应 $H(g) + I(g) \rightleftharpoons HI(g)$ 的焓变 $\Delta_r H_m^\ominus$。

12. 已知下列数据：

(1) $2C(石墨) + O_2(g) \rightleftharpoons 2CO(g)$　　$\Delta_r H_{m1}^\ominus = -221.1 \text{ kJ} \cdot \text{mol}^{-1}$

(2) $C(石墨) + O_2(g) \rightleftharpoons CO_2(g)$　　$\Delta_r H_{m2}^\ominus = -393.5 \text{ kJ} \cdot \text{mol}^{-1}$

(3) $2CH_3OH(l) + 3O_2(g) \rightleftharpoons 2CO_2(g) + 4H_2O(l)$　　$\Delta_r H_{m3}^\ominus = -1453.3 \text{ kJ} \cdot \text{mol}^{-1}$

(4) $2H_2(g) + O_2(g) \rightleftharpoons 2H_2O(l)$　　$\Delta_r H_{m4}^\ominus = -571.7 \text{ kJ} \cdot \text{mol}^{-1}$

计算反应 $CO(g) + 2H_2(g) \rightleftharpoons CH_3OH(l)$ 的焓变 $\Delta_r H_m^\ominus$。

13. 已知在标准状态下石墨的燃烧焓为 $-393.7\text{kJ} \cdot \text{mol}^{-1}$，石墨转变为金刚石反应的焓变为 $1.9\text{kJ} \cdot \text{mol}^{-1}$，则金刚石的标准摩尔燃烧焓 $\Delta_c H_m^\ominus$ 应为多少？

14. 已知 298K 时，

(1) 甲烷的燃烧热　　　　　　$\Delta_c H_m^\ominus = -890 \text{ kJ} \cdot \text{mol}^{-1}$

(2) $CO_2(g)$ 的生成焓　　　　$\Delta_f H_m^\ominus = -393 \text{ kJ} \cdot \text{mol}^{-1}$

(3) $H_2O(l)$ 的生成焓　　　　$\Delta_f H_m^\ominus = -285 \text{ kJ} \cdot \text{mol}^{-1}$

(4) $H_2(g)$ 的键焓　　　　　　$\Delta H^\ominus(H-H) = 436 \text{ kJ} \cdot \text{mol}^{-1}$

(5) C(石墨) 升华热　　　　　$\Delta_{sub} H_m^\ominus = 716 \text{ kJ} \cdot \text{mol}^{-1}$

求 C—H 键的键焓。

15. 100g 铁粉在 25℃溶于盐酸生成氯化亚铁（$FeCl_2$），下列两种情况相比，哪个放热较多？简述理由。

(1) 这个反应在烧杯中发生；

(2) 这个反应在密闭贮瓶中发生。

16. 已知下列热化学反应方程式：

(1) $C_2H_2(g) + \dfrac{5}{2}O_2(g) \Longrightarrow 2CO(g) + H_2O(l)$     $\Delta_r H_m^{\ominus}(1) = -1300 kJ \cdot mol^{-1}$

(2) $C(s) + O_2(g) \Longrightarrow CO_2(g)$     $\Delta_r H_m^{\ominus}(2) = -390 kJ \cdot mol^{-1}$

(3) $H_2(g) + \dfrac{1}{2}O_2(g) \Longrightarrow H_2O(l)$     $\Delta_r H_m^{\ominus}(3) = -286 kJ \cdot mol^{-1}$

计算 $\Delta_f H_m^{\ominus}(C_2H_2, g)$。

17. 在 25℃时，将 0.92g 甲苯置于一含有足够 $O_2$ 的绝热刚性密闭容器中燃烧，最终产物为 25℃的 $CO_2$ 和液态水，过程放热 39.43kJ，试求以下反应的标准摩尔焓变。

$C_7H_8(l) + 9O_2(g) \Longrightarrow 7CO_2(g) + 4H_2O(l)$

18. 已知 298.15K 下，下列热化学方程式：

(1) $C(s) + O_2(g) \Longrightarrow CO_2(g)$     $\Delta_r H_m^{\ominus}(1) = -393.5 kJ \cdot mol^{-1}$

(2) $2H_2(g) + O_2(g) \Longrightarrow 2H_2O(l)$     $\Delta_r H_m^{\ominus}(2) = -571.7 kJ \cdot mol^{-1}$

(3) $CH_3CH_2CH_3(g) + 5O_2(g) \Longrightarrow 3CO_2(g) + 4H_2O(l)$

$\Delta_r H_m^{\ominus}(3) = -2220 kJ \cdot mol^{-1}$

仅由这些热化学方程式确定 298.15K 下的 $\Delta_f H_m^{\ominus}(CH_3CH_2CH_3, g)$。

19. 判断下列变化或化学反应，哪些是熵增加过程？哪些是熵减少过程？并说明理由。

(1) $4NH_3(g) + 3O_2(g) \Longrightarrow 2N_2(g) + 6H_2O(g)$

(2) $I_2(s) \Longrightarrow I_2(g)$

(3) $3H_2(g) + SO_2(g) \Longrightarrow H_2S(g) + 2H_2O(g)$

(4) $2H_2(g) + O_2(g) \Longrightarrow 2H_2O(l)$

(5) $CaCO_3(s) \Longrightarrow CaO(s) + CO_2(g)\uparrow$

(6) $BaSO_4(s) \Longrightarrow Ba^{2+}(aq) + SO_4^{2-}(aq)$

(7) $C(s) + H_2O(g) \Longrightarrow CO(g) + H_2(g)$

20. 某一成年人生病发烧至 40℃，其体内某一生物酶催化反应的速率常数增大为正常体温（37℃）的 1.5 倍，求该生物酶催化反应的活化能。

21. SiC 是高温半导体、金属陶瓷和磨料等不可缺少的原料。现在以硅石（$SiO_2$）和焦炭为原料制备 SiC，问在 298.15K、标准状态下能否获得 SiC？要获得 SiC，生产温度最低为多少（仅从热力学考虑）？

22. 已知下列热力学数据（298.15K）和反应方程式：

| 物质 | $\Delta_f G_m^{\ominus}/kJ \cdot mol^{-1}$ | $\Delta_f H_m^{\ominus}/kJ \cdot mol^{-1}$ | $S_m^{\ominus}/J \cdot K^{-1} \cdot mol^{-1}$ |
| --- | --- | --- | --- |
| $Fe_2O_3(s)$ | $-741.0$ | $-822.1$ | 90.0 |
| $H_2(g)$ | 0.0 | 0.0 | 130.59 |
| $Fe(s)$ | 0.0 | 0.0 | 27.2 |
| $H_2O(g)$ | $-228.59$ | $-241.83$ | 188.72 |

$$Fe_2O_3(s)+3H_2(g) \Longrightarrow 2Fe(s)+3H_2O(g)$$

判断在室温（298.15K），用压力为 101.3 kPa 含有饱和 $H_2O(g)$（$p_{H_2O}=$ 3.17 kPa）的 $H_2$ 气通过 $Fe_2O_3$（s）能否将它还原为金属铁？

23. 计算下列各反应在 298.15K 的标准摩尔焓变 $\Delta_r H_m^{\ominus}$、标准摩尔熵变 $\Delta_r S_m^{\ominus}$ 以及标准摩尔吉布斯函数变 $\Delta_r G_m^{\ominus}$，并判断哪些化学反应可以自发向右进行？

(1) $2CO(g)+O_2(g) \Longrightarrow 2CO_2(g)$

(2) $Fe_2O_3(s)+3CO(g) \Longrightarrow 2Fe(s)+3CO_2(g)$

(3) $4NH_3(g)+5O_2(g) \Longrightarrow 4NO(g)+6H_2O(g)$

(4) $2SO_2(g)+O_2(g) \Longrightarrow 2SO_3(g)$

24. 试计算 298.15K，100kPa 下，反应 $CaCO_3(s) \Longrightarrow CaO(s)+CO_2(g)\uparrow$ 的标准摩尔焓变 $\Delta_r H_m^{\ominus}$ 和标准摩尔熵变 $\Delta_r S_m^{\ominus}$，并判断：

(1) 上述化学反应能否自发向右进行？

(2) 对于此反应，是升高温度有利，还是降低温度有利？

(3) 上述反应自发正向进行的最低温度是多少？

25. 已知下表中各物质的 $\Delta_f H_m^{\ominus}$ 和 $S_m^{\ominus}$ 值，

| 项目 | $AgNO_3(s)$ | $Ag_2O(s)$ | $Ag(s)$ | $NO_2(g)$ | $O_2(g)$ |
| --- | --- | --- | --- | --- | --- |
| $\Delta_f H_m^{\ominus}/kJ \cdot mol^{-1}$ | $-124.39$ | $-31.05$ | 0 | 33.18 | 0 |
| $S_m^{\ominus}/J \cdot mol^{-1} \cdot K^{-1}$ | 140.92 | 121.3 | 42.55 | 240.06 | 205.14 |

在一定温度下，$AgNO_3$ 和 $Ag_2O$ 均能受热分解，反应为：

(1) $2AgNO_3(s) \Longrightarrow Ag_2O(s)+2NO_2(g)+\dfrac{1}{2}O_2(g)$

(2) $Ag_2O \Longrightarrow 2Ag(s)+\dfrac{1}{2}O_2(g)$

假设反应的标准摩尔焓变和标准摩尔熵变不受温度影响，试估算 $AgNO_3$ 和 $Ag_2O$ 按上述反应进行分解时的最低温度，并确定 $AgNO_3$ 的最终分解产物。

26. 170K 时，固体氨的摩尔熔化焓变 $\Delta_r H_m^{\ominus}=5.65kJ \cdot mol^{-1}$，摩尔熔化熵变 $\Delta_r S_m^{\ominus}=28.9J \cdot mol^{-1}$，计算 170K 时，氨熔化的标准摩尔吉布斯函数 $\Delta_r G_m^{\ominus}$，并判断在此温度下，氨的熔化是自发的吗？

27. 二氧化氮的分解反应 $2NO_2(g) \rightleftharpoons 2NO(g) + O_2(g)$。319℃ 时，$k_1 = 0.498 mol \cdot L^{-1} \cdot s^{-1}$；354℃时，$k_2 = 1.81 mol \cdot L^{-1} \cdot s^{-1}$。计算该反应的活化能 $E$ 和指前参量 $k_0$ 以及 383℃时的反应速率系数 $k$。

28. 实验测得反应 $CO(g) + NO_2(g) \rightleftharpoons CO_2(g) + NO(g)$ 在 650K 时的动力学数据如下：

| 编号 | $c(CO)$ /mol · L⁻¹ | $c(NO_2)$ /mol · L⁻¹ | $dc(NO)/dt$ /mol · L⁻¹ · s⁻¹ |
|---|---|---|---|
| 1 | 0.025 | 0.040 | $2.2 \times 10^{-4}$ |
| 2 | 0.050 | 0.040 | $4.4 \times 10^{-4}$ |
| 3 | 0.025 | 0.120 | $6.6 \times 10^{-4}$ |

（1）计算并写出反应的速率方程；

（2）求 650 K 时的速率常数；

（3）当 $c(CO) = 0.10 mol \cdot L^{-1}$、$c(NO_2) = 0.16 mol \cdot L^{-1}$ 时，求 650K 时的反应速率；

（4）若 800 K 时的速率常数为 $23.0 L \cdot mol^{-1} \cdot s^{-1}$，求反应的活化能。

29. 当矿物燃料燃烧时，空气中的氮和氧反应生成一氧化氮，它同氧再反应生成二氧化氮：$2NO(g) + O_2(g) \rightleftharpoons 2NO_2(g)$。25℃ 下该反应的初始速率实验数据如下：

| 编号 | $c(NO)$/mol · L⁻¹ | $c(O_2)$/mol · L⁻¹ | $v$/mol · L⁻¹ · s⁻¹ |
|---|---|---|---|
| 1 | 0.0020 | 0.0010 | $2.8 \times 10^{-5}$ |
| 2 | 0.0040 | 0.0010 | $1.1 \times 10^{-4}$ |
| 3 | 0.0020 | 0.0020 | $5.6 \times 10^{-5}$ |

（1）写出反应速率；

（2）求 25℃时反应速率系数 $k$；

（3）当 $c_0(NO) = 0.0030 mol \cdot L^{-1}$、$c_0(O_2) = 0.0015 mol \cdot L^{-1}$ 时，相应的初始速率为多少？

30. 环丁烷分解反应：$C_4H_8(g) \rightleftharpoons 2H_2C=CH_2(g)$，$E_a = 262 kJ \cdot mol^{-1}$。600K 时，$k_1 = 6.10 \times 10^{-8} s^{-1}$。当 $k_2 = 1.00 \times 10^{-4} s^{-1}$ 时，温度是多少？写出其速率方程。计算 600K 下的半衰期 $t_{1/2}$。

31. 在苯溶液中，吡啶（$C_5H_5N$）与碘代甲烷（$CH_3I$）发生反应。实验测得 25℃下两反应物的初始浓度和初始速率如下：

| 编号 | $c(C_5H_5N)$/mol · L⁻¹ | $c(CH_3D)$/mol · L⁻¹ | $v$/mol · L⁻¹ · s⁻¹ |
|---|---|---|---|
| 1 | $1.0 \times 10^{-4}$ | $1.0 \times 10^{-4}$ | $7.5 \times 10^{-7}$ |

| 编号 | $c(C_5H_5N)/mol \cdot L^{-1}$ | $c(CH_3I)/mol \cdot L^{-1}$ | $v/mol \cdot L^{-1} \cdot s^{-1}$ |
|------|------|------|------|
| 2 | $2.0 \times 10^{-4}$ | $2.0 \times 10^{-4}$ | $3.0 \times 10^{-6}$ |
| 3 | $2.0 \times 10^{-4}$ | $4.0 \times 10^{-4}$ | $6.0 \times 10^{-6}$ |

（1）写出反应速率方程；

（2）计算 25℃下反应速率系数；

（3）计算当 $c(C_5H_5N) = 5.0 \times 10^{-5} mol \cdot L^{-1}$、$c(CH_3I) = 2.0 \times 10^{-5} mol \cdot L^{-1}$ 时，相应的初始速率。

32. 已知反应：$HI(g) + CH_3I(g) \Longrightarrow CH_4(g) + I_2(g)$ 的活化能为 139kJ·$mol^{-1}$，在 157℃时速率常数为 $1.7 \times 10^{-5} L \cdot mol^{-1} \cdot s^{-1}$，求该反应在 227℃时的速率常数。

33. 在 300K 时，一鲜牛奶大约能保存 4h（4h 后变酸），但在 275K 的冰箱中可以保存 48h。假设牛奶的反应速率与变酸时间成反比，试求牛奶变酸反应的活化能。

34. 某基元反应 $A + B \longrightarrow C$，在 1.0L 溶液中，当 A 为 4.0mol，B 为 3.0mol 时，$v$ 为 0.0042mol·$L^{-1} \cdot s^{-1}$。计算该反应的速率常数，并写出该反应的速率方程式。

# 第**2**章

# 化学反应平衡

    绝大多数的化学反应不是单向进行的，即反应物不能完全转化成产物。当反应进行到一定程度时，反应体系中的各组分处于相对稳定状态，不再随反应时间而改变。如何改进一个反应体系，使反应体系中某一组分的转化率提高，在实际生产中具有重要的意义。这也是化学热力学需要解决的一个问题。为此，本章主要讨论化学反应平衡的基本原理、化学反应进行的限度、影响化学反应平衡移动的因素以及几种典型的化学反应平衡，如酸碱平衡、配位平衡、沉淀溶解平衡、氧化还原平衡等。

## 2.1　化学平衡基本原理

### 2.1.1　可逆反应与化学平衡

    （1）可逆反应

    在一定条件下，一个化学反应既能从反应物变成生成物，同时也能由生成物变成反应物。在同一条件下同时向正、逆两个方向进行的化学反应称为可逆反应。一般情况下，把从左向右进行的反应称为正向反应（或正反应），从右向左进行的反应称为逆向反应（或逆反应）。

    绝大多数的化学反应是不彻底的，具有可逆性，即反应的不彻底性和可逆性是一般化学反应的普遍特征。不同的化学反应可逆程度不同。在反应方程式中采用双向半箭头来表示"可逆"，如 $H_2(g) + I_2(g) \Longrightarrow 2HI(g)$。

    （2）化学平衡特征

    大多数化学反应是可逆的，如一定浓度的 $H_2$ 和一定浓度的 $I_2$ 进行化合形成 HI 的可逆反应：$H_2(g) + I_2(g) \Longrightarrow 2HI(g)$。在这个反应过程中，随着时间的进行，正反应的速率逐渐减小，逆反应的速率逐渐增大。在某个时刻，正反应和逆反应的速率相等，反应系统中各组分的含量或浓度不再随时间而改变即反应体系处于平衡状态（如图 2-1 所示）。从图 2-1 可知，无论反应从正反应开始还是从逆反应开始，或者正、逆反应同时开始，最后反应体系中存在这样一个特征，即生成物浓度以反应方程式中化学计量数为幂的乘积与反应物的浓度以方程式中化学计量数为幂的乘积之比为一常数，这种关系在任何可逆反应中都存在。

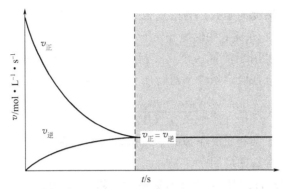

**图 2-1**　可逆反应 $H_2(g) + I_2(g) \rightleftharpoons 2HI(g)$ 的正、逆反应速率随时间的变化

由此可见，当一个可逆化学反应达到平衡状态时，其特点是：

① 平衡体系的组成不再随时间而变；

② 化学平衡是动态平衡，即正、逆反应仍在进行；

③ 平衡体系的组成与达到平衡的途径无关。

（3）标准平衡常数

当化学反应进入平衡状态后，各组分的浓度不再随反应时间而改变，而且生成物浓度的计量数幂的乘积与反应物浓度计量数幂的乘积之比为一常数。这一常数是化学反应平衡的固有特征，故利用该常数来代表某一化学反应在一定条件下进行的程度。从表 2-1 的数据可知，在一定外界条件下，该常数与反应体系中各组

**表 2-1**　$H_2(g) + I_2(g) \rightleftharpoons 2HI(g)$ 反应体系中各组分浓度的变化

| 编号 | 起始浓度/mol·L⁻¹ | | | 平衡浓度/mol·L⁻¹ | | | $[HI]^2/\{[H_2][I_2]\}$ |
|---|---|---|---|---|---|---|---|
| | $[H_2]$ | $[I_2]$ | $[HI]$ | $[H_2]$ | $[I_2]$ | $[HI]$ | |
| 1 | 0.100 | 0.100 | 0.100 | 0.177 | 0.177 | 0.023 | 0.017 |
| 2 | 0.000 | 0.000 | 0.200 | 0.094 | 0.094 | 0.012 | 0.016 |
| 3 | 0.200 | 0.200 | 0.000 | 0.188 | 0.188 | 0.024 | 0.016 |

分的初始浓度无关，但与化学反应方程式的具体书写有关。为此，采用标准状况下对应的该比值常数来衡量化学反应进行的程度，我们把这一常数称为标准平衡常数。其定义表达式如式（2-1）所示。在标准平衡常数表达式中，有关组分的浓度（或分压）都必须用相对浓度（或相对分压）来表示，即反应方程式中各种组分的浓度（或分压）均分别除以其标准态的量。即除以标准浓度（$c^\ominus = 1\text{mol·}$ $L^{-1}$）或一个标准大气压（$p^\ominus = 101.325\text{kPa}$）。由于相对浓度（或相对分压）是量纲为一的量，所以标准平衡常数也是量纲为一的量。对于任意化学反应：

$$a\,A(g) + b\,B(aq) + c\,C(s) \rightleftharpoons x\,X(g) + y\,Y(aq) + z\,Z(l)$$

$$K^\ominus = \frac{[p(X)/p^\ominus]^x[c(Y)/c^\ominus]^y}{[p(A)/p^\ominus]^a[c(B)/c^\ominus]^b} \tag{2-1}$$

式中，$K^\ominus$ 是温度的函数，与浓度无关。标准平衡常数表达式必须与具体的化学反应方程式相对应。关系式中的组分分压 $p$ 和浓度 $c$ 是平衡状态下的分压和浓度。

标准平衡常数可用于衡量一个化学反应进行的程度，此外，平衡转化率也可以衡量一个化学反应在既定条件下进行的程度，其定义为：

$$\alpha = \frac{n_0 - n_{eq}(B)}{n_0(B)} \times 100\%$$

平衡转化率等于某物质反应掉的量与初始量比值的百分比。

（4）标准平衡常数的应用

① 判断反应进行的程度：平衡常数越大说明反应进行得越完全。

② 预测反应方向：对于任一反应

$$a\,A(g) + b\,B(aq) + c\,C(s) \Longrightarrow x\,X(g) + y\,Y(aq) + z\,Z(l)$$

反应商定义为：
$$J = \frac{[p(X)/p^\ominus]^x [c(Y)/c^\ominus]^y}{[p(A)/p^\ominus]^a [c(B)/c^\ominus]^b} \tag{2-2}$$

式中，组分分压 $p$ 和浓度 $c$ 是指任意状态下的分压和浓度。

当 $J < K^\ominus$ 时，反应正向进行；$J > K^\ominus$ 时，反应逆向进行；$J = K^\ominus$ 时，反应处于平衡态，这就是反应商判据。

③ 计算平衡组分。

**例 2-1**  化学反应 $H_2(g) + I_2(g) \Longrightarrow 2HI(g)$ 在某温度下的平衡常数为：$K^\ominus = 1.5 \times 10^3$，现在该温度下，向一密闭容器中充入一定量的 $H_2(g)$、$I_2(g)$ 和 $HI(g)$，其中 $p_{H_2} = 50kPa$，$p_{I_2} = 50kPa$，$p_{HI} = 100kPa$，问该系统中反应朝哪个方向进行？

解：依题意知，反应商为：

$$J = \frac{[p(HI)/p^\ominus]^2}{[p(H_2)/p^\ominus][p(I_2)/p^\ominus]}$$

$$J = \frac{(100/100)^2}{(50/100)(50/100)} = 4$$

又因为 $K^\ominus = 1.5 \times 10^3$，$J < K^\ominus$，所以反应朝正向反应进行。

（5）标准平衡常数与标准摩尔吉布斯函数变的关系

恒温恒压不做非体积功条件下，化学反应判别的依据为：

$\Delta_r G_m < 0$    正向反应

$\Delta_r G_m = 0$    平衡态

$\Delta_r G_m > 0$    逆向反应

热力学研究证明，在恒温恒压、任意状态下化学反应的吉布斯函数变与其标准状态下的吉布斯函数变存在如下关系：

$$\Delta_r G_m = \Delta_r G_m^\ominus + RT\ln J \tag{2-3}$$

上式称为化学反应等温方程式。$J$ 是反应商，$J$ 表达式中浓度或分压是任意状态下的，而 $K^\ominus$ 表达式中浓度或分压是平衡状态下的。

$$0 = \Delta_r G_m^\ominus + RT\ln J$$

$$\Delta_r G_m^\ominus = -RT\ln K^\ominus \tag{2-4}$$

所以　$\Delta_r G_m = -RT\ln K^\ominus + RT\ln J$

将 $K^\ominus$ 与 $J$ 进行比较，可以判别化学反应进行的方向，

即：$J < K^\ominus$，$\Delta_r G_m < 0$，反应正向进行；

$J = K^\ominus$，$\Delta_r G_m = 0$，平衡状态；

$J > K^\ominus$，$\Delta_r G_m > 0$，反应逆向进行。

以上称为化学反应进行方向的反应商判据。

**例 2-2**　计算反应 $HI(g) \Longrightarrow 1/2I_2(g) + 1/2H_2(g)$ 在 320K 时的 $K^\ominus$。若此时系统中，$p(HI, g) = 40.5kPa$，$p(I_2, g) = p(H_2, g) = 1.01kPa$，判断此时的反应方向。

解：由题意可知：

$\Delta_r H_m^\ominus(298.15K) = \sum \nu_i \Delta_f H_m^\ominus(298.15K) = 62.438/2 + 0 - 26.48 = 4.74kJ \cdot mol^{-1}$

$\Delta_r S_m^\ominus(298.15K) = \sum \nu_i S_m^\ominus(298.15K)$

$\qquad = (260.9/2) + (130.684/2) - 206.549 = -10.76J \cdot mol^{-1}$

$\Delta_r G_m^\ominus(T) = \Delta_r H_m^\ominus(298.15K) - T\Delta_r S_m^\ominus(298.15K)$

$\qquad = [4.74 - 320 \times (-10.76) \times 10^{-3}]kJ \cdot mol^{-1} = 8.18kJ \cdot mol^{-1}$

因 $\Delta_r G_m^\ominus(T) = -RT\ln K^\ominus$；　$8.18 \times 1000 = -8.314 \times 320\ln K^\ominus$

所以　$K^\ominus = 4.6 \times 10^{-2}$

$$J = \frac{[p(I_2)/p^\ominus]^{1/2}[p(H_2)/p^\ominus]^{1/2}}{[p(HI)/p^\ominus]} = \frac{[1.0/100][1.01/100]}{40.5/100} = 2.49 \times 10^{-2}$$

因 $J < K^\ominus$，所以反应正向进行。

**例 2-3**　乙苯脱氢制苯乙烯有两个反应：

(1) 氧化脱氢　$C_6H_5C_2H_5(g) + 1/2O_2(g) \Longrightarrow C_6H_5C_2H_3(g) + H_2O(g)$

(2) 直接脱氢　$C_6H_5C_2H_5(g) \Longrightarrow C_6H_5C_2H_3(g) + H_2(g)$

若反应在 298.15K 进行，计算两反应的标准平衡常数，试问哪种方法可行？

已知在 298.15K 下：

|  | $C_6H_5C_2H_5(g)$ | $C_6H_5CH=CH_2(g)$ | $H_2O(g)$ |
|---|---|---|---|
| $\Delta_f G_m^\ominus/kJ \cdot mol^{-1}$ | 130.6 | 213.8 | -228.57 |

解：反应(1)　$\Delta_r G_m^\ominus = \sum \nu_i \Delta_f G_m^\ominus(i) = (213.8 - 228.57 - 130.6 - 0)kJ \cdot mol^{-1}$

$\qquad \Delta_r G_m^\ominus = -145.4kJ \cdot mol^{-1} < 0$

因　$\Delta_r G_m^\ominus = -RT\ln K^\ominus$

$\ln K_1^\ominus = -\Delta_r G_m^\ominus/RT = 145.4 \times 10^3/(8.314 \times 298.15) = 58.657$

解出　$K_1^\ominus = 2.98 \times 10^{25}$

反应(2)    $\Delta_r G_m^\ominus = \sum \nu_i \Delta_f G_m^\ominus(i) = (213.8 + 0 - 130.6) \text{kJ} \cdot \text{mol}^{-1} = 83.2 \text{kJ} \cdot \text{mol}^{-1} > 0$

根据    $\Delta_r G_m^\ominus = -RT \ln K^\ominus$

$\ln K_2^\ominus = -\Delta_r G_m^\ominus / RT = -83.2 \times 10^3 / (8.314 \times 298.15) = -33.56$

$K_2^\ominus = 2.65 \times 10^{-15}$

因为 $K_1^\ominus > K_2^\ominus$，所以反应 (1) 可行。

### 2.1.2  影响化学平衡的因素

(1) 浓度的影响

增加反应物浓度或减小生成物浓度平衡向正方向移动，反之亦然。这是因为当反应物浓度增加时，$J < K^\ominus$，所以反应正向移动；当反应物浓度减小时，$J > K^\ominus$，所以反应逆向移动。

(2) 压力的影响

① 部分物种分压的变化：在混合气体系统中，任一组分气体 B 的分压是指该气体在相同温度下占有与混合气体相同体积时所产生的压力。

$$p_B = \frac{n_B}{V} RT$$

如果保持温度、体积不变，增大反应物的分压或减小生成物的分压，使 $J$ 减小，导致 $J < K^\ominus$，平衡向正向移动。反之，减小反应物的分压或增大生成物的分压，使 $J$ 增大，导致 $J > K^\ominus$，平衡逆向移动。

② 系统体积改变引起压力的变化：对于有气体参与的化学反应，

$$a A(g) + b B(g) \rightleftharpoons y Y(g) + z Z(g)$$

平衡时    $$K^\ominus = \frac{[p(Y)/p^\ominus]^y [p(Z)/p^\ominus]^z}{[p(A)/p^\ominus]^a [p(B)/p^\ominus]^b}$$

恒温下压缩为原来体积的 $1/x$（$x > 1$）时，

$$J = \frac{[xp(Y)/p^\ominus]^y [xp(Z)/p^\ominus]^z}{[xp(A)/p^\ominus]^a [xp(B)/p^\ominus]^b}$$

$$J = x^{\sum \nu_i} K^\ominus$$

当生成物的气体分子数多于反应物的气体分子数时，$\sum \nu_i > 0$，$x^{\sum \nu_i} > 1$，$J > K^\ominus$，平衡向逆向移动，即向气体分子数少的方向移动。

当生成物的气体分子数少于反应物的气体分子数时，$\sum \nu_i < 0$，$x^{\sum \nu_i} < 1$，$J < K^\ominus$，平衡向正向移动，即向气体分子数少的方向移动。

当生成物的气体分子数等于反应物的气体分子数时，$\sum \nu_i = 0$，$x^{\sum \nu_o} = 1$，$J = K^\ominus$，平衡不移动。

③ 惰性气体的影响：对有惰性气体存在的平衡体系，当 $\sum \nu_i \neq 0$ 时，恒温压缩会使平衡向气体分子数少的一方移动；当 $\sum \nu_i = 0$，恒温压缩平衡不移动。

对恒温恒容的平衡体系，当引入惰性气体，反应物和生成物的 $p_B$ 不变，$J = K^\ominus$，平衡不移动。

对恒温恒压的平衡体系，当引入惰性气体，总压不变，体积增大，反应物和生成物分压减小，如果 $\sum \nu_i \neq 0$，平衡向气体分子数多的一方移动。

总之，对于有气态物质参与的化学反应，增大压力，反应向气体分子数较少的一方移动；降低压力，反应向气体分子数较多的一方移动。

（3）温度的影响

升高平衡体系的温度，平衡向吸热反应的方向移动；反之，降低温度，平衡向放热反应方向移动。

$$\Delta_r G_m^\ominus = \Delta_r H_m^\ominus - T\Delta_r S_m^\ominus$$

$$\Delta_r G_m^\ominus = -RT\ln K^\ominus$$

$$\ln K^\ominus = -\Delta_r H_m^\ominus / RT + \Delta_r S_m^\ominus / R$$

在温度变化不大时，$\Delta_r H_m^\ominus$ 和 $\Delta_r S_m^\ominus$ 看作常数。若反应在 $T_1$ 和 $T_2$ 时的平衡常数分别为 $K_1^\ominus$ 和 $K_2^\ominus$，则近似有：

$$\ln K_1^\ominus = -\Delta_r H_m^\ominus / RT_1 + \Delta_r S_m^\ominus / R$$

$$\ln K_2^\ominus = -\Delta_r H_m^\ominus / RT_2 + \Delta_r S_m^\ominus / R$$

$$\ln \frac{K_2^\ominus}{K_1^\ominus} = \frac{\Delta_r H_m^\ominus (T_2 - T_1)}{RT_1 T_2} \tag{2-5}$$

这就是范特霍夫（van't Hoff）方程式。

对吸热反应 $\Delta_r H_m^\ominus > 0$，升高温度时，$K_1^\ominus < K_2^\ominus$，平衡常数增大，反应正向移动；对放热反应 $\Delta_r H_m^\ominus < 0$，升高温度时，$K_1^\ominus > K_2^\ominus$，平衡常数减小，反应逆向移动。

**例 2-4**　已知反应 $N_2O_4(g) \Longrightarrow 2NO_2(g)$ 在总压力为 101.3kPa 和温度为 325K 时达平衡，$N_2O_4$ 的转化率为 50.2%。试求：

（1）该反应的 $K^\ominus$；

（2）相同温度、压力为 $5 \times 101.3$kPa 时 $N_2O_4(g)$ 的平衡转化率 $\alpha$。

**解：**（1）设反应起始时，$n(N_2O_4) = 1$mol，$N_2O_4(g)$ 的平衡转化率为 $\alpha$。

| | $N_2O_4(g)$ | $\Longrightarrow$ | $2NO_2(g)$ |
|---|---|---|---|
| 起始时物质的量 $n_B$/mol | 1 | | 0 |
| 平衡时物质的量 $n_B$/mol | $1-\alpha$ | | $2\alpha$ |
| 平衡总物质的量 $n_B$/mol | | $1-\alpha+2\alpha = 1+\alpha$ | |
| 平衡分压 $p_B$/kPa | $[(1-\alpha)/(1+\alpha)] \times 101.3$ | | $[2\alpha/(1+\alpha)] \times 101.3$ |

所以标准平衡常数：

$$K^\ominus = \frac{[p(NO_2)/p^\ominus]^2}{[p(N_2O_4)/p^\ominus]}$$

$$K^\ominus = \frac{[2\alpha/(1+\alpha)]^2}{[(1-\alpha)/(1+\alpha)]} \times \frac{101.3}{100} = \frac{4\alpha^2}{1-\alpha^2} \times \frac{101.3}{100} = 1.37$$

（2）温度不变时，$K^\ominus$ 不变，代入 $K^\ominus = 1.37$ 得：

$$K^\ominus = \frac{4\alpha^2}{1-\alpha^2} \times 5 \times \frac{101.3}{100}$$

$$\alpha = 0.251 = 25.1\%$$

**例 2-5**　反应 $BeSO_4$（s）$\Longrightarrow BeO$（s）$+ SO_3$（g）在 600K 时，$K_1^\ominus = 1.61 \times 10^{-8}$，反应的标准摩尔焓变 $\Delta_r H_m^\ominus = 175 kJ \cdot mol^{-1}$，求反应在 400K 时的 $K_2^\ominus$。

解：由公式得：

$$\ln \frac{K_2^\ominus}{K_1^\ominus} = \frac{\Delta_r H_m^\ominus (T_2 - T_1)}{R T_1 T_2}$$

$$\ln \frac{K_2^\ominus}{1.61 \times 10^{-8}} = \frac{175000 \times (400 - 600)}{8.314 \times 400 \times 600}$$

得：$K_2^\ominus = 3.88 \times 10^{-16}$

（4）勒夏特列原理

任何一个处于化学平衡的系统，当某一确定系统状态的因素（如浓度、温度、压力）发生改变时，系统的平衡将发生移动。平衡移动的方向总是向着减弱外界因素的改变对系统影响的方向。这就是勒夏特列（Le Chatelier）原理，它只适用于处于平衡状态的系统，如相平衡系统。

# 2.2　酸碱平衡

酸碱平衡反应是溶液体系中一类重要的化学反应。人体及生物体内的酸碱平衡对人体及生物的生理活动起着重要的作用。如人的体液 pH 值要求保持中性；胃中消化液的成分是稀盐酸，胃酸过多会引起胃溃疡，过少可能会引起贫血；土壤和水的酸碱性对某些植物和动物的生长也影响较大，这些实例说明酸碱反应及其平衡与人类的生活息息相关。因此，本节主要介绍酸碱质子理论的概念，讨论水溶液体系中酸碱质子转移反应及其平衡移动的规律，要求掌握水溶液体系中 pH 值的计算。

## 2.2.1　酸碱质子理论及其水溶液的酸碱性

（1）基本概念

1923 年由布朗斯特（Brфnsted）和劳莱（Lowry）各自独立地提出了质子酸碱理论：他们把能给出质子的物质称为酸，能接受质子的物质称为碱，而既能接受质子又能给出质子的物质，称为两性物质。

$$酸 \Longrightarrow 碱 + 质子$$

$$HCl \Longrightarrow Cl^- + H^+$$

$$HAc \Longrightarrow Ac^- + H^+$$

$$NH_4^+ \Longrightarrow NH_3 + H^+$$

$$H_3PO_4 \rightleftharpoons H_2PO_4^- + H^+$$
$$H_2PO_4^- \rightleftharpoons HPO_4^{2-} + H^+$$

由酸碱质子理论的定义可知，酸碱可以是中性分子、正离子或负离子。这里的 HCl 和 Cl⁻，NH₄⁺ 和 NH₃，以及 $H_2PO_4^-$ 和 $HPO_4^{2-}$ 均互为共轭酸碱对。所以酸碱反应的实质是两个共轭酸碱对共同作用的结果（质子从一种物质转移到另一种物质上）。

$$HAc + H_2O \rightleftharpoons H_3O^+ + Ac^-$$
$$\text{酸 1}\quad\text{碱 2}\qquad\text{酸 2}\quad\text{碱 1}$$

从酸碱质子理论角度来讲，酸碱反应还可在非水溶剂、无溶剂等条件下进行。

（2）酸碱的相对强弱及其水溶液的 pH 值

酸碱性的强弱是指酸给出质子的能力和碱接受质子的能力，它取决于酸碱本身的性质，并与溶剂的性质有关。一种物质如果越容易给出质子，说明其酸性越强；越容易接受质子，则其碱性越强。

水是常见而重要的溶剂，许多化学反应都是在水溶液中进行的。在纯水中，水的自身解离平衡可表示为：

$$H_2O(l) + H_2O(l) \rightleftharpoons H_3O^+ + OH^-$$
$$K_w^\ominus = [c(H_3O^+)/c^\ominus][c(OH^-)/c^\ominus]$$
$$K_w^\ominus = c(H_3O^+)c(OH^-)$$

实验测得 22～25℃时，纯水中

$$c(H_3O^+) = c(OH^-) = 1.0 \times 10^{-7}\ \text{mol} \cdot \text{L}^{-1}$$
$$K_w^\ominus = 1.0 \times 10^{-7} \times 1.0 \times 10^{-7} = 1.0 \times 10^{-14}$$

如果在纯水中加入少量的 HCl 或 NaOH 形成稀溶液，$c(H_3O^+)$ 和 $c(OH^-)$ 将发生改变。达到新的平衡时，$c(H_3O^+) \neq c(OH^-)$，但在温度不变的情况下，$K_w^\ominus = c(H_3O^+)c(OH^-)$ 保持不变。溶液中 $H_3O^+$ 浓度或 $OH^-$ 浓度的大小反映了溶液酸碱性的强弱。在化学科学中，通常采用 $c(H_3O^+)$ 的负对数即 pH 值来作为水溶液酸碱性的标度。

$$pH = -lg[c(H_3O^+)], \quad pOH = -lg[c(OH^-)]$$
$$pK_w^\ominus = -lgK_w^\ominus = 14, \quad pK_w^\ominus = pH + pOH = 14$$

当 $c(H_3O^+) > c(OH^-)$，溶液呈酸性，常温下，此时 pH<7 或 pOH>7；

当 $c(H_3O^+) = c(OH^-)$，溶液呈中性，常温下，此时 pH=pOH=7；

当 $c(H_3O^+) < c(OH^-)$，溶液呈碱性，常温下，此时 pH>7 或 pOH<7。

### 2.2.2　弱酸弱碱的解离平衡和稀释定律

（1）一元弱酸、弱碱的解离平衡

① 一元弱酸的解离平衡：

如　$HAc + H_2O \rightleftharpoons H_3O^+ + Ac^-$

$$K_a^{\ominus} = \frac{c(H_3O^+)c(Ac^-)}{c(HAc)} \tag{2-6}$$

式中，$K_a^{\ominus}$ 是弱酸 HAc 的解离平衡常数，它表明了酸的相对强弱。在相同温度下，解离常数较大的酸是较强的酸，其给出质子的能力较强。

② 解离度：在定容反应中，已经解离的弱酸或弱碱的浓度与其初始浓度的百分比，称为该弱酸或弱碱的解离度。

$$\alpha = \frac{c(HAc)}{c_0(HAc)} \times 100\% \tag{2-7}$$

弱酸的解离度的大小也可表示酸的相对强弱。在温度、浓度相同的条件下，解离平衡常数 $K_a^{\ominus}$ 大的酸，其解离度也大，pH 小，是较强的酸；解离平衡常数 $K_a^{\ominus}$ 小的酸，其解离度也小，是较弱的酸。解离平衡常数和解离度的定量关系如下：

$$HA(aq) + H_2O(l) \Longleftrightarrow H_3O^+(aq) + A^-(aq)$$

初始浓度 $\qquad\qquad c_0 \qquad\qquad\qquad\quad 0 \qquad\qquad\quad 0$

平衡浓度 $\qquad\quad c_0(1-\alpha) \qquad\qquad\quad c_0\alpha \qquad\qquad c_0\alpha$

$$K_a^{\ominus} = \frac{(c_0\alpha)^2}{[c_0(1-\alpha)]} = \frac{c_0\alpha^2}{1-\alpha}$$

$$K_a^{\ominus}/c_0 = \alpha^2/(1-\alpha)$$

当 $K_a^{\ominus}/c_0 < 10^{-4}$ 时，$1-\alpha \approx 1$，$\alpha < 1\%$，$K_a^{\ominus} = c_0\alpha^2$

即 $$\alpha = \sqrt{\frac{K_a^{\ominus}}{c_0}} \tag{2-8}$$

这就是一元弱酸溶液的浓度、解离度和解离平衡常数的关系，叫稀释定律。它表明在一定温度下，溶液在一定浓度范围内被稀释时，解离度 $\alpha$ 会增大。同理，对于一元弱碱，解离度和平衡常数的关系为：

$$\alpha = \sqrt{\frac{K_b^{\ominus}}{c_0}}$$

式中，$K_b^{\ominus}$ 为碱的解离平衡常数。

**例 2-6** 氨水是弱碱，当氨水浓度为 $0.200mol \cdot L^{-1}$ 时，$NH_3 \cdot H_2O$ 的解离度 $\alpha_1$ 为 $0.946\%$。问当浓度为 $0.100mol \cdot L^{-1}$ 时 $NH_3 \cdot H_2O$ 的解离度 $\alpha_2$ 为多少？

解：依题意 $c_1\alpha_1^2 = c_2\alpha_2^2$

$$\alpha_2^2 = c_1\alpha_1^2/c_2 = 0.200 \times 0.00946^2/0.100$$

所以：$\alpha_2 = 1.34\%$

(2) 一元弱酸弱碱溶液 pH 值的计算

一元弱酸的平衡：

$$HA \Longleftrightarrow H^+ + A^-$$

初始浓度 $\qquad c_0 \qquad\quad 0 \qquad 0$

平衡浓度 $\qquad c_0-x \qquad x \qquad x$

$$K_a^{\ominus} = \frac{x^2}{c_0 - x}$$

$$c_0 - x \approx c_0 \quad x^2 = c_0 K_a^{\ominus}$$

所以 $c(H^+) = \sqrt{c_0 K_a^{\ominus}}$

同理，一元弱碱　$c(OH^-) = \sqrt{c_0 K_b^{\ominus}}$

式中，$K_b^{\ominus}$ 为一元弱碱的解离平衡常数。

**例 2-7**　在 298K 时，已知 $0.10 \text{mol} \cdot L^{-1}$ 的某一元弱酸水溶液的 pH 值为 3.00，试计算：

（1）该酸的解离常数 $K_a^{\ominus}$；

（2）该酸的解离度 $\alpha_1$；

（3）将该酸溶液稀释一倍后的 $\alpha_2$ 及 pH。

解：（1）　　　　　　　　　　HA $\rightleftharpoons$　H$^+$　+　A$^-$

平衡浓度/mol·L$^{-1}$　　0.1−0.001　　0.001　　0.001

$$K_a^{\ominus} = \frac{10^{-6}}{0.1 - 0.001} = 1.01 \times 10^{-5}$$

（2）$\alpha_1 = \dfrac{0.001 \times 100\%}{0.1} = 1.0\%$

（3）　　　　　　　　　　HA $\rightleftharpoons$ H$^+$ + A$^-$

平衡浓度/mol·L$^{-1}$　　0.05−$x$　　$x$　　　$x$

由于 $x^2 / (0.05 - x) = 1.0 \times 10^{-5}$

则 $x = 7 \times 10^{-4}$

$\alpha_2 = 7 \times 10^{-4} / 0.05 = 1.4\%$

$pH = 4 - \lg 7 = 3.15$

**（3）多元弱酸的解离平衡**

一元弱酸弱碱的解离过程是一步完成的，多元弱酸弱碱的解离过程则是分布进行的。当多元弱酸弱碱的一级平衡解离常数与后续的解离常数相差较大时，可以把它按一元弱酸弱碱来处理，以 $H_2CO_3$ 为例。

第一步：$H_2CO_3(aq) + H_2O(l) \rightleftharpoons H_3O^+(aq) + HCO_3^-(aq)$

$$K_{a1}^{\ominus}(H_2CO_3) = \frac{c(H_3O^+)c(HCO_3^-)}{c(H_2CO_3)} = 4.2 \times 10^{-7}$$

第二步：$HCO_3^-(aq) + H_2O(l) \rightleftharpoons H_3O^+(aq) + CO_3^{2-}(aq)$

$$K_{a2}^{\ominus}(H_2CO_3) = \frac{c(H_3O^+)c(CO_3^{2-})}{c(HCO_3^-)} = 4.7 \times 10^{-11}$$

当 $K_{a1}^{\ominus}/K_{a2}^{\ominus} > 10^3$，溶液中的 $H_3O^+$ 主要来自于第一步解离反应，此时，反应可按照一元弱酸来近似处理。

（4）共轭酸碱的解离平衡常数的相互关系

一元弱酸 HAc 的解离平衡常数 $K_a^\ominus$ 和其共轭碱 $Ac^-$ 的解离平衡常数 $K_b^\ominus$ 的关系为：

$$Ac^- + H_2O \rightleftharpoons HAc + OH^-$$

$$K_b^\ominus = \frac{c(HAc)c(OH^-)}{c(Ac^-)}$$

$$K_b^\ominus = \frac{c(HAc)c(OH^-)}{c(Ac^-)} = \frac{c(HAc)c(OH^-)c(H_3O^+)}{c(Ac^-)c(H_3O^+)}$$

$$K_b^\ominus = K_w^\ominus / K_a^\ominus$$

所以 
$$K_w^\ominus = K_a^\ominus K_b^\ominus \qquad (2\text{-}9)$$

即共轭酸碱对中酸的解离常数和它对应共轭碱的解离常数的乘积等于水的离子积。由此可推出三元酸（如 $H_3PO_4$）的电离平衡体系中各级酸与其对应的共轭碱的解离平衡常数存在如下关系式：

$$K_{a1}^\ominus K_{b3}^\ominus = K_{a2}^\ominus K_{b2}^\ominus = K_{a3}^\ominus K_{b1}^\ominus = K_w^\ominus$$

$$H_3PO_4 \rightleftharpoons H^+ + H_2PO_4^- \qquad K_{a1}^\ominus = 7.6 \times 10^{-3}$$

$$H_2PO_4^- \rightleftharpoons H^+ + HPO_4^{2-} \qquad K_{a2}^\ominus = 6.3 \times 10^{-8}$$

$$HPO_4^{2-} \rightleftharpoons H^+ + PO_4^{3-} \qquad K_{a3}^\ominus = 4.4 \times 10^{-13}$$

$$PO_4^{3-} + H_2O \rightleftharpoons HPO_4^{2-} + OH^- \qquad K_{b1}^\ominus = 2.3 \times 10^{-2}$$

$$HPO_4^{2-} + H_2O \rightleftharpoons H_2PO_4^- + OH^- \qquad K_{b2}^\ominus = 1.6 \times 10^{-7}$$

$$H_2PO_4^- + H_2O \rightleftharpoons H_3PO_4 + OH^- \qquad K_{b3}^\ominus = 1.3 \times 10^{-12}$$

**例 2-8**　已知 $H_3PO_4$ 的 $K_{a1}^\ominus = 7.6 \times 10^{-3}$，求 $H_2PO_4^-$ 的 $K_{b3}^\ominus$ 值，并判断 $NaH_2PO_4$ 水溶液是呈酸性还是碱性。

解：$H_2PO_4^-$ 是 $H_3PO_4$ 的共轭碱，根据　$K_{a1}^\ominus K_{b3}^\ominus = K_w^\ominus$

所以　$K_{b3}^\ominus = K_w^\ominus / K_{a1}^\ominus = 1.0 \times 10^{-14} / 7.6 \times 10^{-3} = 1.3 \times 10^{-12}$

因为 $K_{a2}^\ominus = 6.3 \times 10^{-8} > K_{b3}^\ominus$，所以 $NaH_2PO_4$ 水溶液是呈酸性。

### 2.2.3　缓冲溶液和酸碱指示剂

（1）缓冲溶液概念

一些溶液具有抵抗外加少量酸碱而能够维持本身溶液 pH 值基本不变的能力，这类溶液叫缓冲溶液。缓冲溶液一般由弱酸与其共轭碱，或弱碱与其共轭酸组成。

（2）同离子效应

在一种弱酸或弱碱溶液体系中，当加入具有相同离子的易溶强电解质时，可以使该弱酸或弱碱的解离度减小的效应，叫同离子效应。

（3）缓冲溶液的缓冲原理

缓冲溶液的缓冲原理是同离子效应的结果，即相同离子的存在而引起平衡移动的结果。

$$HA(aq) + H_2O \Longrightarrow H_3O^+ + A^-$$

大量　　　　　　　　少量　　大量

$$c(H_3O^+) = K_a^{\ominus} \frac{c(HA)}{c(A^-)}$$

当加入少量强碱时，溶液中较大量的 HA 与外加的少量的 $OH^-$ 生成 $A^-$ 和 $H_2O$，达到新平衡时，$c(A^-)$ 略有增加，$c(HA)$ 略有减少，$c(HA)/c(A^-)$ 变化不大，因此溶液的 $c(H_3O^+)$ 或 pH 值基本不变。

当加入少量强酸时，溶液中大量的 $A^-$ 与外加的少量的 $H_3O^+$ 结合成 HA，达到新平衡时，$c(HA)$ 略有增加，$c(A^-)$ 略有减少，$c(HA)/c(A^-)$ 变化不大，因此溶液的 $c(H_3O^+)$ 或 pH 值基本不变。

（4）缓冲溶液的 pH 值计算

以弱酸 HA 及共轭碱 $A^-$ 为例：

$$HA + H_2O \Longrightarrow H_3O^+ + A^-$$

$$K_a^{\ominus} = \frac{c(H^+)c(A^-)}{c(HA)}$$

$$c(H^+) = K_a^{\ominus} \frac{c(HA)}{c(A^-)}$$

$$pH = pK_a^{\ominus}(HA) - \lg \frac{c(HA)}{c(A^-)}$$

$$pH = pK_a^{\ominus}(HA) - \lg \frac{c_a}{c_b} \qquad (2-10)$$

若为弱碱及其共轭酸，只要相应将 pH 替换成 pOH，$K_a^{\ominus}$ 替换成 $K_b^{\ominus}$，$c_a$ 替换成 $c_b$，$c_b$ 替换成 $c_a$，得：

$$pOH = pK_b^{\ominus} - \lg \frac{c_b}{c_a} \qquad (2-11)$$

**例 2-9**　若在 $50.00\text{mL } 0.150\text{mol} \cdot L^{-1}NH_3(aq)$ 和 $0.200\text{mol} \cdot L^{-1}NH_4Cl$ 组成的缓冲溶液中，加入 $1.00\text{mL } 1.00\text{mol} \cdot L^{-1}$ 的盐酸，求加入盐酸前后溶液的 pH 值各为多少？

解：加入盐酸前：

$$pH = pK_a^{\ominus}(HA) - \lg \frac{c_a}{c_b} = 14 - pK_b^{\ominus} - \lg \frac{c_a}{c_b}$$

$$pH = 14 - (-\lg 1.8 \times 10^{-5}) - \lg \frac{0.200}{0.150} = 9.14$$

加入盐酸后：

$$c(HCl) = \frac{1.00 \times 1.00}{51.00} = 0.00196\text{mol} \cdot L^{-1}$$

$$c(NH_3) = \frac{50.00 \times 0.150}{51.00} = 0.147\text{mol} \cdot L^{-1}$$

$$c(\text{NH}_4^+) = \frac{50.00 \times 0.200}{51.00} = 0.196$$

$$\text{pOH} = \text{p}K_b^\ominus - \lg \frac{c_b}{c_a}$$

$$\text{pOH} = \text{p}K_b^\ominus - \lg \frac{c_b}{c_a} = 4.74 - \lg \frac{0.147 - 0.00196}{0.196 + 0.00196} = 4.87$$

$$\text{pH} = 14 - 4.87 = 9.13$$

由此可见，缓冲溶液的 pH 值主要决定于 $\text{p}K_a^\ominus$ 或 $\text{p}K_b^\ominus$；也与 $c(\text{HA})/c(\text{A}^-)$ 有关，当 $c(\text{HA})/c(\text{A}^-) = 1$ 时，缓冲能力大；此外，还与缓冲体系中的各组分的初始浓度有关，当初始浓度较大时，缓冲能力较大。缓冲溶液的缓冲能力是有限的，只能抵抗少量的外加强酸或强碱的作用。当加入的酸或碱的量较大时，缓冲体系的缓冲能力将遭到破坏。

缓冲溶液的选择和配制原则：

① 反应系统中不存在副反应，即所选择的缓冲溶液，只有与 $\text{H}^+$ 或 $\text{OH}^-$ 有关的反应。

② $\text{p}K_a^\ominus$ 应尽量接近所需溶液的 pH 值，当不接近时，调节 $c(\text{HA})/c(\text{A}^-)$ 的比值使之接近。

(5) 酸碱指示剂

酸碱指示剂一般是有机弱酸或弱碱，是用来检测溶液酸碱性的试剂。在控制酸碱滴定终点时，选用适宜的指示剂十分重要。指示剂显色的原理是基于指示剂解离出的酸式和其共轭碱的颜色不同。当溶液的 pH 值发生改变时，溶液中指示剂的酸式和碱式所占的比例要发生改变，从而导致溶液呈现不同的颜色（如表 2-2 所示）。

表 2-2　几种常见酸碱指示剂的变色范围

| 指示剂 | 变色范围 pH | 颜色变化 | $\text{p}K_{\text{HIn}}^\ominus$ | 浓度 |
|---|---|---|---|---|
| 甲基黄 | 2.9～4.0 | 红→黄 | 3.3 | 0.1% 的 90% 乙醇溶液 |
| 甲基橙 | 3.1～4.4 | 红→黄 | 3.4 | 0.05% 水溶液 |
| 甲基红 | 3.0～4.6 | 红→黄 | 5.0 | 0.1% 的 60% 乙醇溶液或其钠盐水溶液 |
| 酚蓝 | 6.2～7.6 | 黄→蓝 | 7.3 | 0.1% 的 20% 乙醇溶液或其钠盐水溶液 |
| 酚酞 | 8.0～10.0 | 无→红 | 9.1 | 0.5% 的 90% 乙醇溶液 |

$$\text{HIn} = \text{H}^+ + \text{In}^-$$

$$K_{\text{HIn}}^\ominus = \frac{c(\text{H}^+)c(\text{In}^-)}{c(\text{HIn})}, \quad 即 \frac{c(\text{H}^+)}{K_{\text{HIn}}^\ominus} = \frac{c(\text{HIn})}{c(\text{In}^-)}$$

当 $\dfrac{c(\text{HIn})}{c(\text{In}^-)} \geqslant 10$ 时，看到的是 HIn 的颜色，

当 $\dfrac{c(\text{HIn})}{c(\text{In}^-)} \leqslant \dfrac{1}{10}$ 时，看到的是 $\text{In}^-$ 的颜色，

所以指示剂的变色范围取决于 $pH = pK_{HIn} \pm 1$

因人的视觉对不同的颜色敏感程度有差异，实际变色范围往往略小于理论变色范围。如甲基橙由红变黄不易觉察，其实际变色范围为 3.1～4.4，其他指示剂也是如此。

影响因素：凡是可影响 $K_a^{\ominus}(HIn)$ 值的因素就可影响变色范围，如温度、人眼对不同颜色的敏感程度、单色指示剂的用量等。

混合指示剂：利用不同指示剂的颜色的互补来提高变色的敏锐性。如溴甲酚绿（酸色呈黄色，碱色是蓝色）和甲基红（酸色是红色，碱色是黄色），当两者按一定比例混合时，由于共同作用的结果，使混合指示剂的酸色呈橙红色，碱色呈绿色。

# 2.3　金属-配合物的配位平衡

## 2.3.1　酸碱电子理论与配合物简介

（1）酸碱电子理论的基本要点

凡是可以接受电子对的分子、离子或原子称为酸（Lewis 酸），如 $Fe^{3+}$，Fe，$Ag^+$，$BF_3$ 等；凡是给出电子对的离子或分子称为碱（Lewis 碱），如：$X^-$，：$NH_3$，：CO，$H_2O$ 等。Lewis 酸与 Lewis 碱之间以共价配位键结合生成酸碱加合物（配合物），并不发生电子转移。

（2）配合物的组成

配合物是 Lewis 酸碱的加合物，例如，$[Ag(NH_3)_2]^+$ 是 Lewis 酸 $Ag^+$ 和 $NH_3$ 的加合物。Lewis 酸称为中心离子或原子，Lewis 碱称为配位体。中心离子或原子与一定数目的配位体以配位键按一定的空间构型结合形成的离子或分子叫做配合物。中心离子或原子通常是金属离子和原子，也有少数是非金属元素，如 $Cu^{2+}$，$Ag^+$，$Fe^{3+}$，Fe，Ni，B，P。配位体通常是非金属的阴离子或分子，如 $F^-$，$Cl^-$，$Br^-$，$I^-$，$OH^-$，$CN^-$，$H_2O$，$NH_3$，CO 等。

① 配位原子：与中心离子或原子直接成键的原子。

② 单基配体：只有一个配位原子的配位体。

③ 多基配体：具有两个或多个配位原子的配位体，如 EDTA、乙二酸根等都是多基配体。图 2-2 中的结构式是 Ca 与 EDTA 形成的配合物。

从溶液中析出配合物时，配离子常与带有相反电荷的其他离子结合成盐，这类盐称为配盐。配盐的组成可以划分为内界和外界。配离子属于内界，配离子以外的其他离子属于外界。外界离子所带电荷总数等于配离子的电荷数。如图 2-3 所示。

（3）配合物的化学式和命名

① 配合物的命名一般原则：当外界是含氧酸根或阳离子时称为某酸某，是无氧酸根或氢氧基团时称为某化某，如：

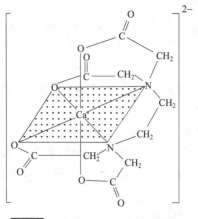

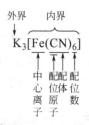

图 2-2　Ca 与 EDTA 形成的配合物　　　图 2-3　配盐的组成

$[Cu(NH_3)_4]SO_4$：硫酸四氨合铜（Ⅱ）

$[Zn(OH)(H_2O)_3]NO_3$：硝酸羟基·三水合锌（Ⅱ）

$K_3[Fe(NSC)_6]$：六异硫氰根合铁（Ⅲ）酸钾

$[Co(NH_3)_5(H_2O)]Cl_3$：（三）氯化五氨·水合钴（Ⅲ）

$[Cu(NH_3)_4](OH)_2$：氢氧化四氨合铜（Ⅱ）

② 配体的命名原则：配体名称列在中心元素之前，配体数目用倍数词头二、三、四等数字表示（配体数为一时省略），不同配体名称之间以"·"分开，在最后一个配体名称之后缀以"合"字。中心离子的氧化值用带括号的罗马数字表示（氧化值为 0 时省略）。

不同的配体次序为：①先离子后分子，如 $K[PtCl_3NH_3]$：三氯·氨合铂（Ⅱ）酸钾；②同是离子或同是分子，按配位原子元素符号的英文字母顺序排列，如 $[Co(NH_3)_5H_2O]Cl_3$：氯化五氨·水合钴（Ⅲ）；③配位原子相同，个数少的原子在先；④配位原子相同，且配体中含原子数目又相同，按非配位原子的元素符号英文字母顺序排列，如 $[PtNH_2NO_2(NH_3)_2]$：氨基·硝基·二氨合铂（Ⅱ）；⑤当同时含有无机和有机分子时，命名时先无机后有机，如 $K[PtCl_3(C_2H_4)]$：三氯·乙烯合铂（Ⅱ）酸钾。以下是一系列配合物的命名实例。

$H_2[PtCl_6]$：六氯合铂（Ⅳ）酸

$K[PtCl_5(NH_3)]$：五氯·氨合铂（Ⅳ）酸钾

$Fe(CO)_5$：五羰基合铁

$[Co(NO_3)_3(NH_3)_3]$：三硝基·三氨合钴（Ⅲ）

（4）配合物的分类

① 简单配合物：一个中心离子，每个配体均为单基配体。

② 螯合物：一个中心离子与多基配体成键形成环状结构的配合物。如 $[Cu(en)_2]^{2+}$，$CaY^{2-}$。

③ 多核配合物：含两个或两个以上的中心离子。如[(H₂O)₄Fe(OH)₂Fe(H₂O)₄]⁴⁺。

### 2.3.2　配位反应与配位平衡

在水溶液中，配离子或配合物分子存在着中心原子或离子与配体之间的解离。与多元酸、碱的解离相似，配离子或配合物分子在水溶液中的解离也是分步进行的，最后达到平衡状态。配离子或配合物分子的解离反应是配合物生成反应的逆反应。这种在水溶液中存在的配离子的生成反应与解离反应间的平衡称为配位-解离平衡，简称配位平衡。配位平衡体现了配合物的稳定性，是实际应用中必须考虑的配合物的重要性质。下面将主要讨论配合物的配位平衡以及其影响因素。

（1）配位平衡常数

① 稳定常数（$K_f^\ominus$）和不稳定常数（$K_d^\ominus$）：在水溶液中，具有内、外界的配合物会类似于无机盐在溶液中解离出正、负离子。一般而言，配离子在溶液中是比较稳定的，以结构单元的形式存在，但仍存在有一定程度的解离现象。例如[Cu(NH₃)₄]SO₄·H₂O 在水溶液中将解离出[Cu(NH₃)₄]²⁺、SO₄²⁻ 等离子，[Cu(NH₃)₄]²⁺在溶液中大部分是以整体形式存在，有少量解离生成游离的 Cu²⁺离子。如果往溶液中加少量的 NaOH，得不到 Cu(OH)₂蓝色沉淀，原因是生成的 Cu²⁺与 OH⁻的离子积小于 Cu(OH)₂的 $K_{sp}^\ominus$。但往溶液中加入少量 Na₂S 溶液，将得到黑色的 CuS 沉淀（$K_{sp}^\ominus$非常小），证明溶液中存在游离的 Cu²⁺。这表明溶液中配离子的生成与解离是同时存在的，并最终达到平衡：

$$Cu^{2+} + 4NH_3 \Longrightarrow [Cu(NH_3)_4]^{2+}$$

根据化学平衡原理，该反应的平衡常数表达式为：

$$K_f^\ominus = \frac{[Cu(NH_3)_4]^{2+}}{[Cu^{2+}][NH_3]^4} \tag{2-12}$$

式（2-12）中的平衡常数 $K_f^\ominus$ 就是配合物的生成平衡常数，也称为稳定常数。$K_f^\ominus$ 值越大，表明 [Cu(NH₃)₄]²⁺的稳定性越好。相应的稳定常数可以在附录中查到。反之，如果反应逆向进行，则表示为 [Cu(NH₃)₄]²⁺在水中的解离平衡：

$$[Cu(NH_3)_4]^{2+} \Longrightarrow Cu^{2+} + 4NH_3$$

解离反应的平衡常数表达式为：

$$K_d^\ominus = \frac{[Cu^{2+}][NH_3]^4}{[Cu(NH_3)_4]^{2+}} \tag{2-13}$$

式中，平衡常数 $K_d^\ominus$ 是配合物的解离常数，也称为不稳定常数。$K_d^\ominus$ 值越大，表明配离子在水中的离解程度越大，越不稳定。显然稳定常数和不稳定常数是互为可逆反应的两个平衡常数，它们之间是倒数关系：$K_f^\ominus = \dfrac{1}{K_d^\ominus}$。

② 逐级稳定常数和累积稳定常数：配离子在溶液中的形成和解离反应类似于

多元弱酸或弱碱在溶液中的水解和解离反应，都是分步进行的，每一步都会形成平衡，有相应的稳定常数和不稳定常数。这些稳定常数或不稳定常数，称为逐级稳定常数或逐级不稳定常数。以 $[Cu(NH_3)_4]^{2+}$ 配离子为例，其形成过程可以分四步进行：

$$Cu^{2+} + NH_3 \rightleftharpoons [Cu(NH_3)]^{2+} \tag{1}$$

第一级逐级稳定常数：$K_{f1}^{\ominus} = \dfrac{[Cu(NH_3)]^{2+}}{[Cu^{2+}][NH_3]}$

$$[Cu(NH_3)]^{2+} + NH_3 \rightleftharpoons [Cu(NH_3)_2]^{2+} \tag{2}$$

第二级逐级稳定常数：$K_{f2}^{\ominus} = \dfrac{[Cu(NH_3)_2]^{2+}}{[Cu(NH_3)]^{2+}[NH_3]}$

$$[Cu(NH_3)_2]^{2+} + NH_3 \rightleftharpoons [Cu(NH_3)_3]^{2+} \tag{3}$$

第三级逐级稳定常数：$K_{f3}^{\ominus} = \dfrac{[Cu(NH_3)_3]^{2+}}{[Cu(NH_3)_2]^{2+}[NH_3]}$

$$[Cu(NH_3)_3]^{2+} + NH_3 \rightleftharpoons [Cu(NH_3)_4]^{2+} \tag{4}$$

第四级逐级稳定常数：$K_{f4}^{\ominus} = \dfrac{[Cu(NH_3)_4]^{2+}}{[Cu(NH_3)_3]^{2+}[NH_3]}$

根据多重平衡原理，总反应化学计量式，可以看作是上面的式（1）至式（4）步分步反应相加得到：$Cu^{2+} + 4NH_3 \rightleftharpoons [Cu(NH_3)_4]^{2+}$

则总反应的平衡常数：

$$K_f^{\ominus} = K_{f1}^{\ominus} K_{f2}^{\ominus} K_{f3}^{\ominus} K_{f4}^{\ominus} = \dfrac{[Cu(NH_3)_4]^{2+}}{[Cu^{2+}][NH_3]^4}$$

因此，配合物生成反应的总反应平衡常数称为累积平衡常数，为各分步反应平衡常数的乘积。其中，每一个分步反应的平衡常数被称为逐级稳定常数（$K_{fn}^{\ominus}$）。累积平衡常数越大，表明配离子在水溶液中越稳定。将这一规律推广到 $ML_n$ 配离子，其逐级稳定常数与总稳定常数之间的关系也是如此。

同样，配离子在水溶液中也会发生逐级解离，这些解离反应是各级形成反应的逆反应，其各级离解的程度可用相应的逐级不稳定常数或解离常数（$K_{dn}^{\ominus}$）表示。例如，配离子 $[Cu(NH_3)_4]^{2+}$ 在水溶液中的离解。

$$[Cu(NH_3)_4]^{2+} \rightleftharpoons [Cu(NH_3)_3]^{2+} + NH_3 \tag{1}$$

第一级逐级不稳定常数：$K_{d1}^{\ominus} = \dfrac{[Cu(NH_3)_3]^{2+}[NH_3]}{[Cu(NH_3)_4]^{2+}}$

$$[Cu(NH_3)_3]^{2+} \rightleftharpoons [Cu(NH_3)_2]^{2+} + NH_3 \tag{2}$$

第二级逐级不稳定常数：$K_{d2}^{\ominus} = \dfrac{[Cu(NH_3)_2]^{2+}[NH_3]}{[Cu(NH_3)_3]^{2+}}$

$$[Cu(NH_3)_2]^{2+} \rightleftharpoons [Cu(NH_3)]^{2+} + NH_3 \tag{3}$$

第三级逐级不稳定常数：$K_{d3}^{\ominus} = \dfrac{[Cu(NH_3)]^{2+}[NH_3]}{[Cu(NH_3)_2]^{2+}}$

$$[Cu(NH_3)]^{2+} \Longrightarrow Cu^{2+} + NH_3 \qquad (4)$$

第四级逐级不稳定常数：$K_{d4}^{\ominus} = \dfrac{[Cu^{2+}][NH_3]}{[Cu(NH_3)]^{2+}}$

显然，逐级不稳定常数分别与相对应的逐级稳定常数互为倒数：

$$K_{f1}^{\ominus} = 1/K_{d4}^{\ominus}, \quad K_{f2}^{\ominus} = 1/K_{d3}^{\ominus}, \quad K_{f3}^{\ominus} = 1/K_{d2}^{\ominus}, \quad K_{f4}^{\ominus} = 1/K_{d1}^{\ominus}$$

配合物总的解离常数是各逐级不稳定常数或逐级解离常数的乘积。

$$[Cu(NH_3)_4]^{2+} \Longrightarrow Cu^{2+} + 4NH_3$$

$$K_d^{\ominus} = K_{d1}^{\ominus} K_{d2}^{\ominus} K_{d3}^{\ominus} K_{d4}^{\ominus} = \dfrac{[Cu^{2+}][NH_3]^4}{[Cu(NH_3)_4]^{2+}}$$

同理，可以将各逐级稳定常数的乘积称为各级累积稳定常数，用 $\beta_n^{\ominus}$ 表示。

对于 $ML_n$ 配合物，其生成反应为：

$$M + L \Longrightarrow ML \qquad \beta_1^{\ominus} = \dfrac{[ML]}{[M][L]}$$

$$M + 2L \Longrightarrow ML_2 \qquad \beta_2^{\ominus} = \dfrac{[ML_2]}{[M][L]^2}$$

$$M + nL \Longrightarrow ML_n \qquad \beta_n^{\ominus} = \dfrac{[ML_n]}{[M][L]^n}$$

从上可知，最后一级累积稳定常数 $\beta_n^{\ominus}$ 就是配合物的稳定常数。一些常见的配离子的累积稳定常数见附录。利用配合物的稳定常数可以进行配位平衡中的相关离子浓度计算，计算过程与标准平衡常数的计算一致。

**例 2-10**　计算 $0.10\,\text{mol} \cdot \text{L}^{-1}$ $[Ag(NH_3)_2]^+$ 溶液含有 $0.1\,\text{mol} \cdot \text{L}^{-1}$ 的氨水时溶液中 $Ag^+$ 的浓度。

解：设在 $0.1\,\text{mol} \cdot \text{L}^{-1}\,NH_3$ 存在下，$Ag^+$ 的浓度为 $x\,\text{mol} \cdot \text{L}^{-1}$，则

$$Ag^+ + 2NH_3 \Longrightarrow [Ag(NH_3)_2]^+$$

| | | | |
|---|---|---|---|
| 起始浓度/mol·L$^{-1}$ | 0 | 0.1 | 0.1 |
| 平衡浓度/mol·L$^{-1}$ | $x$ | $0.1+2x$ | $0.1-x$ |

由于 $c(Ag^+)$ 较小，所以 $(0.1 - x)\text{mol} \cdot \text{L}^{-1} \approx 0.1\,\text{mol} \cdot \text{L}^{-1}$，$0.1 + 2x \approx$ $0.1\,\text{mol} \cdot \text{L}^{-1}$，将平衡浓度代入稳定常数表达式得：

$$K_f^{\ominus} = \dfrac{[Ag(NH_3)_2]^+}{[Ag^+][NH_3]^2} = \dfrac{0.1}{0.1^2 x} = 1.12 \times 10^7, \quad x = 8.9 \times 10^{-7}\,\text{mol} \cdot \text{L}^{-1}$$

（2）配位平衡的移动

配位平衡与其他化学平衡一样，是在一定的条件下形成的一种动态平衡，当平衡体系的条件发生改变时，平衡就会发生移动，并在新的条件下达到新的平衡。显然，平衡条件的改变，将影响配合物的稳定性。例如，有如下的配位平衡反应：

$$M^{n+} + xL^- \Longrightarrow ML_x^{(n-x)}$$

如果加入某种沉淀剂使金属离子 $M^{n+}$ 生成难溶化合物，或者加入某种还原剂

改变金属离子 $M^{n+}$ 的氧化态，或者改变溶液的 pH 值都可以使平衡向左移动。若加入某种试剂能与 $M^{n+}$ 生成更稳定的配离子，也将使配离子发生解离。

① pH 值的影响　　溶液中的酸度既对配体 L 有影响，也对金属离子有影响。根据路易斯酸碱理论，能够给出电子对的分子、离子或原子团都可以看作路易斯碱。常见的配体都是电子对的给体，如 $NH_3$ 和 $CN^-$、$F^-$ 等，都可以与 $H^+$ 反应生成共轭酸。通常配体的碱性越强，配合物越稳定，受溶液中 $H^+$ 的影响就越明显。当溶液中的 pH 值降低时，L 与 $H^+$ 生成相应的弱酸分子，从而使平衡向解离的方向移动。例如，配离子 $[FeF_6]^{3-}$ 在水溶液中比较稳定，但当溶液中 $H^+$ 浓度过大时 $[c(H^+) > 0.5 mol \cdot L^{-1}]$，由于 $H^+$ 与 $F^-$ 结合生成了 HF 分子，使平衡朝着解离的方向进行，导致配离子分解被破坏。

$$Fe^{3+} + 6F^- \rightleftharpoons [FeF_6]^{3-}$$
$$+$$
$$6H^+$$
$$\Updownarrow$$
$$6HF$$

这种由于酸度增大导致溶液中配体浓度下降，使配合物的稳定性降低的现象称为配体的酸效应。上述反应的总反应为：

$$[FeF_6]^{3-} + 6H^+ \rightleftharpoons Fe^{3+} + 6HF$$

$$K^{\ominus} = \frac{[Fe^{3+}][HF]^6}{[FeF_6]^{3-}[H^+]^6} = \frac{[Fe^{3+}][HF]^6[F^-]^6}{[FeF_6]^{3-}[H^+]^6[F^-]^6} = \frac{1}{K_f^{\ominus}[(FeF_6)^{3-}][K_a^{\ominus}(HF)]^6}$$

从总反应的平衡常数与配合物稳定常数及弱酸的解离常数可知，配体的碱性越强，受溶液的 pH 影响越大。

当溶液中的 pH 值较高时，作为中心离子的过渡金属离子在溶液中会存在明显的水解作用。例如，$[CuCl_4]^{2-}$ 在酸度降低时，会水解生成沉淀，导致溶液中的 $Cu^{2+}$ 浓度降低，配位平衡朝着解离的方向移动。这种现象称为金属离子的水解效应。

综上所述，在配位平衡中，溶液的 pH 值发生变化时，既要考虑对配体的酸效应，也要考虑金属离子的水解效应，但一般以酸效应为主。

② 沉淀反应的影响　　在配位平衡中加入某种沉淀剂，它将与配体同时争夺中心离子，而导致配离子的解离，进而在溶液中建立多重平衡。反之，如果在沉淀中加入配体，且生成的配离子稳定常数越大，将导致沉淀更容易被配体溶解。例如在 $[Cu(NH_3)_4]^{2+}$ 溶液中加入 $Na_2S$ 溶液，会有黑色的 CuS 沉淀生成，其反应的过程可以表示为：

$$[Cu(NH_3)_4]^{2+} \rightleftharpoons Cu^{2+} + 4NH_3$$
$$+$$
$$S^{2-} \rightleftharpoons CuS \downarrow$$

总反应为：$[Cu(NH_3)_4]^{2+}+S^{2-}\Longleftrightarrow CuS\downarrow+4NH_3$

$$K^{\ominus}=\frac{[NH_3]^4}{[Cu(NH_3)_4]^{2+}[S^{2-}]}=\frac{[NH_3]^4[Cu^{2+}]}{[Cu(NH_3)_4]^{2+}[S^{2-}][Cu^{2+}]}$$

$$K^{\ominus}=1/\{K_f^{\ominus}[Cu(NH_3)_4]^{2+}K_{sp}^{\ominus}(CuS)\}$$

反之，在沉淀中加入配体，也有可能使沉淀溶解。例如，在 AgCl 沉淀中加入浓氨水，可以使沉淀溶解，其过程为：

$$AgCl(s)\Longleftrightarrow Ag^++Cl^-$$
$$+$$
$$2NH_3\Longleftrightarrow[Ag(NH_3)_2]^+$$

总反应方程为：$AgCl(s)+2NH_3\Longleftrightarrow[Ag(NH_3)_2]^++Cl^-$

$$K^{\ominus}=\frac{[Ag(NH_3)_2]^+[Cl^-]}{[NH_3]^2}=\frac{[Ag(NH_3)_2]^+[Cl^-][Ag^+]}{[NH_3]^2[Ag^+]}$$

$$K^{\ominus}=K_f^{\ominus}[Ag(NH_3)_2]^+K_{sp}^{\ominus}(AgCl)$$

从上述的两个反应可以看出，配合物能否被破坏或沉淀能否被溶解，主要决定于沉淀物的 $K_{sp}^{\ominus}$ 和配合物 $K_f^{\ominus}$ 的值以及配体或沉淀剂的用量。

**例 2-11**　计算完全溶解 0.01mol 的 AgCl，至少需要 1L 多大浓度的氨水？已知 AgCl 的 $K_{sp}^{\ominus}=1.8\times10^{-10}$，$[Ag(NH_3)_2]^+$ 的 $K_f^{\ominus}=1.12\times10^7$。

**解**：假定 AgCl 溶解全部转化为 $[Ag(NH_3)_2]^+$，则氨一定是过量的。因此可忽略 $[Ag(NH_3)_2]^+$ 的离解产生的 $NH_3$，所以平衡时 $[Ag(NH_3)_2]^+$ 的浓度为 $0.01mol\cdot L^{-1}$，$Cl^-$ 的浓度为 $0.01mol\cdot L^{-1}$，反应为

$$AgCl+2NH_3\Longleftrightarrow[Ag(NH_3)_2]^++Cl^-$$

$$K^{\ominus}=\frac{[Ag(NH_3)_2]^+[Cl^-]}{[NH_3]^2}=\frac{[Ag(NH_3)_2]^+[Cl^-][Ag^+]}{[NH_3]^2[Ag^+]}$$

$$K^{\ominus}=K_f^{\ominus}[Ag(NH_3)_2]^+K_{sp}^{\ominus}(AgCl)=1.8\times10^{-10}\times1.12\times10^7=2.02\times10^{-3}$$

$$[NH_3]=\sqrt{\frac{[Ag(NH_3)_2^+][Cl^-]}{2.02\times10^{-3}}}=\sqrt{\frac{0.01\times0.01}{2.02\times10^{-3}}}=0.22mol\cdot L^{-1}$$

在溶解的过程中与 AgCl 反应需要消耗氨水的浓度为 $2\times0.01mol\cdot L^{-1}=0.02mol\cdot L^{-1}$，所以氨水的最初浓度为 $0.22mol\cdot L^{-1}+0.02mol\cdot L^{-1}=0.24mol\cdot L^{-1}$。

③ 配位平衡之间的转化　在配位反应中，当一种配离子溶液中加入另外一种配体能够生成更稳定的配离子时，平衡将向生成更难解离的配离子方向移动。两种配离子的稳定性相差越大，转化反应就越容易发生。如在 $[Fe(SCN)_6]^{3+}$ 溶液中加入 $F^-$，溶液的血红色将会褪去，生成稳定性更高的无色 $[FeF_6]^{3-}$。同理 $[HgCl_4]^{2-}$ 与 $I^-$ 将生成 $[HgI_4]^{2-}$。其原因就是配离子的稳定性不同：

$$K_f^{\ominus}([HgI_4]^{2-})>K_f^{\ominus}([HgCl_4]^{2-})；K_f^{\ominus}([FeF_6]^{3-})>K_f^{\ominus}([Fe(SCN)_6]^{3-})$$

**例 2-12**　计算反应 $[Ag(NH_3)_2]^++2CN^-\Longleftrightarrow[Ag(CN)_2]^-+2NH_3$ 的平衡常

数，并判断配位反应进行的方向。

解：查表得，$K_f^{\ominus}[Ag(NH_3)_2]^+=1.12\times10^7$，$K_f^{\ominus}\{[Ag(CN)_2]^+\}=1.0\times10^{21}$

$$K^{\ominus}=\frac{[Ag(CN)_2]^-[NH_3]^2}{[Ag(NH_3)_2]^+[CN^-]^2}=\frac{[Ag(CN)_2]^-[NH_3]^2[Ag^+]}{[Ag(NH_3)_2]^+[CN^-]^2[Ag^+]}$$

$K^{\ominus}=K_f^{\ominus}[Ag(CN)_2]^-/K_f^{\ominus}[Ag(NH_3)_2]^+=1.0\times10^{21}/1.12\times10^7=9.09\times10^{13}$

反应朝生成 $[Ag(CN)_2]^-$ 的方向进行。

# 2.4　沉淀-溶解平衡

沉淀的形成与溶解平衡是一种两相化学平衡体系，例如在 $CaCl_2$ 溶液中加入 $Na_2CO_3$ 溶液就会产生白色的 $CaCO_3$ 沉淀，这种在溶液中溶质相互作用，析出难溶性固体物质的反应称为沉淀反应；如果向 $CaCO_3$ 沉淀物加入稀盐酸，则 $CaCO_3$ 会溶解，称为溶解反应，这种沉淀与溶解反应的特征是在反应过程中伴有新物相的生成或消失，存在着固态难溶电解质与由它解离产生的离子之间的平衡。这种平衡称为沉淀溶解平衡。这种平衡在生物化学、医学、工业生产等领域有着重要的影响，本节主要讨论沉淀-溶解平衡，以及影响沉淀-溶解平衡的因素。

## 2.4.1　溶解度和溶度积

难溶电解质的溶解过程是一个可逆过程。在一定温度下，把难溶强电解质 $BaSO_4$ 放入水中，具有较强极性的水分子的偶极负端对固体 $BaSO_4$ 表面的 $Ba^{2+}$ 具有吸引作用，而水分子偶极正端对固体 $BaSO_4$ 表面的 $SO_4^{2-}$ 具有吸引作用，这种作用大大削弱了固体 $BaSO_4$ 中 $Ba^{2+}$ 与 $SO_4^{2-}$ 之间的吸引作用，从而使得一部分 $Ba^{2+}$ 和 $SO_4^{2-}$ 离开 $BaSO_4$ 固体表面成为水合离子进入溶液中，这个过程称为溶解。同时，进入水中的水合 $Ba^{2+}$ 和 $SO_4^{2-}$ 处于无序的运动状态，其中有些 $Ba^{2+}$ 和 $SO_4^{2-}$ 碰撞到固体 $BaSO_4$ 表面时，因受固体 $BaSO_4$ 表面的吸引作用，而重新析出在固体 $BaSO_4$ 表面上，这个过程称为沉淀。在某个时刻，固体的溶解速率与离子的沉积速率会达到相等，此时，沉淀和溶解处于一种动态平衡状态，体系中各离子的浓度不随时间而改变，固体难溶物的量也不随时间而改变。这就说明固体难溶物在一定量的水中的溶解量是有限的，不同的难溶物在相同量的水中，其溶解溶质的量也是不同的。或者说不同固体难溶物在水中的溶解能力是不同的，即溶解性不同。溶解性既与溶质本身性质有关，也与溶剂的性质有关。在中学阶段，曾用溶解度来衡量物质在水中的溶解能力。

（1）溶解度

在一定温度下，一定量的溶剂中所能溶解的溶质的质量，叫做溶解度。对水溶液来说，通常以饱和溶液中每 100g 水所含溶质质量来表示，即以 g/100g 水表示；也可用 $mol \cdot L^{-1}$ 来表示，即 1L 溶液中含有溶质的物质的量，常用符号 $s$ 表示。

（2）溶度积

在一定温度下，将难溶电解质晶体放入水中时，就发生溶解和沉淀两个过程。在一定条件下，当溶解和沉淀速率相等时，便建立了一种动态多相离子平衡，可表示如下：

$$A_n B_m(s) = n A^{m+}(aq) + m B^{n-}(aq)$$

当达到平衡时，

$$K_{sp}^{\ominus} = [c(A^{m+})]^n [c(B^{n-})]^m \tag{2-14}$$

$K_{sp}^{\ominus}$ 称为溶度积常数，或简称溶度积。

（3）浓度积和溶解度的关系

对于 $A_m B_n$ 难溶化合物，

$$A_m B_n = m A^{n+}(aq) + n B^{m-}(aq)$$

溶解物质的量/mol·L$^{-1}$  　　　$s$  　　$ms$  　　　$ns$

平衡时浓度/mol·L$^{-1}$  　　　　　$ms$  　　　$ns$

$$K_{sp}^{\ominus} = (ms)^m (ns)^n = s^{m+m} m^m n^n$$

$$s = \sqrt[(m+n)]{\frac{K_{sp}^{\ominus}}{m^m n^n}} \tag{2-15}$$

对于 AB 型，如 AgCl、AgBr、AgI、BaSO$_4$、BaCO$_3$、CaCO$_3$ 等：

$$s = \sqrt{K_{sp}^{\ominus}} \tag{2-16}$$

对于 A$_2$B 或 AB$_2$ 型，如 Ag$_2$CrO$_4$、Ag$_2$SO$_4$、CaF$_2$ 等：

$$s = \sqrt[3]{\frac{K_{sp}^{\ominus}}{4}} \tag{2-17}$$

溶解度与溶度积互换的条件是：难溶电解质一步完全解离，且离子在溶液中不发生水解、聚合、配位等反应。

**例 2-13** 已知 AgCl、Ag$_2$CrO$_4$ 的溶度积分别为 $K_{sp1}^{\ominus} = 1.8 \times 10^{-10}$ 和 $K_{sp2}^{\ominus} = 2.0 \times 10^{-12}$，试计算 AgCl、Ag$_2$CrO$_4$ 在纯水中的溶解度。

解：根据各自的计算公式得：

对于 AgCl，$s = \sqrt{K_{sp}^{\ominus}} = \sqrt{1.8 \times 10^{-10}} = 1.3 \times 10^{-5}$ mol·L$^{-1}$

对于 Ag$_2$CrO$_4$，$s = \sqrt[3]{\frac{K_{sp}^{\ominus}}{4}}$，$s = \sqrt[3]{\frac{K_{sp}^{\ominus}}{4}} = \sqrt[3]{\frac{2.0 \times 10^{-12}}{4}} = 7.9 \times 10^{-5}$ mol·L$^{-1}$

**例 2-14** 在 25℃，AgCl 的溶解度为 $1.92 \times 10^{-3}$ g·L$^{-1}$，求同温度下 AgCl 的溶度积。

解：已知 M(AgCl) = 143.3 g·mol$^{-1}$，$s = (1.92 \times 10^{-3}/143.3)$ mol·L$^{-1}$ = $1.34 \times 10^{-5}$ mol·L$^{-1}$

$$K_{sp}(AgCl)^{\ominus} = s^2 = (1.34 \times 10^{-5})^2 = 1.8 \times 10^{-10}$$

### 2.4.2 沉淀的生成和溶解

（1）溶度积规则

难溶电解质溶液中存在如下平衡：

$$A_m B_n(s) = m A^{n+}(aq) + n B^{m-}(aq)$$

任意条件下反应的 $\Delta_r G$ 为：

$$\Delta_r G = \Delta_r G_m^{\ominus} + RT \ln J = -RT \ln(K_{sp}^{\ominus}/J)$$

$$J = \left(\frac{c_{A^{n+}}}{c^{\ominus}}\right)^m \left(\frac{c_{B^{m-}}}{c^{\ominus}}\right)^n \tag{2-18}$$

称为浓度积或离子积。

当 $J < K_{sp}^{\ominus}$，$\Delta_r G < 0$ 时，反应正向进行，即表现为溶解。

当 $J = K_{sp}^{\ominus}$，$\Delta_r G = 0$ 时，反应处于平衡状态，此时溶液处于饱和状态，既无沉淀析出，也无沉淀溶解。

当 $J > K_{sp}^{\ominus}$，$\Delta_r G > 0$ 时，反应逆向进行，即表现为沉淀。

**例 2-15**　如果在 10mL 0.010mol·L$^{-1}$BaCl$_2$溶液中，加入 0.0050mol·L$^{-1}$Na$_2$SO$_4$溶液 30mL，问有无沉淀产生？（$K_{sp}^{\ominus} = 1.1 \times 10^{-10}$）

解：依题意知

$$[Ba^{2+}] = (0.010 \times 10/40) mol \cdot L^{-1} = 2.5 \times 10^{-3} mol \cdot L^{-1}$$

$$[SO_4^{2-}] = (0.0050 \times 30/40) mol \cdot L^{-1} = 3.8 \times 10^{-3} mol \cdot L^{-1}$$

$$J = [Ba^{2+}][SO_4^{2-}] = 2.5 \times 10^{-3} \times 3.8 \times 10^{-3} = 9.5 \times 10^{-6} > K_{sp}^{\ominus}$$

所以有 BaSO$_4$沉淀产生。

（2）同离子效应

当溶液中存在与沉淀物相同的某一离子时，会使沉淀的溶解度降低的现象称同离子效应。

**例 2-16**　在 25℃时，AgCl 在 0.01mol·L$^{-1}$NaCl 溶液中的溶解度。

解：设 AgCl 在 NaCl 溶液中的溶解度为 $s$，依题意知

$$AgCl(s) = Ag^+(aq) + Cl^-(aq)$$

平衡时浓度/mol·L$^{-1}$　　　　　　　　　　　$s$　　　$s+0.01$

$$K_{sp}^{\ominus} = s(s + 0.01) \approx 0.01s$$

$$s = K_{sp}^{\ominus}/0.01 \approx 1.77 \times 10^{-8}$$

（3）盐效应

难溶电解质溶于含有强电解质的水溶液时，因电解质离子的作用而使难溶电解质的溶解度略有增大的现象称为盐效应。一般情况下，强电解质的浓度越大，所带的电荷越高，盐效应越明显。在进行沉淀操作时，既要考虑同离子效应能使沉淀更完全，还要考虑盐效应会使沉淀溶解度增大的影响。

（4）沉淀-溶解的影响因素

影响沉淀-溶解的因素除了同离子效应和盐效应外，酸效应和配位效应也影响

沉淀-溶解的平衡。此外，温度、溶剂、沉淀颗粒也会影响溶解度的大小。一般情况下，大多数化合物的溶解过程是吸热过程，故沉淀的溶解度随温度升高而增大；对于同一种沉淀物质，沉淀颗粒越小，溶解度越大。反之，颗粒越大，溶解度越小。

① 酸效应：酸的存在往往对难溶物的溶解度有较大的影响，如在难溶金属氢氧化物、硫化物、碳酸盐、草酸盐等难溶物的沉淀-溶解平衡体系中加入一定量的酸，使体系 pH 值降低时，使弱酸根离子形成弱酸的倾向增大，从而使沉淀溶解平衡向生成弱酸的方向移动，导致难溶物的溶解度增大；当体系的酸度减小，pH 值增大时，金属离子又会生成羟基配合物，同样会使难溶物的溶解度增大。这种 pH 值对难溶物溶解度的影响成为酸效应。

**例 2-17**　在 $0.1L$ 的 $0.2mol \cdot L^{-1}$ $MgCl_2$ 溶液中加入等体积的 $0.2mol \cdot L^{-1}$ 氨水溶液。问：

(1) 有无 $Mg(OH)_2$ 沉淀产生？（$K_{sp}^{\ominus}[Mg(OH)_2] = 5.1 \times 10^{-12}$）

(2) 为了阻止 $Mg(OH)_2$ 沉淀产生，至少需要加入多少克 $NH_4Cl$ 固体？（假设 $NH_4Cl$ 固体的加入不会引起体积的改变）

**解：**(1) $MgCl_2$ 溶液与氨水溶液等体积混合后，各组分的浓度为

$$c(Mg^{2+}) = 0.1mol \cdot L^{-1}, \quad c(NH_3) = 0.1mol \cdot L^{-1}$$

溶液混合后，假设有沉淀产生，体系中将存在以下平衡

$$Mg(OH)_2 \rightleftharpoons Mg^{2+}(aq) + 2OH^- \tag{1}$$

$$NH_3(aq) + H_2O(l) \rightleftharpoons NH_4^+(aq) + OH^-(aq) \tag{2}$$

由反应式（2）计算出 $c(OH^-)$，假设式（2）反应中产生的 $c(OH^-) = x$，则 $c(NH_4^+) = x$

$$K_b^{\ominus} = \frac{c(NH_4^+)c(OH^-)}{c(NH_3)} = 1.8 \times 10^{-5}$$

$$\frac{x^2}{0.1 - x} = 1.8 \times 10^{-5} \qquad x = \sqrt{1.8 \times 10^{-6}} = 3.24 \times 10^{-3}$$

$$J = c(Mg^{2+})c(OH^-)^2 = 0.1 \times (3.24 \times 10^{-3})^2 = 1.8 \times 10^{-7}$$

因为 $J > K_{sp}^{\ominus}[Mg(OH)_2]$，所以有 $Mg(OH)_2$ 沉淀产生。

(2) 为了不让 $Mg(OH)_2$ 沉淀析出，可加入 $NH_4Cl$ 固体，增加 $NH_4^+$ 的浓度，根据反应式（2），平衡向左移动，从而降低 $OH^-$ 离子浓度，使得 $J \leqslant K_{sp}^{\ominus}[Mg(OH)_2]$。假设加入的 $NH_4^+$ 浓度为 $x$ 时，可阻止 $Mg(OH)_2$ 沉淀的产生，依题意得知

$$c(OH^-) = K_b^{\ominus}\frac{c(NH_3)}{c(NH_4^+)} = 1.8 \times 10^{-5} \times \frac{0.1}{x}$$

$$J = c(Mg^{2+})c(OH^-)^2 = 0.1 \times \left(1.8 \times 10^{-5} \times \frac{0.1}{x}\right)^2 \leqslant K_{sp}^{\ominus}[Mg(OH)_2]$$

$$x^2 \geqslant \frac{3.24 \times 10^{-13}}{5.1 \times 10^{-12}} \qquad x \geqslant 0.252 \text{mol} \cdot \text{L}^{-1}$$

$$m = 0.252 \text{mol} \cdot \text{L}^{-1} \times 0.2 \text{L} \times 53.5 \text{g} \cdot \text{mol}^{-1} \approx 2.7 \text{g}$$

所以至少要加入 2.7g $NH_4Cl$ 固体才可阻止 $Mg(OH)_2$ 沉淀的产生。

**例 2-18** 298K 时，向 $0.01 \text{mol} \cdot \text{L}^{-1} FeSO_4$ 溶液中通入 $H_2S$ 气体，使其成为 $H_2S$ 饱和溶液 $[c(H_2S) = 0.1 \text{mol} \cdot \text{L}^{-1}]$，用 HCl 调节 pH 值，使得 $c(HCl) = 0.2 \text{mol} \cdot \text{L}^{-1}$，问该溶液体系中有无 FeS 沉淀产生？

解：依题意得知该体系中存在的平衡

$$H_2S \Longrightarrow H^+ + HS^- \qquad K_{a1}^\ominus = 9.1 \times 10^{-8} \qquad (1)$$

$$HS^- \Longrightarrow H^+ + S^{2-} \qquad K_{a2}^\ominus = 1.1 \times 10^{-12} \qquad (2)$$

$$H_2S \Longrightarrow 2H^+ + S^{2-} \qquad K_{a1}^\ominus K_{a2}^\ominus \qquad (3)$$

$$FeS \Longrightarrow Fe^{2+} + S^{2-} \qquad K_{sp}^\ominus = 1.59 \times 10^{-19} \qquad (4)$$

由反应（3）得知：

$$K_{a1}^\ominus K_{a2}^\ominus = \frac{c^2(H^+)c(S^{2-})}{c(H_2S)} = 9.1 \times 10^{-8} \times 1.1 \times 10^{-12} = 1.0 \times 10^{-19}$$

$$c(S^{2-}) = \frac{c(H_2S)}{c^2(H^+)} K_{a1}^\ominus K_{a2}^\ominus = \frac{0.1}{0.2^2} \times 9.1 \times 10^{-8} \times 1.1 \times 10^{-12} \text{mol} \cdot \text{L}^{-1}$$

$$= 2.5 \times 10^{-19} \text{mol} \cdot \text{L}^{-1}$$

$$J = c(Fe^{2+})c(S^{2-}) = 0.01 \times 2.5 \times 10^{-19} = 2.5 \times 10^{-21}$$

因为 $J < K_{sp}^\ominus(FeS)$，所以没有 FeS 沉淀产生。

② 配位效应：不少难溶化合物在配位剂的作用下可生成配离子而溶解，例如 AgCl 难溶物可与氨水溶液作用生成 $Ag(NH_3)_2^+$ 而溶解，$HgI_2$ 难溶物可与 KI 溶液作用生成 $HgI_4^{2-}$ 而溶解。我们把因难溶物中的构晶离子与配位剂作用而使难溶化合物的溶解度增大的现象称配位效应。并不是所有的难溶物可以溶解于一切配位剂溶液中，一种难溶物是否可以溶解于某种配位剂溶液，主要取决于该难溶物的溶度积和所生成配合物的稳定常数。

**例 2-19** 25℃，欲将 0.2mol AgCl 难溶物溶解在 2.0L 氨水溶液中，问氨水溶液的最低浓度使多少？$(K_f^\ominus[Ag(NH_3)_2^+] = 1.12 \times 10^7, K_{sp}^\ominus(AgCl) = 1.8 \times 10^{-10})$

解：假设在 AgCl 与氨水反应的平衡体系中，氨水的浓度为 $x$，依题意得知：

$$AgCl(s) + 2NH_3 \Longrightarrow Ag(NH_3)_2^+ + Cl^-$$

平衡浓度/mol $\cdot$ L$^{-1}$：$\qquad x \qquad 0.2/2.0 \qquad 0.2/2.0$

$$K^\ominus = \frac{c[Ag(NH_3)_2^+]c(Cl^-)}{c^2(NH_3)} = \frac{c[Ag(NH_3)_2^+]c(Cl^-)c(Ag^+)}{c^2(NH_3)c(Ag^+)}$$

$$= K_f^\ominus[Ag(NH_3)_2^+]K_{sp}^\ominus(AgCl)$$

$$K^\ominus = \frac{c[Ag(NH_3)_2^+]c(Cl^-)}{c^2(NH_3)} = \frac{0.1 \times 0.1}{x^2} = K_f^\ominus[Ag(NH_3)_2^+]K_{sp}^\ominus(AgCl)$$

$$\frac{0.1 \times 0.1}{x^2} = 1.12 \times 10^7 \times 1.8 \times 10^{-10} = 2.02 \times 10^{-3}$$

$$x = 2.22 \text{mol} \cdot \text{L}^{-1}$$

又因为溶解 0.2mol AgCl 需要消耗 0.4mol $NH_3$，所以最初需要的氨水浓度为

$$c(NH_3) = (2.22 + 0.4/2.0) \text{mol} \cdot \text{L}^{-1} = 2.42 \text{mol} \cdot \text{L}^{-1}$$

### 2.4.3　沉淀的转化和分步沉淀

（1）沉淀的转化

由一种沉淀转化为另一种沉淀的过程叫沉淀的转化。沉淀的转化平衡常数越大，转化反应进行的就越完全。

**例 2-20**　1L 0.1mol · $L^{-1}$ 的 $Na_2CO_3$ 可使多少克 $CaSO_4$ 转化成 $CaCO_3$？

解：设平衡时 $c(SO_4^{2-}) = x$ mol · $L^{-1}$，沉淀的转化反应：

$$CaSO_4(s) + CO_3^{2-}(aq) = CaCO_3(s) + SO_4(aq)$$

平衡时浓度/mol · $L^{-1}$ 　　　　　　　0.1 − x 　　　　　　 x

转化的平衡常数为：

$$K^{\ominus} = \frac{c(SO_4^{2-})}{c(CO_3^{2-})} = \frac{c(Ca^{2+})c(SO_4^{2-})}{c(Ca^{2+})c(CO_3^{2-})} = \frac{x}{0.1-x} = K_{sp}^{\ominus}(CaSO_4)/K_{sp}^{\ominus}(CaCO_3)$$

$$\frac{x}{0.1-x} = 9.1 \times 10^{-6}/2.8 \times 10^{-9}$$

$$x \approx 0.1 \text{mol} \cdot \text{L}^{-1}$$

$$m = 136.14 \text{g} \cdot \text{mol}^{-1} \times 1L \times 0.1 \text{mol} \cdot \text{L}^{-1} = 13.6 \text{g}$$

（2）分步沉淀

当溶液中存在几种离子时，加入某种沉淀剂能使沉淀按一定的先后次序进行，这种先后沉淀的现象称为分步沉淀。

当溶液中存在几种离子时，离子积首先达到溶度积的难溶电解质先沉淀出来，离子积后达到溶度积的难溶电解质则后沉淀，对同一类型的难溶电解质，溶度积差别越大，沉淀分离越完全。分步沉淀的次序主要取决于难溶电解质的溶度积大小，也与溶液中各离子的浓度有关。在沉淀过程，如果溶液中剩余离子浓度 $\leqslant 1.0 \times 10^{-6}$ mol · $L^{-1}$，则该认为沉淀完全。

**例 2-21**　在 $Zn^{2+}$、$Mn^{2+}$ 混合离子溶液中，两种离子浓度均为 0.01mol · $L^{-1}$，若通入 $H_2S$ 气体，并使之达到饱和，哪种离子先沉淀？溶液 pH 值应控制在什么范围可以将这两种离子完全分离？

解：因为 $K_{sp}^{\ominus}(ZnS) = 2.0 \times 10^{-22} \ll K_{sp}^{\ominus}(MnS) = 2.0 \times 10^{-10}$

所以 $Zn^{2+}$ 首先沉淀下来，

$H_2S = H^+ + HS^-$，$K_{a1}^{\ominus} = 9.5 \times 10^{-8}$

$HS^- = H^+ + S^{2-}$，$K_{a2}^{\ominus} = 1.3 \times 10^{-13}$

$$H_2S = 2H^+ + S^{2-}, \quad K_{a1}^\ominus K_{a2}^\ominus$$

$$K_{a1}^\ominus K_{a2}^\ominus = \frac{c^2(H^+) \cdot c(S^{2-})}{c(H_2S)}$$

$$c(S^{2-}) = K_{a1}^\ominus K_{a2}^\ominus \frac{c(H_2S)}{c^2(H^+)}$$

当 $[Zn^{2+}] \leqslant 1.0 \times 10^{-6} \, mol \cdot L^{-1}$ 时，$Zn^{2+}$ 认为被沉淀完全。因 $c(H_2S) = 0.1 \, mol \cdot L^{-1}$，$K_{sp}^\ominus(ZnS) = c(Zn^{2+})c(S^{2-})$

$$c(Zn^{2+}) = K_{sp}^\ominus(ZnS)/c(S^{2-}) = K_{sp}^\ominus(ZnS)c^2(H^+)/[K_{a1}^\ominus K_{a2}^\ominus c(H_2S)]$$

$$c(Zn^{2+}) = \frac{2.0 \times 10^{-22} c^2(H^+)}{9.5 \times 10^{-8} \times 1.3 \times 10^{-13} \times 0.1} \leqslant 1.0 \times 10^{-6}$$

$$c(H^+) \leqslant \frac{1.0 \times 10^{-6} \times 9.5 \times 10^{-8} \times 1.3 \times 10^{-13} \times 0.1}{2.0 \times 10^{-22}}$$

$$c(H^+) \leqslant 2.48 \times 10^{-3}$$

所以　pH≥2.61

要使 $Mn^{2+}$ 不沉淀，$c(S^{2-}) < K_{sp}^\ominus(MnS)/c(Mn^{2+})$

又因为　$c(S^{2-}) = K_{a1}^\ominus K_{a2}^\ominus \frac{c(H_2S)}{c^2(H^+)}$

$$\frac{1}{c(S^{2-})} > c(Mn^{2+})/K_{sp}^\ominus(MnS)$$

所以　$c^2(H^+)/[K_{a1}^\ominus K_{a2}^\ominus c(H_2S)] > c(Mn^{2+})/K_{sp}^\ominus(MnS)$

$$c^2(H^+) > [K_{a1}^\ominus K_{a2}^\ominus c(Mn^{2+})c(H_2S)]/K_{sp}^\ominus(MnS)$$

$$c^2(H^+) > \frac{0.01 \times 0.1 \times 9.5 \times 10^{-8} \times 1.3 \times 10^{-13}}{2.0 \times 10^{-10}}$$

所以　$c(H^+) > 2.48 \times 10^{-7}$

即 pH<6.60。因此，要使 $Zn^{2+}$ 沉淀完全而 $Mn^{2+}$ 不析出，溶液的 pH 值范围应控制在 2.61 与 6.60 之间，即 2.61≤pH<6.60。

### 2.4.4　影响沉淀纯度的因素

通常情况下，对得到的沉淀物要求是比较纯的，但由于沉淀物是从溶液体系中产生，在沉淀过程中会不可避免地夹杂其他杂质在沉淀物中，或者沉淀物形成后，由于沉淀物表面的吸附作用，沉淀物会吸附一定的离子或其他杂质在沉淀物表面，从而导致沉淀物纯度不高。为了得到一定纯度的沉淀物，就要了解杂质进入沉淀物中的可能途径，从而减少或阻止杂质进入沉淀物中，以获得高纯度的沉淀物。杂质进入沉淀物的途径主要如下。

（1）共沉淀现象

当一种沉淀从溶液析出时，某些可溶性组分常会被夹带在沉淀中而析出的现象称为共沉淀。共沉淀现象的原因主要来自三方面：第一种表面吸附，沉淀表面的吸附作用是共沉淀中最普遍的现象，它是由晶体表面电荷不平衡所引起的。例如，往含有 NaAc 的 $AgNO_3$ 溶液中加入 NaCl 溶液产生 AgCl 沉淀，在 AgCl 沉淀的内部，每个 $Ag^+$ 或 $Cl^-$ 周围被异号电荷的构晶离子 $Cl^-$ 或 $Ag^+$ 所包围，从而处于静电平衡；而在 AgCl 沉淀物表面的 $Ag^+$ 或 $Cl^-$ 处于静电不平衡状态，可以吸附溶液中带异号电荷的，从而使共沉淀物不纯。这种表面吸附具有一定的规律：①当某一构晶离子过量时，首先吸附构晶离子；②对于异号电荷的离子，其电荷数越高、浓度越大、越容易被吸附；③如果各异号电荷离子的浓度、电荷相同，则首先吸附那些能与构晶离子形成溶解度最小的化合物的离子；④容易变形的阴离子也易被吸附。此外，沉淀表面吸附还与沉淀物的总表面积有关，与溶液中杂质的浓度有关，与溶液的温度也有关。第二种共沉淀是混晶共沉淀，它主要是由于溶液中存在与构晶离子半径相近、电荷相同的杂离子，在沉淀过程中，杂离子有可能占据沉淀中某些晶格位置而进入沉淀颗粒的内部，形成混晶共沉淀。第三种共沉淀是包藏共沉淀，它主要是由于沉淀剂加入过快，沉淀生长太快，最初生成的沉淀颗粒表面吸附的杂质来不及离开沉淀表面就被随后生成的沉淀所覆盖，从而使杂质或母液被包藏在沉淀颗粒的内部形成包藏共沉淀。因包藏的杂质是在沉淀物内部，不能用洗涤的方法除去。所以减少包藏杂质的主要方法是采取陈化，即将沉淀与母液一起放置一段时间，体晶体中不完整部分的杂质重新进入溶液，而溶液中的构晶离子不断回到晶体表面，使晶体趋于完整，沉淀更纯净。重结晶就是除包藏杂质的有效方法。

（2）后沉淀现象

后沉淀是指溶液中某一组分沉淀析出后，另一种本来难以析出沉淀的组分，在沉淀与母液一起放置的过程中，逐渐沉积于沉淀表面上的过程。例如，在含有 $Zn^{2+}$ 的硫酸溶液中通入 $H_2S$，得不到 ZnS 沉淀，但如果该溶液中还含有 $Cu^{2+}$，则通入的 $H_2S$ 首先与 $Cu^{2+}$ 形成溶度积很小的 CuS 沉淀，CuS 沉淀形成后，由于其表面的选择性吸附，使大量的 $S^{2-}$ 浓度聚集在 CuS 表面附近，而 $S^{2-}$ 又进一步吸附 $Zn^{2+}$，从而使得沉淀物 CuS 表面附近的离子积 $J = [Zn^{2+}][S^{2-}]$ 大于其溶度积而产生沉淀，附着在 CuS 沉淀表面形成后沉淀。后沉淀与共沉淀是不同的，后沉淀通常发生在组分处于过饱和状态，共沉淀则不然；后沉淀引入的杂质量随放入母液中的时间的延长而增加，而共沉淀引起的杂质则随在母液中放置的时间的延长而减少；升高温度可以降低共沉淀杂质，但后沉淀杂质随温度的升高而增多。

# 2.5　氧化还原平衡

电化学是化学科学的分支学科之一。在现代社会中，金属冶炼、高能燃料以及众多化工产品的合成都涉及电化学的基本反应——氧化还原反应。在电池中自发的氧化还原反应将化学能转变为电能，而在电解池中，电能将迫使非自发的氧化还原反应进行，并将电能转变为化学能。本章主要以原电池作为讨论氧化还原反应的物理模型，重点阐述和讨论标准电极电势的产生、相关计算以及其影响因素。同时，将氧化还原反应与原电池电动势相联系，通过电极电势来判断反应进行的方向和限度，为以后学习电化学奠定基础。

### 2.5.1　氧化还原反应的基本概念

（1）氧化值

为了便于讨论氧化还原反应，1970 年国际纯粹和应用化学联合会（IUPAC）提出了氧化值的概念，它是指某元素一个原子的表观电荷数，该电荷数是假设把每一个化学键中的电子指定给电负性更大的原子而求得的。氧化值的确定规则如下：

① 单质中的元素的氧化值为零；

② 中性分子中各元素的氧化值代数和为零；

③ 共价化合物中，共用电子对偏向电负性大的元素的原子，原子的形式电荷数为其氧化值；

④ 氧在化合物中的氧化值一般为 $-2$，在过氧化物中为 $-1$，在超氧化物中为 $-1/2$，在 $OF_2$ 中为 $+2$；

⑤ 氢在化合物中的氧化值一般为 $+1$，在与活泼金属生成的离子型氢化物中（$NaH$、$CaH_2$）为 $-1$；

⑥ 所有卤化物中卤素的氧化值均为 $-1$，碱金属、碱土金属在化合物中的氧化值为 $+1$、$+2$。

由以上规则可知，氧化值是一个人为定义的概念，用来表示在化合状态时的形式电荷数，它可以是整数也可以是分数或小数。如 $Fe_3O_4$ 中 Fe 的氧化值是 $+8/3$。

（2）氧化与还原

在化学反应中，凡是反应前后元素的氧化值发生了变化的反应称为氧化还原反应。氧化值升高（失去电子）的过程称为氧化，氧化值降低（得到电子）的过程称为还原。反应中氧化值升高（失去电子）的物质是还原剂，氧化值降低（得到电子）的物质是氧化剂。

（3）氧化还原反应方程式的配平

大多数氧化还原反应比较复杂，如采用我们惯用的观察法来配平这类反应方程式往往比较困难，为此，针对氧化还原反应过程中有电子得失这一特点，提出了离子-电子法（也称半反应法）。该配平方法的基本步骤如下：

① 将反应分成两个半反应，即氧化（失去电子）反应和还原（得到电子）反应，其中强电解质用离子表示，弱电解质或非电解质用分子表示；

② 将两个半反应中各元素的原子数配平；

③ 将两个半反应中的失电子数与得电子数统一到最小公倍数，再将两个半反

应相加，使电子数消除。

以上过程注意反应所处的环境（酸性、碱性、中性），即 $H^+$、$OH^-$、$H_2O$ 添加。

如配平 $H_2O_2 + I^- \rightleftharpoons H_2O + I_2$

氧化半反应：$2I^- - 2e^- \rightleftharpoons I_2$

还原半反应：$H_2O_2 + 2H^+ + 2e^- \rightleftharpoons 2H_2O$

两边相加得：$H_2O_2 + 2H^+ + 2I^- \rightleftharpoons 2H_2O + I_2$

**例 2-22**　用离子-电子法配平下列反应方程式：

(1) $Br_2 + OH^- \rightleftharpoons BrO_3^- + Br^-$（碱性介质中）

(2) $S_2O_8^{2-} + Mn^{2+} \rightleftharpoons MnO_4^- + SO_4^{2-}$（酸性介质中）

解：(1) 氧化半反应：$Br_2 + 12OH^- - 10e^- \rightleftharpoons 2BrO_3^- + 6H_2O$　　　　①

还原半反应：$Br_2 + 2e^- \rightleftharpoons 2Br^-$　　　　②

①＋②×5 得：

$6Br_2 + 12OH^- \rightleftharpoons 2BrO_3^- + 10Br^- + 6H_2O$

简化为：$3Br_2 + 6OH^- \rightleftharpoons BrO_3^- + 5Br^- + 3H_2O$

(2) 氧化半反应：$4H_2O + Mn^{2+} - 5e^- \rightleftharpoons MnO_4^- + 8H^+$　　　　③

还原半反应：$S_2O_8^{2-} + 2e^- \rightleftharpoons 2SO_4^{2-}$　　　　④

③×2＋④×5 得：

$8H_2O + 2Mn^{2+} + 5S_2O_8^{2-} \rightleftharpoons 2MnO_4^- + 16H^+ + 10SO_4^{2-}$

注意：以上每个半反应中必须遵守两边电性一致，两边各元素的原子数相同。

### 2.5.2　原电池及电极电势

(1) 原电池

当把一块锌片插入 $CuSO_4$ 溶液中，会发现锌片溶解，红色铜从溶液中析出，相应的化学反应为 $Zn(s) + CuSO_4(aq) \rightleftharpoons Cu(s) + ZnSO_4(aq)$，这个化学反应是自发进行的。由于氧化剂 $CuSO_4$ 与还原剂 $Zn$ 直接接触。电子直接从还原剂 $Zn$ 转移到氧化剂 $Cu^{2+}$，无法产生电流。如要将氧化还原反应的化学能转变为电能，即有电流产生，那么氧化剂与还原剂不能直接接触，而需要通过一种特殊的装置来实现，这种能将化学能转化为电能的装置就称为原电池。图 2-4 所示为 Zn-Cu 原电池（也称 Dannell 电池）。两个烧杯中分别放入 $ZnSO_4$ 和 $CuSO_4$ 溶液，在盛有 $ZnSO_4$ 溶液的烧杯中插入 $Zn$ 片，盛有 $CuSO_4$ 溶液的烧杯中插入 $Cu$ 片，两个烧杯用一个倒立的 U 形管连接，U 形管中装有胶冻状的琼脂与 KCl 饱和溶液。胶冻的组成大部分是水，离子可以在里面自由运动。这个装有胶冻状的琼脂和 KCl 饱和溶液的 U 形管称为盐桥，它主要起连通电路和维持电荷平衡的作用。在原电池中，组成原电池的导体（Zn 和 Cu）称为电极，活泼的金属做负极，发生氧化反应：$Zn - 2e^- \rightleftharpoons Zn^{2+}$；不活泼的金属做正极，发生还原反应：$Cu^{2+} + 2e^- \rightleftharpoons Cu$；原电池的反应为：$Zn + Cu^{2+} \rightleftharpoons Zn^{2+} + Cu$。

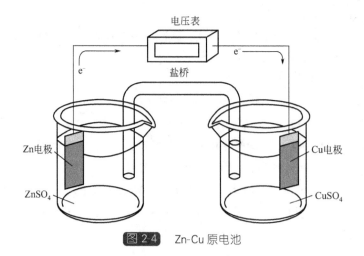

**图 2-4** Zn-Cu 原电池

Zn-Cu 原电池装置用符号表示为：

$$(-)Zn \mid ZnSO_4(c_1) \parallel CuSO_4(c_2) \mid Cu(+)$$

溶液 $c_1$ 是负极金属 Zn 对应的 $ZnSO_4$ 盐溶液浓度，溶液 $c_2$ 是正极不活泼金属 Cu 对应的 $CuSO_4$ 盐溶液浓度。原电池符号的书写一般遵守以下规则。

负极（一）写在左边，正极（＋）写在右边，不同的相间要用"｜"分隔，盐桥用"‖"表示，各溶液的浓度要表示出来（如 $c_1$、$c_2$ 等）。每个半电池都是由同一种元素的不同氧化值的两种物质所构成，处于低氧化值的称为还原型物质（可做还原剂），处于高氧化值的称为氧化型物质（可做氧化剂），这种由同一种元素的氧化型物质和还原型物质所构成的整体称为氧化还原电对，表示形式为：氧化型/还原型，如 $Zn^{2+}/Zn$，$Cu^{2+}/Cu$，$Fe^{3+}/Fe^{2+}$，$Cr_2O_7^{2-}/Cr^{3+}$，$Cl_2/Cl^-$，$H^+/H_2$，$O_2/OH^-$ 等都是氧化还原电对。在非金属单质及其相应的离子所构成的氧化还原电对中，要借助于惰性导体（如金属 Pt 和石墨棒等）来作电极，如 $H^+(c_1) \mid H_2(g) \mid Pt$ 等。如一个电对中的氧化型和还原型物质是属于同一相，则在半电池的表示符号中，要用"，"分隔，如 $Fe^{3+}(c_1)$，$Fe^{2+}(c_2) \mid Pt$。所有的电极反应（或半电池反应）都可表示为氧化型＋$ne^- \Longleftrightarrow$ 还原型，如 $MnO_4^-/Mn^{2+}$ 电对反应为 $MnO_4^- + 5e^- + 8H^+ \Longleftrightarrow Mn^{2+} + 4H_2O$

**例 2-23** 将下列氧化还原反应设计成原电池，并写出其原电池符号及电极反应。

(1) $2Fe^{2+}(0.01mol \cdot L^{-1}) + Cl_2(100kPa) \Longleftrightarrow 2Fe^{3+}(0.01mol \cdot L^{-1}) + 2Cl^-$ $(1.0mol \cdot L^{-1})$

(2) $Hg_2Cl_2(s) + Sn^{2+}(0.1mol \cdot L^{-1}) \Longleftrightarrow 2Hg + 2Cl^-(1.0mol \cdot L^{-1}) + Sn^{4+}$ $(0.01mol \cdot L^{-1})$

解：(1) 负极（氧化反应）：$Fe^{2+}(0.01mol \cdot L^{-1}) - e^- \Longleftrightarrow Fe^{3+}(0.01mol \cdot L^{-1})$

正极（还原反应）：$Cl_2(100kPa) + 2e^- \Longleftrightarrow 2Cl^-(1.0mol \cdot L^{-1})$

原电池符号为：

$(-)Pt \mid Fe^{2+}(0.01mol \cdot L^{-1}), Fe^{3+}(0.01mol \cdot L^{-1}) \parallel Cl^{-}(1.0mol \cdot L^{-1}) \mid Cl_2(100kPa) \mid Pt(+)$

（2）负极（氧化反应）：$Sn^{2+}(0.1mol \cdot L^{-1}) - 2e^{-} \Longleftrightarrow Sn^{4+}(0.01mol \cdot L^{-1})$

正极（还原反应）：$Hg_2Cl_2(s) + 2e^{-} \Longleftrightarrow 2Hg + 2Cl^{-}(1.0mol \cdot L^{-1})$

原电池符号为：

$(-)Pt \mid Sn^{2+}(0.1mol \cdot L^{-1}), Sn^{4+}(0.01mol \cdot L^{-1}) \parallel Cl^{-}(1.0mol \cdot L^{-1}) \mid Hg_2Cl_2(s) \mid Hg \mid Pt(+)$

（2）原电池的电动势

恒温恒压条件下，电池所做的最大有用功（即电功）等于吉布斯函数（自由能）的减少，而电功 $(W)$ 等于电动势 $(E)$ 与通过的电量 $(Q)$ 的乘积。

即　　$W = -\Delta G$，$W = EQ = nFE$

所以　　$\Delta G = -nFE = nF(\varphi_{+} - \varphi_{-})$

在标准状态下：

$$\Delta_r G^{\ominus} = -nFE^{\ominus} = -nF(\varphi_{+}^{\ominus} - \varphi_{-}^{\ominus}) \tag{2-19}$$

式中，$F$ 为法拉第常数，$96500C \cdot mol^{-1}$ 或 $96500J \cdot mol^{-1} \cdot V^{-1}$；$n$ 为电池反应中转移的电子数。

（3）电极电势

① 金属电极电势的产生：在 Zn-Cu 原电池中，把两个电极用导线连接就有电流产生，这说明这两个电极之间存在电势差，或者说两个电极的电势是不相等的。那么这两个电极的电势是如何产生的？通常当金属插入其盐溶液中时，会存在如下平衡：

$$M(s) = M^{n+}(aq) + ne^{-}$$

当金属浸入其盐溶液中时，一方面金属表面的阳离子受极性水分子的吸引而进入溶液即溶解过程；另一方面，溶液中金属表面附近的水合金属离子受金属表面自由电子的吸引而沉积在金属表面即沉积过程。当金属溶解趋势大于沉积趋势时 [图 2-5 (a)]，金属表面带负电（电势 $V_1$ 低），溶液带正电（电势 $V_2$ 高），在金属与其盐溶液的接触界面处形成双电层结构（存在电势差）。反之 [图 2-5 (b)]，金属表面带正电（电势 $V_1'$ 高），溶液带负电（电势 $V_2'$ 低），在金属与其盐溶液的接触界面处形成电性相反的双电层结构（存在相反的电势差）。这种双电层之间存在一定的电势差，该电势差就是金属与其盐溶液中金属离子所组成的氧化还原电对的电极电势，简称为该金属的电极电势。该理论是由 1889 年德国化学家能斯特提出来的，称为双电层理论。

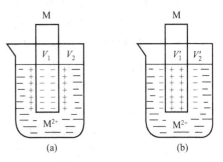

图 2-5　在 Zn-Cu 原电池中电极电势的产生

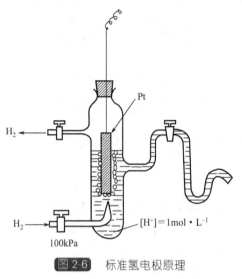

因为金属的电极电势的绝对值无法确定，所以选用标准的氢电极作为参比电极，将其他电对的电极电势与它相比较而得出各电对电极电势的相对值。

② 标准氢电极：在铂片表面镀一层蓬松的铂（称铂黑），把它浸入 $H^+$ 为 $1mol \cdot L^{-1}$ 的稀硫酸溶液中（如图 2-6 所示），在 25℃ 时不断通入压力为 100kPa（1atm）的纯氢气流，使得氢气被铂黑所吸收，这里的铂片只作为电子的导体和氢气的载体，没有参与反应。Pt 片上吸收的 $H_2$ 与溶液中的 $H^+$ 构成电对，并建立如下平衡：

图 2-6　标准氢电极原理

$$H_2(g) \rightleftharpoons 2H^+(aq) + 2e^-$$
$$\varphi^{\ominus}(H^+/H_2) = 0$$

这种标准状况下，由 Pt 上所吸收的氢气与溶液中 $H^+$ 组成的电极称为标准氢电极，而它们之间的电极电势称为标准氢电极的电极电势，该电极电势规定为零，其电极表示为：

$$Pt \mid H_2(100kPa) \mid H^+(1mol \cdot L^{-1})$$

用标准氢电极与其他电极组成原电池，测出该原电池的电动势，则可计算各种电极的电极电势。

除了标准氢电极之外，还有另一种比较常用的参比电极，即甘汞电极：

$$Hg(l) \mid Hg_2Cl_2(s) \mid KCl(c_1)$$

$$Hg_2Cl_2(s) + 2e^- \rightleftharpoons 2Hg(l) + 2Cl(aq)$$

以标准氢电极的电极电势为基准，可以测得饱和甘汞电极的电势，其值为 0.2415V。

③ 标准电极电势：在电化学的实际应用中，半电池（即电对）的标准电极电势显得更重要。标准电极电势可以通过实验测得。要测某种标准电极电势，先要将该标准电极与标准氢电极组成原电池，测出该电池的电势差，这个电势差即为所测的电极的标准电极电势。电极电势代数值越小，电对所对应的还原型物质还原能力越强，氧化型物质氧化能力越弱；电极电势代数值越大，电对所对应的氧化型物质氧化能力越强，还原型物质还原能力越弱。

注意：电极电势是强度性质，没有加和性，指水溶液体系的标准电极电势。

（4）Nernst 方程

标准电动势和标准电极电势是在标准状态下测定的，通常参考温度是 25℃（298.15K）。如果条件（温度、浓度、压力）改变，电池的电动势或电对的电极电势也将随之发生变化。根据电池反应的 Gibbs 函数变与电动势的关系式以及等温方程式，可推导电池反应的电动势的计算公式以及电极反应的电极电势的计算公式。

例如原电池：$Pt \mid H_2(g) \mid H^+(aq) \parallel M^{n+}(aq) \mid M(s)$

在恒温恒压下各电极反应分别为：

正极反应：$M^{n+} + ne^- \rightleftharpoons M(s)$　　　　　　　$\Delta_r G_{m1}^{\ominus} = -nF\varphi_+^{\ominus}$

负极反应：$nH^+(aq) + ne^- \rightleftharpoons \dfrac{n}{2}H_2(g)$　　　$\Delta_r G_{m2}^{\ominus} = -nF\varphi_-^{\ominus}$

两式相减得电池反应：

$$M^{n+} + n/2H_2(g) \rightleftharpoons M(s) + nH^+(aq) \qquad \Delta_r G_m^{\ominus} = -nFE^{\ominus} = -nF(\varphi_+^{\ominus} - \varphi_-^{\ominus})$$

根据等温方程 $\Delta_r G_m = \Delta_r G_m^{\ominus} + RT\ln J$，$\Delta_r G_m = -nFE$，$\Delta_r G_m^{\ominus} = -nFE^{\ominus}$

$$-nFE = -nFE^{\ominus} + RT\ln J$$

$$E(T) = E^{\ominus}(T) - \frac{RT}{nF}\ln J \qquad\qquad (2-20)$$

$$E(298.15K) = E^{\ominus}(298.15K) - \frac{0.0592}{n}\lg J \qquad\qquad (2-21)$$

这是电池反应的 Nernst 方程。式中，$E(T)$ 为某温度 $T$ 时电池的电动势，$E^{\ominus}(T)$ 为某温度 $T$ 时电池的标准电动势，$n$ 为电池反应方程式中得到（或失去）的电子数；$F$ 为法拉第常数，$96500C \cdot mol^{-1}$；$J$ 为电池反应的反应商。对于电极反应（或半反应），可采用同样的方法进行推导电极电势的计算公式。

例如，对于电极反应：$M^{n+} + ne^- \rightleftharpoons M$

$\Delta_r G_m^{\ominus} = -nF\varphi^{\ominus}(M^{n+}/M)$

与 $\Delta_r G_m = -nF\varphi(M^{n+}/M)$ 和 $\Delta_r G_m = \Delta_r G_m^{\ominus} + RT\ln J$ 联立得：

$$-nF\varphi(M^{n+}/M) = -nF\varphi^{\ominus}(M^{n+}/M) + RT\ln J$$

$$\varphi(M^{n+}/M) = \varphi^{\ominus}(M^{n+}/M) - \frac{RT}{nF}\ln J$$

$$\varphi(M^{n+}/M) = \varphi^{\ominus}(M^{n+}/M) + \frac{0.0592}{n}\lg c(M^{n+}) \qquad\qquad (2-22)$$

同理类推，对于任一电极反应，氧化型 $+ ne^- \rightleftharpoons$ 还原型。其对应的电极电势计算公式：

$$\varphi(M^{n+}/M) = \varphi^{\ominus}(M^{n+}/M) + \frac{0.0592}{n}\lg \frac{c(氧化型)}{c(还原型)} \qquad\qquad (2-23)$$

**例 2-24**　若把下列反应设计成电池，求电池的标准电动势及电池反应的标准摩尔吉布斯函数变。

$$Cr_2O_7^{2-} + 6Cl^- + 14H^+ = 2Cr^{3+} + 3Cl_2 + 7H_2O$$

解：正极反应：$Cr_2O_7^{2-} + 14H^+ + 6e^- \rightleftharpoons 2Cr^{3+} + 7H_2O$　　$\varphi_+^{\ominus} = 1.33V$

负极反应：$Cl_2 + 2e^- \rightleftharpoons 2Cl^-$　　$\varphi_-^{\ominus} = 1.358V$

电池电动势：$E^{\ominus} = \varphi^{\ominus}_{+} - \varphi^{\ominus}_{-} = (1.33 - 1.358)V = -0.028V$

电池反应的标准摩尔吉布斯焓变：

$\Delta_r G^{\ominus}_m = -nFE^{\ominus} = -6 \times 96500 \times (-0.028)J \cdot mol^{-1} = 2 \times 10^4 J \cdot mol^{-1}$

### 2.5.3　电极电势的应用

（1）判断氧化剂、还原剂的相对强弱

电对的电极电势的大小与电对中的氧化型物质和还原型物质的氧化还原性有着密切的联系：电对的代数值越大，其氧化型物质的氧化性越强，还原型物质的还原性越弱；反之，电对的电极电势代数值越小，则其还原型物质的还原性越强，氧化型物质的氧化性越弱。所以根据电对的电极电势的大小可以比较物质的氧化还原性强弱。例如，$\varphi^{\ominus}(Ag^+/Ag) > \varphi^{\ominus}(Cu^{2+}/Cu) > \varphi^{\ominus}(Zn^{2+}/Zn)$，氧化型物质的氧化性强弱顺序是 $Ag^+ > Cu^{2+} > Zn^{2+}$，而还原型物质的还原性强弱顺序是 $Zn > Cu > Ag$。

（2）计算原电池的电动势

在组成原电池的两个半电池中，电极电势代数值较大的一个半电池是原电池的正极，代数值较小的半电池是原电池的负极。原电池的电动势等于正极的电极电势减去负极的电极电势，即 $E = \varphi_+ - \varphi_-$。

**例 2-25**　计算下列原电池的电动势，并指出正、负极。

$(-)Zn \mid Zn^{2+}(0.100mol \cdot L^{-1}) \parallel Ag^+(0.1mol \cdot L^{-1}) \mid Ag(+)$

解：正极反应：$Ag^+ + e^- \rightleftharpoons Ag$

$$\varphi(Ag^+/Ag) = \varphi^{\ominus}(Ag^+/Ag) + \frac{0.0592}{1}lg\,c(Ag^+)$$

$$\varphi(Ag^+/Ag) = 0.799 + \frac{0.0592}{1}lg0.1 = 0.7398V$$

负极反应：$Zn - 2e^- \rightleftharpoons Zn^{2+}$

$$\varphi(Zn^{2+}/Zn) = \varphi^{\ominus}(Zn^{2+}/Zn) + \frac{0.0592}{2}lg\,c(Zn^{2+})$$

$$\varphi(Zn^{2+}/Zn) = -0.763 + \frac{0.0592}{2}lg0.1$$

$$\varphi(Zn^{2+}/Zn) = -0.763 - \frac{0.0592}{2} = -0.7926V$$

$E = \varphi(Ag^+/Ag) - \varphi(Zn^{2+}/Zn) = 0.7398 - (-0.7926) = 1.5324V$

（3）判断氧化还原反应进行的方向

根据组成氧化还原反应的两个电对的电极电势的大小可以判断反应进行的方向。

例如：$A_1$（氧化型）$+ B_1$（还原型）$\rightleftharpoons A_2$（还原型）$+ B_2$（氧化型）

$\Delta_r G_m = -nFE = -nF[\varphi(A_1/A_2) - \varphi(B_2/B_1)]$

当 $\Delta_r G_m < 0$，$\varphi(A_1/A_2) > \varphi(B_2/B_1)$　　反应正向进行

$\Delta_r G_m > 0$，$\varphi(A_1/A_2) < \varphi(B_2/B_1)$　　　反应逆向进行

$\Delta_r G_m = 0$，$\varphi(A_1/A_2) = \varphi(B_2/B_1)$　　　反应处于平衡状态

**例 2-26**　判断下列氧化还原反应进行的方向。

$2Fe^{3+}(0.1mol \cdot L^{-1}) + Sn^{2+}(0.01mol \cdot L^{-1}) \Longrightarrow 2Fe^{2+}(0.01mol \cdot L^{-1}) + Sn^{4+}(0.1mol \cdot L^{-1})$

解：$\varphi(Fe^{3+}/Fe^{2+}) = \varphi^{\ominus}(Fe^{3+}/Fe^{2+}) + \dfrac{0.0592}{1}\lg\dfrac{c(Fe^{3+})}{c(Fe^{2+})}$

$\varphi(Fe^{3+}/Fe^{2+}) = 0.771 + \dfrac{0.0592}{1}\lg\dfrac{0.1}{0.01} = 0.8006V$

$\varphi(Sn^{4+}/Sn^{2+}) = \varphi^{\ominus}(Sn^{4+}/Sn^{2+}) + \dfrac{0.0592}{2}\lg\dfrac{c(Sn^{4+})}{c(Sn^{2+})}$

$\varphi(Sn^{4+}/Sn^{2+}) = 0.151 + \dfrac{0.0592}{2}\lg\dfrac{0.1}{0.01} = 0.1806V$

因为 $\varphi(Fe^{3+}/Fe^{2+}) > \varphi(Sn^{4+}/Sn^{2+})$，反应朝正向进行。

（4）确定氧化还原反应的平衡常数

对于氧化还原反应：$A_1$（氧化型）$+ B_1$（还原型）$\Longrightarrow A_2$（还原型）$+ B_2$（氧化型）

当反应达到平衡时，$\Delta_r G_m = 0$，$\varphi(A_1/A_2) = \varphi(B_2/B_1)$

$J = K^{\ominus}$

又因为　$\Delta_r G_m = \Delta_r G_m^{\ominus} + RT\ln J$，$\Delta_r G_m^{\ominus} = -nFE^{\ominus}$

$\Delta_r G_m^{\ominus} + RT\ln K^{\ominus} = 0$，

$RT\ln K^{\ominus} = -\Delta_r G_m^{\ominus} = nFE^{\ominus}$

$$\ln K^{\ominus} = \dfrac{nF}{RT}E^{\ominus}，\lg K^{\ominus}(298.15K) = \dfrac{n}{0.0592}E^{\ominus} \tag{2-24}$$

**例 2-27**　求下列反应的平衡常数。

$Pb^{2+}(0.1mol \cdot L^{-1}) + Sn(s) \Longrightarrow Pb(s) + Sn^{2+}(0.1mol \cdot L^{-1})$，

已知 $\varphi^{\ominus}(Sn^{2+}/Sn) = -0.136V$，$\varphi^{\ominus}(Pb^{2+}/Pb) = -0.126V$

解：根据公式（2-24）

$\lg K^{\ominus}(298.15K) = \dfrac{n}{0.0592}E^{\ominus} = \dfrac{2}{0.0592}\big[\varphi^{\ominus}(Pb^{2+}/Pb) - \varphi^{\ominus}(Sn^{2+}/Sn)\big]$

$\qquad\qquad = \dfrac{2 \times (-0.126 + 0.136)}{0.0592} = 0.338$

$K^{\ominus} = 2.18$

**例 2-28**　已知化学反应：$Ag^{+}(aq) + Fe^{2+}(aq) \Longrightarrow Ag(s) + Fe^{3+}(aq)$

（1）计算 25℃时的平衡常数；

（2）如果反应开始时，$c(Ag^{+}) = 0.50mol \cdot L^{-1}$，$c(Fe^{2+}) = 0.10mol \cdot L^{-1}$，求平衡时 $c(Fe^{3+})$。

解：（1）查表知：$\varphi^{\ominus}(Ag^+/Ag)=0.799V$，$\varphi^{\ominus}(Fe^{3+}/Fe^{2+})=0.771V$

由公式　　$\lg K^{\ominus}(298.15K)=\dfrac{n}{0.0592}E^{\ominus}=1\times(0.799-0.771)/0.0592$

$K^{\ominus}=2.97$

（2）假设平衡时 $c(Fe^{3+})=x$，

$$Ag^+(aq)+Fe^{2+}(aq)\Longrightarrow Ag(s)+Fe^{3+}(aq)$$

初始浓度$/mol\cdot L^{-1}$　　　0.50　　　0.10　　　　　　0

变化浓度$/mol\cdot L^{-1}$　　　$x$　　　　$x$　　　　　　$x$

平衡浓度$/mol\cdot L^{-1}$　　0.5$-x$　　0.1$-x$　　　　$x$

$$K^{\ominus}=\dfrac{c(Fe^{3+})}{c(Ag^+)c(Fe^{2+})}=\dfrac{x}{(0.5-x)(0.1-x)}=2.97$$

整理上式得：$2.97x^2-2.782x+0.1485=0$，$x_1=0.88$（不合题意，舍去），$x_2=0.057$

所以，$c(Fe^{3+})=0.057mol\cdot L^{-1}$

（5）计算难溶物的溶度积 $K_{sp}^{\ominus}$、配合物的稳定常数 $K_f^{\ominus}$ 以及弱酸的解离平衡常数 $K_a^{\ominus}$

① 计算难溶物的溶度积 $K_{sp}^{\ominus}$：难溶物中的离子浓度一般很小，很难用化学分析法来直接测定，所以很难用离子浓度来计算 $K_{sp}^{\ominus}$，为此，可以借助于测定电池的电动势来计算 $K_{sp}^{\ominus}$。

例 2-29　已知 25℃时，下列电极反应的电极电势：

$Ag^+(aq)+e^-\Longrightarrow Ag(s)$　　　　　　$\varphi^{\ominus}(Ag^+/Ag)=0.799V$

$Ag-e^-+Cl^-\Longrightarrow AgCl(s)$　　　　　$\varphi^{\ominus}(AgCl/Ag)=0.222V$

试计算 AgCl 的 $K_{sp}^{\ominus}$。

解：依题意设计相应的原电池如下：

$(-)Ag\mid AgCl(s),Cl^-(1.0mol\cdot L^{-1})\parallel Ag^+(1.0mol\cdot L^{-1})\mid Ag(+)$

负极反应：$Ag-e^-+Cl^-\Longrightarrow AgCl(s)$

$$\varphi(AgCl/Ag)=\varphi^{\ominus}(AgCl/Ag)+\dfrac{0.0592}{1}\lg\dfrac{1}{c(Cl^-)}$$

正极反应：$Ag^+(aq)+e^-\Longrightarrow Ag(s)$

$$\varphi(Ag^+/Ag)=\varphi^{\ominus}(Ag^+/Ag)+\dfrac{0.0592}{1}\lg c(Ag^+)$$

电池反应：$Ag^+(aq)+Cl^-(aq)\Longrightarrow AgCl(s)$

$$\lg K^{\ominus}(298.15K)=\dfrac{n}{0.0592}E^{\ominus}=\dfrac{1}{0.0592}[\varphi^{\ominus}(Ag^+/Ag)-\varphi^{\ominus}(AgCl/Ag)]$$

$$-\lg K_{sp}^{\ominus}=\dfrac{0.799-0.222}{0.0592}=9.747,\ K_{sp}^{\ominus}=1.79\times10^{-10}$$

② 计算配合物的稳定常数 $K_f^\ominus$：有些电池的反应不是氧化还原反应，其电动势是由相同物种的不同浓度产生的，这种由浓度差产生的电势叫浓差电势。利用浓度差电势可以求算配合物的稳定常数 $K_f^\ominus$。

**例 2-30**　已知 25℃时，电极反应：

$Ag^+(aq) + e^- \Longrightarrow Ag(s)$　$\varphi^\ominus(Ag^+/Ag) = 0.799V$

$[Ag(NH_3)_2]^+(aq) + e^- \Longrightarrow Ag(s) + 2NH_3(aq)$　$\varphi^\ominus[Ag(NH_3)_2^+/Ag] = 0.372V$

计算配合物 $[Ag(NH_3)_2]^+$ 的稳定常数 $K_f^\ominus$。

解：将以上电极设计成原电池：

$(-)Ag(s) \mid Ag(NH_3)_2^+ (1.0mol \cdot L^{-1}) \parallel Ag^+(1.0mol \cdot L^{-1}) \mid Ag(+)$

负极反应：$Ag(s) + 2NH_3(aq) - e^- \Longrightarrow [Ag(NH_3)_2]^+(aq)$

正极反应：$Ag^+(aq) + e^- \Longrightarrow Ag(s)$

电池反应：$Ag^+(aq) + 2NH_3(aq) \Longrightarrow [Ag(NH_3)_2]^+(aq)$

根据关系式（2-24）得知：

$$\lg K_f^\ominus(298.15K) = \frac{n}{0.0592}E^\ominus = \frac{1}{0.0592}\{\varphi^\ominus(Ag^+/Ag) - \varphi^\ominus[Ag(NH_3)_2^+/Ag]\}$$

$$\lg K_f^\ominus(298.15K) = \frac{1 \times (0.799 - 0.372)}{0.0592} = 7.213$$

$$K_f^\ominus = 1.63 \times 10^7$$

③ 计算弱酸的解离平衡常数 $K_a^\ominus$：由氢电极与一电极电势恒定的电极组成原电池，通过改变氢电极的 $H^+$ 浓度而获得相应的电动势，从而计算所需弱酸的解离平衡常数。

**例 2-31**　已知某原电池的正极是氢电极 $[p(H_2) = 100.0kPa]$，负极的电极电势是恒定的。当氢电极中 pH = 4.008 时，该电池的电动势为 0.412V；如果氢电极中所用的溶液改为一未知 $c(H^+)$ 的缓冲溶液，又重新测得原电池的电动势为 0.427V。计算该缓冲溶液的 $H^+$ 浓度和 pH 值。若缓冲溶液中 $c(HA) = c(A^-) = 1.0mol \cdot L^{-1}$，求该弱酸 HA 的解离常数。

解：对于正极反应：$H^+ + e^- \Longrightarrow 1/2H_2$

$$\varphi(H^+/H_2) = \varphi^\ominus(H^+/H_2) + 0.0592\lg\frac{c(H^+)/c^\ominus}{(p/p^\ominus)^{\frac{1}{2}}} = -0.0592pH_1$$

式中，$p$ 是氢气的实际分压；$c$ 是 $H^+$ 的实际浓度；$c^\ominus = 1mol \cdot L^{-1}$。

电池电动势为 $E = \varphi(H^+/H_2) - \varphi_- = -0.0592pH_1 - \varphi_-$，

又因为负极的电极电势 $\varphi_-$ 是恒定的，所以电动势的改变是由于氢电极的改变所致的。

$$0.412 = -0.0592 \times 4.008 - \varphi_- \tag{1}$$

$$0.427 = -0.0592pH_x - \varphi_- \tag{2}$$

式（2）－式（1）得 $pH_x = 3.75$，$c(H^+) = 1.8 \times 10^{-4} mol \cdot L^{-1}$，因为 $c(HA) = c(A^-) = 1.0 mol \cdot L^{-1}$，所以，$pH = pK_a^\ominus(HA) = 3.75$，$K_a^\ominus = 1.78 \times 10^{-4}$。

### 2.5.4 元素电势图及其应用

（1）元素电势图

很多元素有不同的氧化值，当把某种元素的不同氧化值按由高到低的顺序排列，并把相邻氧化值组成的电对的标准电极电势标出，这种表示元素各种氧化态物质之间电极电势变化的关系图，叫做元素标准电极电势图（简称元素电势图）。利用这种关系图比较方便讨论同一元素不同氧化值的物质在水溶液中的稳定性及氧化还原能力。物质的氧化还原能力与其所在体系的酸碱性有很大的关系。例如以下是 Fe 的电势图和 Cl 的电势图。

$$\varphi_A^\ominus/V：Fe^{3+} \xrightarrow{\quad 0.771 \quad} Fe^{2+} \xrightarrow{\quad -0.440 \quad} Fe$$

$$\varphi_B^\ominus/V：ClO_4^- \xrightarrow{\quad 0.36 \quad} ClO_3^- \xrightarrow{\quad 0.33 \quad} ClO_2^- \xrightarrow{\quad 0.66 \quad} ClO^- \xrightarrow{\quad 0.40 \quad} Cl_2 \xrightarrow{\quad 1.36 \quad} Cl^-$$

其中，$\varphi_A^\ominus$ 表示在酸性环境下的标准电极电势（pH＝0）；$\varphi_B^\ominus$ 表示在碱性环境下的标准电极电势（pH＝14 或 pOH＝0）。

（2）元素电势图的应用

① 判断歧化反应：歧化反应是一种自身氧化还原反应。例如在 $2Cu^+ \rightleftharpoons Cu + Cu^{2+}$ 化学反应中，一部分 $Cu^+$ 被氧化为 $Cu^{2+}$，另一部分 $Cu^+$ 被还原为 Cu。处于中间氧化值的元素，当它一部分向高氧化值变化，另一部分向低氧化值变化时的反应称为歧化反应。通过元素的电势图可以判断元素的哪些氧化态可以发生歧化反应。

**例 2-32** 铜元素在酸性溶液的电势图如下，根据铜元素在酸性溶液中的电极电势，推测酸性溶液中的 $Cu^+$ 是否发生歧化反应。

$$Cu^{2+} \xrightarrow{\quad 0.1607V \quad} Cu^+ \xrightarrow{\quad 0.5180V \quad} Cu$$

电势图中对应的电极反应为：

| | | |
|---|---|---|
| $Cu^{2+}(aq) + e^- \longrightarrow Cu^+(aq)$ | $\varphi^\ominus(Cu^{2+}/Cu^+) = 0.1607V$ | （1） |
| $Cu^+(aq) + e^- \longrightarrow Cu(s)$ | $\varphi^\ominus(Cu^+/Cu) = 0.5180V$ | （2） |
| 由式（2）－式（1）得： | $2Cu^+(aq) = Cu^{2+}(aq) + Cu(s)$ | （3） |

$$E^\ominus = \varphi^\ominus(Cu^+/Cu) - \varphi^\ominus(Cu^{2+}/Cu^+) = 0.5180V - 0.1607V = 0.3573V$$

因为 $E^\ominus > 0$，所以反应（3）正向进行，则 $Cu^+$ 在酸性环境中能够发生歧化反应。

所以，在电极电势图中，当某氧化态的元素的右边电极电势大于左边电极电势时，即 $\varphi^\ominus(右) > \varphi^\ominus(左)$，该氧化态元素可以发生歧化反应。

② 计算标准电极电势：由元素电势图，可以从已知的某些电对的标准电极电势计算出未知的标准电极电势。如一元素的电势图如下：

$$A \frac{\varphi_1^\ominus}{n_1} B \frac{\varphi_2^\ominus}{n_2} C \frac{\varphi_3^\ominus}{n_3} D$$
$$\frac{\varphi_x^\ominus}{n_x}$$

此电势图对应的电极反应为：

$A + n_1 e^- \longrightarrow B \qquad\qquad \Delta_r G_{m1}^\ominus = -n_1 F \varphi_1^\ominus$

$B + n_2 e^- \longrightarrow C \qquad\qquad \Delta_r G_{m2}^\ominus = -n_2 F \varphi_2^\ominus$

$C + n_3 e^- \longrightarrow D \qquad\qquad \Delta_r G_{m3}^\ominus = -n_3 F \varphi_3^\ominus$

———————————

$A + n_x e \longrightarrow D \qquad\qquad \Delta_r G_{mx}^\ominus = -n_x F \varphi_x^\ominus$

$\Delta_r G_{mx}^\ominus = \Delta_r G_{m1}^\ominus + \Delta_r G_{m2}^\ominus + \Delta_r G_{m3}^\ominus$

$-n_x F \varphi_x^\ominus = -n_1 F \varphi_1^\ominus - n_2 F \varphi_2^\ominus - n_3 F \varphi_3^\ominus$

$$\varphi_x^\ominus = \frac{n_1 \varphi_1^\ominus + n_2 \varphi_2^\ominus + n_3 \varphi_3^\ominus}{n_x} \tag{2-25}$$

根据式（2-25）以及相应的元素电势图，可以计算电对的电极电势。

**例 2-33** 根据下面碱性介质中溴的电势图，求 $\varphi^\ominus(BrO_3^- / BrO^-)$ 和 $\varphi^\ominus(BrO_3^- / Br^-)$。

$\varphi_B^\ominus / V$ :

$$BrO_3^- \frac{?}{} BrO^- \frac{0.45}{} Br_2 \frac{1.09}{} Br^-$$
上方：$\frac{0.52}{}$，下方：$?$

解：$\Delta_r G_1^\ominus = -n_1 F \varphi^\ominus(BrO_3^- / BrO^-) = -4F\varphi^\ominus(BrO_3^- / BrO^-)$

$\Delta_r G_2^\ominus = -n_2 F \varphi^\ominus(BrO^- / Br_2) = -F\varphi^\ominus(BrO^- / Br_2)$

$\Delta_r G_3^\ominus = -n_3 F \varphi^\ominus(BrO_3^- / Br_2) = -5F\varphi^\ominus(BrO_3^- / Br_2)$

$\Delta_r G_3^\ominus = \Delta_r G_1^\ominus + \Delta_r G_2^\ominus$

$-5F\varphi^\ominus(BrO_3^- / Br_2) = -4F\varphi^\ominus(BrO_3^- / BrO^-) - F\varphi^\ominus(BrO^- / Br_2)$

$\varphi^\ominus(BrO_3^- / BrO^-) = \frac{1}{4}[5\varphi^\ominus(BrO_3^- / Br_2) - \varphi^\ominus(BrO^- / Br_2)]$

$\varphi^\ominus(BrO_3^- / BrO^-) = \frac{5 \times 0.52 - 0.45}{4} = 0.54V$

$\Delta_r G_4^\ominus = -n_4 F \varphi^\ominus(Br_2 / Br^-) = -F\varphi^\ominus(Br_2 / Br^-)$

$\Delta_r G_5^\ominus = -n_5 F \varphi^\ominus(BrO_3^- / Br^-) = -6F\varphi^\ominus(BrO_3^- / Br^-)$

$\Delta_r G_5^\ominus = \Delta_r G_3^\ominus + \Delta_r G_4^\ominus$

$-6F\varphi^\ominus(BrO_3^- / Br^-) = -5F\varphi^\ominus(BrO_3^- / Br_2) - F\varphi^\ominus(Br_2 / Br^-)$

$\varphi^\ominus(BrO_3^- / Br^-) = \frac{1}{6}[5\varphi^\ominus(BrO_3^- / Br_2) + \varphi^\ominus(Br_2 / Br^-)]$

$$\varphi^{\ominus}(BrO_3{}^-/Br^-) = \frac{5 \times 0.52 + 1.09}{6} = 0.62V$$

③ 了解元素的氧化还原特性：根据元素的电势图，可以描绘出某一元素的氧化还原特性。例如金属 Fe 在酸性介质中的元素电势图如下：

$$Fe^{3+} \xrightarrow{0.771V} Fe^{2+} \xrightarrow{-0.440V} Fe$$

利用此元素电势图可以预测金属铁在酸性介质中的氧化还原特性。由于 $\varphi^{\ominus}(Fe^{2+}/Fe) < 0$，$\varphi^{\ominus}(Fe^{3+}/Fe^{2+}) > 0$，所以在稀硫酸或稀盐酸等非氧化性稀酸中，Fe 主要被氧化成 $Fe^{2+}$，而不是 $Fe^{3+}$。又因为 $\varphi^{\ominus}(O_2/H_2O) > \varphi^{\ominus}(Fe^{3+}/Fe^{2+})$，所以 $Fe^{2+}$ 在空气中不稳定，容易氧化成 $Fe^{3+}$，则发生如下反应：

$$4Fe^{2+} + O_2 + 4H^+ \Longrightarrow 4Fe^{3+} + 2H_2O$$

由此可见，在酸性介质中 Fe 的最稳定氧化态是 $Fe^{3+}$。

# 习　题

1. 根据 Le Châtelier（勒夏特列）原理，讨论化学反应 $3H_2(g) + N_2(g) \Longrightarrow 2NH_3(g)$ $\Delta_r H_m^{\ominus} < 0$ 达到平衡后，在表中操作条件改变时，各物理量的平衡数值有何变化？

| 操作条件 | 各物理量的平衡值的变化情况 |
| --- | --- |
| 增加 $N_2$ | $n(H_2)$： |
| 增加 $N_2$ | $n(NH_3)$： |
| 减少 $H_2$ | $n(N_2)$： |
| 减小容器体积 | $n(NH_3)$： |
| 增大容器体积 | $n(H_2)$： |
| 增加 $NH_3$ | $n(NH_3)$： |
| 减小容器体积 | $K^{\ominus}$： |
| 升高温度 | $n(NH_3)$： |
| 降低温度 | $n(N_2)$： |
| 升高温度 | $K^{\ominus}$： |
| 加正催化剂 | $n(NH_3)$： |

2. 由于雨水及大气的 $CO_2$ 的影响，自然界或生活中存在化学反应 $CaCO_3 + H_2O + CO_2 \Longrightarrow Ca(HCO_3)_2$，根据平衡原理解释下列现象：

(1) 当雨水通过石灰石岩层时，有可能形成山洞，雨水变成了含有 $Ca^{2+}$ 的硬水；

(2) 当硬水长期慢慢渗过山洞顶部的岩石层时，会形成钟乳石和石笋；

(3) 用水壶加热硬水时，会在水壶底部形成水垢。

3. 已知 250℃时，反应 $2HgO(s) \Longrightarrow 2Hg(s) + O_2(g)$ 的 $\Delta_r G_m^{\ominus} = 44.5kJ \cdot mol^{-1}$，请计算：

（1）该反应的标准平衡常数 $K^{\ominus}$；

（2）250℃时平衡体系的总压。

4.已知下列反应在 1362K 时的标准平衡常数：

（1）$2H_2(g)+S_2(g) \Longrightarrow 2H_2S(g)$　　$K_1^{\ominus}=0.64$

（2）$3H_2(g)+SO_2(g) \Longrightarrow H_2S(g)+2H_2O(g)$　　$K_2^{\ominus}=1.8\times10^4$

试计算化学反应 $4H_2(g)+2SO_2(g) \Longrightarrow S_2(g)+4H_2O(g)$ 的标准平衡常数 $K^{\ominus}$。

5.在 673K 时，合成氨反应：

$N_2(g)+3H_2(g) \Longrightarrow 2NH_3(g)$　　$K^{\ominus}(673K)=1.64\times10^{-4}$，$\Delta_r H_m^{\ominus}=-92.4$ kJ·$mol^{-1}$，计算在 873K 时的 $K^{\ominus}$ 。

6. 25℃时，将 2.0mol 的 NO、1.0mol 的 $Cl_2$ 和 1.5mol 的 NOCl 混合气体装入 1.0L 的容器中进行反应，$2NO(g)+Cl_2(g) \Longrightarrow 2NOCl(g)$，达到平衡时，发现有 1.8mol 的 NOCl 存在。试计算平衡时 NO 的物质的量，以及该反应在此温度下的标准平衡常数 $K^{\ominus}$。

7. 523K 时将 0.7mol 的 $PCl_5$ 装入 1.0L 密闭容器中进行分解反应：$PCl_5(g) \Longrightarrow PCl_3(g)+Cl_2(g)$，平衡时有 0.5mol $PCl_5$ 分解了，计算该温度下的标准平衡常数及 $PCl_5$ 的分解率。若在此平衡体系中再加入 0.1mol $Cl_2$，则 $PCl_5$ 的分解率又是多少？

8.根据酸碱质子理论，判断下列物种哪些是酸，哪些是碱，哪些是两性物质？并写出各种酸碱的共轭酸碱。

HF，HCN，$HIO_3$，$H_3PO_4$，$H_2S$，$H_2CO_3$，$CH_3COOH$，$NH_3$，$PH_3$，$ClO^-$，$HSO_3^-$，$CO_3^{2-}$，$PO_4^{3-}$，$HPO_4^{2-}$，$HS^-$，$HCO_3^-$，HCl，$NH_4Cl$，NaAc，$NH_4HCO_3$，$BrO^-$，$Na_2HPO_4$

9.根据酸碱电子理论（或路易斯酸碱理论），下列物质哪些是酸，哪些是碱？

$BCl_3$，$Ag^+$，$NH_3$，CO，$CN^-$，$Cu^{2+}$，$Zn^{2+}$，$H^+$，$F^-$，$OH^-$，$Hg^{2+}$，$I^-$，Ni，$SCN^-$，$Co^{3+}$

10.计算下列溶液的 pH 值和解离度。

（1）0.10mol·$L^{-1}$ HAc 溶液，已知 $K_a^{\ominus}=1.74\times10^{-5}$。

（2）0.10mol·$L^{-1}$ $CHCl_2COOH$（二氯代乙酸）溶液，已知 $K_a^{\ominus}=5.0\times10^{-2}$。

（3）0.10mol·$L^{-1}$ 氨水溶液，已知 $K_b^{\ominus}=1.8\times10^{-5}$。

（4）0.10mol·$L^{-1}$ NaAc 溶液，已知 $K_a^{\ominus}=1.8\times10^{-5}$。

11.已知 0.10mol·$L^{-1}$ HAc 的解离度为 1.32%，在其中加入固体 NaAc，使其浓度为 0.10mol·$L^{-1}$，求此混合溶液中 $H^+$ 浓度。

12.在 0.10mol·$L^{-1}$ 的 HCl 溶液中通入 $H_2S$ 至饱和，求溶液中 $S^{2-}$ 的浓度。

13. 50mL 含有 0.10mol·$L^{-1}$ HAc 和 0.10mol·$L^{-1}$ NaAc 的缓冲溶液，

试求：

(1) 该缓冲溶液的 pH 值；

(2) 加入 0.10mL 1.0mol·L$^{-1}$ 的 HCl 后溶液的 pH 值。

14. 对于 HAc-NaAc、HCOOH-HCOONa 和 H$_3$BO$_3$-NaH$_2$BO$_3$ 缓冲体系，若要配制 pH＝4.8 的酸碱缓冲溶液，问：

(1) 应选择何种体系为好？

(2) 现有 12mL $c$(HAc)＝6.0mol·L$^{-1}$ HAc 溶液，欲配成 250mL 的酸碱缓冲溶液，应取 NaAc·3H$_2$O 固体多少克？

已知：p$K_a^\ominus$(HCOOH)＝3.75，p$K_a^\ominus$(HAc)＝4.76，p$K_a^\ominus$(H$_3$BO$_3$)＝9.24。

15. 若溶液中含 0.010mol·L$^{-1}$ Fe$^{3+}$ 和 0.010mol·L$^{-1}$ Mg$^{2+}$，计算分离两种离子的 pH 值范围。

16. 在 1.0mol·L$^{-1}$ Co$^{2+}$ 溶液中，含有少量 Fe$^{3+}$ 杂质。问应如何控制 pH，才能达到除去 Fe$^{3+}$ 杂质的目的？

已知 $K_{sp}^\ominus$[Co(OH)$_2$]＝1.09×10$^{-15}$，$K_{sp}^\ominus$[Fe(OH)$_3$]＝4.0×10$^{-38}$。

17. 向含有 0.002mol·L$^{-1}$ Cl$^-$ 和 0.002mol·L$^{-1}$ I$^-$ 的溶液中滴加 0.001mol·L$^{-1}$ AgNO$_3$ 溶液。问哪种离子先沉淀出来？当第二种离子开始沉淀时，第一种离子是否沉淀完全？

已知 $K_{sp}^\ominus$(AgCl)＝1.8×10$^{-10}$，$K_{sp}^\ominus$(AgI)＝8.3×10$^{-17}$。

18. 在 1.0L 的 0.01mol·L$^{-1}$ Hg(NO$_3$)$_2$ 溶液中加入 65.0g KI 固体（若溶液体积不变）生成了 [HgI$_4$]$^{2-}$。计算溶液中的 Hg$^{2+}$、HgI$_4^{2-}$、I$^-$ 的浓度。

已知 $K_f^\ominus$(HgI$_4$$^{2-}$)＝5.66×10$^{29}$。

19. 25℃ 时 1.0L 的 Cu(NH$_3$)$_4^{2+}$ 溶液中，$c$[Cu(NH$_3$)$_4^{2+}$]＝0.1mol·L$^{-1}$，$c$(NH$_3$)＝1.0mol·L$^{-1}$，现在向溶液中加入等体积的 0.2mol·L$^{-1}$ 的 KCN 溶液，计算平衡时体系中 Cu(NH$_3$)$_4^{2+}$、Cu(CN)$_4^{2-}$ 以及 NH$_3$ 的浓度。

已知 $K_f^\ominus$[Cu(NH$_3$)$_4^{2+}$]＝2.30×10$^{12}$，$K_f^\ominus$[Cu(CN)$_4^{2-}$]＝2.03×10$^{30}$。

20. 计算 25℃ 时，化学反应 Cu(OH)$_2$(s)＋4NH$_3$(aq)⇌[Cu(NH$_3$)$_4$]$^{2+}$(aq)＋2OH$^-$(aq)的标准平衡常数，并估算 Cu(OH)$_2$ 在 5.0mol·L$^{-1}$ 氨水中的溶解度。

已知 $K_f^\ominus$[Cu(NH$_3$)$_4^{2+}$]＝2.30×10$^{12}$，$K_{sp}^\ominus$[Cu(OH)$_2$]＝2.2×10$^{-20}$。

21. 写出下列电池的电极反应及原电池反应，并计算原电池的电动势。

(1) Zn | Zn$^{2+}$(0.010mol·L$^{-1}$) ‖ Fe$^{2+}$(0.0010mol·L$^{-1}$) | Fe

(2) Pt | Fe$^{2+}$(0.010mol·L$^{-1}$)，Fe$^{3+}$(0.10mol·L$^{-1}$) ‖ Cl$^-$(2.0mol·L$^{-1}$) | Cl$_2$($p^\ominus$) | Pt

(3) Ag | Ag$^+$(0.010mol·L$^{-1}$) ‖ Ag$^+$(0.10mol·L$^{-1}$) | Ag

22. 计算当 Cl$^-$ 浓度为 0.100mol·L$^{-1}$，$p$(Cl$_2$)＝303.9kPa 时，电对 Cl$_2$/

$Cl^-$ 的电极电势。

23. 已知 $\varphi^{\ominus}(NO_3^-/NO)=0.96V$，求当 $c(NO_3^-)=1.0mol \cdot L^{-1}$、$p(NO)=100kPa$、$c(H^+)=1.0 \times 10^{-7} mol \cdot L^{-1}$ 时，电极反应 $NO_3^-(aq)+4H^+(aq)+3e^-=NO(g)+2H_2O(l)$ 的 $\varphi(NO_3^-/NO)$。

24. 298.15K 时，在 $Fe^{3+}$、$Fe^{2+}$ 的混合溶液中加入 NaOH 时，有 $Fe(OH)_3$、$Fe(OH)_2$ 沉淀生成（假设无其他反应发生）。当沉淀反应达平衡，并保持 $c(OH^-)=1.0mol \cdot L^{-1}$ 时，求 $\varphi(Fe^{3+}/Fe^{2+})$。

已知 $K_{sp}^{\ominus}[Fe(OH)_3]=4.0 \times 10^{-38}$，$K_{sp}^{\ominus}[Fe(OH)_2]=4.87 \times 10^{-17}$。

25. 某原电池中的一个半电池是由金属钴浸在 $1.0mol \cdot L^{-1} Co^{2+}$ 溶液中组成的；另一半电池则由铂（Pt）片浸在 $1.0mol \cdot L^{-1} Cl^-$ 的溶液中，并不断通入 $Cl_2$ $[p(Cl_2)=100.0kPa]$ 组成。测得原电池的电动势为 1.642 V。钴电极为负极。回答下列问题：

（1）写出电池反应方程式。

（2）计算 $\varphi^{\ominus}(Co^{2+}/Co)$。已知 $\varphi^{\ominus}(Cl_2/Cl^-)=1.360V$。

（3）$p(Cl_2)$ 增大时，电池的电动势将如何变化？

（4）当 $Co^{2+}$ 浓度为 $0.010mol \cdot L^{-1}$，其他条件不变时，原电池的电动势是多少？

26. 已知某原电池的电池反应为：$3HClO_2(aq)+2Cr^{3+}(aq)+4H_2O(l) \rightleftharpoons 3HClO(aq)+Cr_2O_7^{2-}(aq)+8H^+(aq)$。

（1）计算该原电池的标准电动势 $E^{\ominus}$。

（2）当 pH=0.00，$c(Cr_2O_7^{2-})=0.80mol \cdot L^{-1}$，$c(HClO_2)=0.15mol \cdot L^{-1}$，$c(HClO)=0.20mol \cdot L^{-1}$，测得原电池的电动势 $E=0.15V$，试计算该体系中的 $Cr^{3+}$ 浓度。

（3）计算 25℃下电池反应的标准平衡常数。

27. 在含 $Cl^-$、$Br^-$、$I^-$ 三种离子的混合溶液中，欲使 $I^-$ 氧化为 $I_2$ 而不使 $Br^-$、$Cl^-$ 氧化，在常用的氧化剂 $Fe_2(SO_4)_3$ 和 $KMnO_4$ 中，选择哪一种能符合上述要求？

28. 计算下列反应：

$Ag^+(aq)+Fe^{2+}(aq) \rightleftharpoons Ag(s)+Fe^{3+}(aq)$

（1）在 298.15K 时的平衡常数。

（2）如果反应开始时，$c(Ag^+)=1.0mol \cdot L^{-1}$，$c(Fe^{2+})=0.10mol \cdot L^{-1}$，求达到平衡时的 $Fe^{3+}$ 浓度。

29. 为了测定溶度积，设计了以下原电池：

$(-)Pb|PbSO_4,SO_4(1.0mol \cdot L^{-1}) \| Sn^{2+}(1.0mol \cdot L^{-1})|Sn(+)$

在 25℃时测得电池电动势 $E^{\ominus}=0.22V$，求 $PbSO_4$ 溶度积 $K_{sp}^{\ominus}$。

30. 已知 298.15K 下，$\varphi^{\ominus}(HgBr_4^{2-}/Hg)=0.2318V$，$\Delta_f G_m^{\ominus}(Br^-, aq)=$

$-103.96kJ$，计算 $\Delta_f G_m^\ominus (HgBr_4^{2-}$，aq$)$。

31. 已知原电池：$(-)AgBr(s)\text{-}Ag(s) \mid Br^- (0.1mol \cdot L^{-1}) \parallel Ag^+ (0.01mol \cdot L^{-1}) \mid Ag(s)(+)$；$\varphi^\ominus (AgBr/Ag) = 0.0731V$，$\varphi^\ominus (Ag^+ /Ag) = 0.7991V$，试求该原电池的电动势以及 $K_{sp}^\ominus (AgBr)$。

32. 丙烷燃料电池的电极反应为：

$C_3 H_8 (g) + 6H_2 O(l) \Longrightarrow 3CO_2 (g) + 20H^+ (aq) + 20e^-$

$5O_2 (g) + 20H^+ (aq) + 20e^- \Longrightarrow 10H_2 O(l)$

(1) 指出正极反应和负极反应。

(2) 写出电池反应方程式。

(3) 计算 25℃下丙烷燃料电池的标准电动势 $E^\ominus$。

已知 $\Delta_f G_m^\ominus (C_3 H_8$，g$) = -23.5kJ \cdot mol^{-1}$。

33. 已知反应 $2SO_2 (g) + O_2 (g) \overset{\triangle}{\Longrightarrow} 2SO_3 (g)$，$K^\ominus (773K) = 2.34 \times 10^3$，$K^\ominus (298.15K) = 3.55 \times 10^4$，粗略求该反应的 $\Delta_r H_m^\ominus$ 和 $\Delta_r S_m^\ominus$。

# 第**3**章

# 原子结构与化学键理论

　　物质的各种性质是由物质的结构决定的。物质结构的变化是导致物质性能多样化的主要原因。近现代化学研究表明，种类繁多、性质各异的物质从微观角度来看，实质上是指物质具有不同的化学组成和结构造成的。即使是同一类物质，具有不同的结构也会导致物质性能的极大变化。这样的例子比比皆是，如石墨和金刚石，同一种类的块体材料和纳米材料，同分异构现象等等。

　　在化学变化中，原子是参与化学反应的最小成分，其原子核并不发生变化。了解研究化学变化规律，掌握物质性质及结构之间的关系，必须了解原子的结构，特别是原子的内部的电子层结构及其在化学反应中发生的变化规律。本章内容将涉及物质结构相关的原子结构、分子结构、杂化轨道理论、价层电子对互斥理论等几个方面，系统阐述物质结构与性质之间的内在联系。

## 3.1　原子轨道与电子结构

### 3.1.1　原子结构的近代概念

（1）历史回顾

　　物质是由化学元素组成的。不同元素的原子组合形成分子，分子再组合形成物质。但原子还可以进一步分割，证明了物质是无限可分的辩证唯物主义观点。人们对原子结构的认识随着科学的不断发展而发展。

　　从英国物理学家、化学家 Dalton（1766—1844）创立原子学说后，很长一段时间人们认为原子就是一个非常小的实心球。直至 1897 年，英国物理学家 Thomson（1856—1940）提出电子学说，表明原子里面不仅有带负电的电子还存在带正电的离子。1909 年，美国物理学家 R. A. Millikan 通过油滴实验测出电子的电量和电子的质量分别为 $1.602 \times 10^{-19}$ C 和 $9.109 \times 10^{-28}$ g。

　　1911 年，英国物理学家 E. Rutherford 根据 $\alpha$ 粒子流轰击金箔时有少量 $\alpha$ 粒子的运动方向偏转，个别的 $\alpha$ 粒子被反射的实验事实，揭示了在原子中存在质量很大的带正电荷的粒子能够与 $\alpha$ 粒子发生强有力的碰撞。由此，Rutherford 提出了原子的核式结构模型。原子中存在一个电荷很集中的小区域（原子直径约为 $10^{-16} \sim 10^{-14}$ m），原子质量主要来自于正电荷部分，即原子核。核外的电子质量很小且不断绕原子核作旋转运动。原子是电中性的。原子核也具有复杂的结构，它由带正电荷的质子和不带电荷的中子组成。

然而，按照经典动力学理论，对于原子的核式结构模型来说，核外电子的绕核运动将因不断地辐射能量而减速，其运动轨道半径不断缩小，导致电子最终将陨落在原子核上，随之原子塌缩；而原子运动中辐射出来的光，应该是一个连续的光谱。但现实中，原子能够稳定存在，且光谱并不是连续光谱。

（2）氢原子光谱

早在 19 世纪末，人们通过光谱试验积累了大量的数据资料，推动了原子结构理论的发展。人们发现，太阳光通过棱镜后会发生折射，可以分解为红、橙、黄、绿、青、蓝、紫等按波长大小次序有规则连续排列的光谱。这种光谱称为连续光谱（continuous spectrum）或带状光谱。

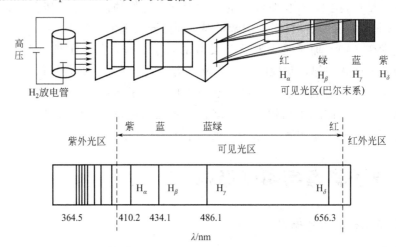

图 3-1    氢原子光谱示意图及氢原子光谱

化学元素在高温火焰、电火花、电弧等激发后，发出的光谱都是一条条离散的曲线，被称为线状光谱（line spectrum）。这种不连续光谱就是原子光谱（atomic spectrum）。任何气态原子被激发时都可以给出原子光谱，但每种元素的原子都具有它自己特征的原子光谱。因此，在分析化学中，根据原子所发射的特征光谱谱线的位置与强度的不同可以对元素进行定性分析和定量分析。

氢原子是最简单的原子，近代原子结构理论就是从研究氢原子光谱开始的。产生氢原子光谱的装置如图 3-1 所示。

氢原子光谱通过棱镜分光后将在可见光区呈现出红、绿、蓝和紫等四条明显的谱线，其波长分别为 656.3nm、486.1nm、434.1 nm 和 410.2 nm，通常用 $H_\alpha$、$H_\beta$、$H_\gamma$、$H_\delta$ 标志。

1885 年，瑞士物理学家巴尔麦（J. J. Balmer）总结出氢原子光谱中可见光区各谱线的频率之间存在的规律：

$$\nu = 3.289 \times 10^{15} \left( \frac{1}{2^2} - \frac{1}{n^2} \right) \text{s}^{-1} \tag{3-1}$$

式中，$n$ 为大于 2 的正整数。当 $n$ 分别取 3，4，5，6 时，可计算得到上述四条谱线的频率。氢原子光谱可见光区的这一系列谱线被称为巴尔麦谱线系。

随后，Paschen、Lyman、Bracket 等人又相继在氢原子的红外与紫外光谱区发现了的若干新的谱线系。这些谱线系分别被命名为莱曼（Lyman）谱线系（紫外线区）、帕邢（Paschen F）谱线系（近红外线区）、布拉开（Brackett F S）和普丰德（Pfund H A）谱线系（远红外光区）。

1913 年瑞典物理学家里德堡（J. R. Rydberg）提出了计算谱线频率的经验通式：

$$\nu = 3.289 \times 10^{15} \left( \frac{1}{n_1^2} - \frac{1}{n_2^2} \right) \text{s}^{-1} \tag{3-2}$$

式中，$n_1$ 和 $n_2$ 都为为正整数，且 $n_2 > n_1$。当 $n_1 = 1$ 为莱曼谱线系；$n_1 = 2$ 为巴尔麦谱线系；$n_1 = 3$ 为帕邢谱线系；$n_1 = 4$ 为布拉开谱线系等。

氢原子光谱是线性光谱的实验事实，与 Rutherford 的有核原子模型中原子产生连续光谱的推断产生了矛盾，表明 Rutherford 的有核原子模型存在着不足。

（3）玻尔理论

1900 年，普朗克（Planck M）提出了著名的量子论，即物质吸收或放出能量是不连续的，只能以一个基本能量的整数倍吸收或放出。该能量的最小值称能量子，简称量子（quantum）。能量是量子化的。

1905 年，爱因斯坦（A. Einstein）在普朗克量子论的基础上提出了光子学说，成功地解释了光电效应。该理论认为光是由具有粒子特征的光子所组成，光子的能量与其频率成正比，即 $E = h\nu$。$E$ 是光子的能量，$h$ 称普朗克常量（$6.626 \times 10^{-34} \text{J} \cdot \text{s}$），$\nu$ 为光的频率。

1913 年，玻尔在普朗克的量子论和爱因斯坦的光子学说的基础上，建立了玻尔原子结构模型，其主要内容为：

① 原子核外电子在轨道上运行时，并不对外辐射能量，处于一种稳定的状态。这种状态称为定态（能级）。此时，电子稳定地存在于具有分立的、固定能量的状态中，原子的能量是量子化的。例如，氢原子核外的电子可处于多种稳定的能量状态，其能量大小为：

$$E_n = \frac{-2.179 \times 10^{-18}}{n^2} \text{J} \tag{3-3}$$

$n$ 为大于 0 的正整数 1，2，3，…，$n = 1$ 即氢原子处于能量最低的状态，称基态；其余为激发态。

② 通常情况下，原子中的电子尽可能处在离核最近的轨道上。这是原子的能量最低状态，即原子处于基态。当原子受到辐射、加热或通电时，原子的能量将

发生变化，电子将获得能量跃迁到离核较远的轨道上。这时原子处于激发态。处于激发态的电子不稳定，会跃迁到离核近的轨道上，同时释放出光子。光子的频率 $\nu$ 取决于跃迁的两个轨道件之间的能量之差：

$$\Delta E = E_2 - E_1 = h\nu \tag{3-4}$$

玻尔理论能够成功地解释氢原子光谱的产生及光谱的不连续性，从理论上阐明了里德堡公式中 $n$ 取值的意义。如巴尔麦系就是氢原子电子从 $n=3$，4，5，6 能级跃迁到 $n=2$ 的能级时放出的辐射；氢原子电子从较高能级跃迁回 $n=1$ 时的辐射谱线在紫外区，为莱曼系等（见图 3-2）。

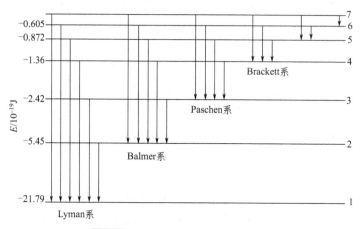

**图 3-2**　氢原子光谱与能级的关系

玻尔理论也存在一些缺陷，如无法解释多电子原子的光谱及氢原子光谱的精细结构。其理论的局限性在于，玻尔理论引入的量子化概念并不彻底，未能跳出经典力学的范畴，将电子运动固定在固有轨道上绕核运动的模型并不符合微观粒子的运动特性——波粒二象性。

（4）微观粒子的波粒二象性

19 世纪，在发现光的干涉、衍射现象，光压、光电效应之后，人们认识到光既具有波的波动性又具有微粒的粒子性，称为光的波粒二象性（wave-particle dualism）。爱因斯坦通过普朗克常数 $h(6.626\times10^{-34}\text{J}\cdot\text{s})$ 把光的波动性（频率 $\nu$、波长 $\lambda$）和微粒性（能量 $E$、动量 $p$）定量地联系起来，揭示了光的波粒二象性的本质。

$$p = \frac{h}{\lambda} \tag{3-5}$$

1923 年，法国物理学家德布罗意在光的波粒二象性启发下，提出微观粒子，如电子、原子等实物粒子也具有波粒二象性，并预言具有质量为 $m$，运动速度为 $v$ 的微观粒子（如电子等）其相应的波长为：

$$\lambda = \frac{h}{p} = \frac{h}{mv} \tag{3-6}$$

式中，$m$ 为微观粒子的质量；$v$ 为微观粒子的运动速度；$p$ 为动量。这就是著名的德布罗意波，亦称为物质波。

**例 3-1**　已知质量为 $1.67 \times 10^{-27}$ g 的带电粒子在电场中加速运动，当其速度达到 $10^6$ m/s 时，产生的德布罗意波波长为多少？与 10g 的子弹以 $10^3$ m/s 的速度运动时产生的德布罗意波波长相比有何区别？

解：根据德布罗意波定义

$$\lambda = \frac{h}{p} = \frac{h}{mv}$$

对于带电粒子

$$\lambda = \frac{h}{mv} = 6.626 \times 10^{-34} / (1.67 \times 10^{-30} \times 10^6) \text{m} = 397 \text{pm}$$

对于子弹

$$\lambda = \frac{h}{mv} = 6.626 \times 10^{-34} / (1 \times 10^{-2} \times 10^3) \text{m} = 6.626 \times 10^{-23} \text{pm}$$

显然高速运动的微观粒子波动性比较明显，而子弹运动产生的德布罗意波波长太小。

表 3-1 中给出了按德布罗意关系式计算的多种实物粒子的波长和速度。从表 3-1 中可以看出，通常情况下宏观物体波长太短，无法测量，不必考察其波动性。然而，对于微观粒子，其波动性非常明显。

**表 3-1**　**实物粒子质量、速度与波长的关系**

| 实　　物 | 质量 $m/\text{kg}$ | 速度 $v/\text{ms}^{-1}$ | 波长 $\lambda/\text{pm}$ |
|---|---|---|---|
| 1V 电压加速的电子 | $9.1 \times 10^{-31}$ | $5.9 \times 10^5$ | 1200 |
| 100V 电压加速的电子 | $9.1 \times 10^{-31}$ | $5.9 \times 10^6$ | 120 |
| He 原子(300K) | $6.6 \times 10^{-27}$ | $1.4 \times 10^3$ | 72 |
| 子弹 | $1.0 \times 10^{-2}$ | $1.0 \times 10^3$ | $6.6 \times 10^{-23}$ |

1927 年，戴维逊（C. J. Davisson）和盖革（H. Geiger）电子衍射实验证实了德布罗依波的存在。如图 3-3 所示，经过加速的电子束入射到镍单晶上，可以得到完全类似于单色光通过小圆孔那样的衍射图像。从实验所得的衍射图分析可知，电子波的波长 $\lambda$ 与动量 $p$ 之间的关系完全符合式（3-5），说明德布罗意关系式是正确的。

电子衍射实验表明：一个动量为 $p$、能量为 $E$ 的微观粒子，在运动时表现为一个波长为 $\lambda = \dfrac{h}{mv}$、频率为 $\nu = \dfrac{E}{h}$ 的沿微粒运动方向传播的波（物质波）。进一步的实验证明，不仅电子，质子、中子、原子等一切微观粒子均具有波动性，由此可见，波粒二象性是微观粒子运动的特征。因此，描述微观粒子的运动不能用经典的牛顿力学，而必须用描述微观世界的量子力学。

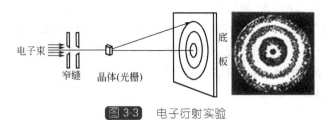

图 3-3　电子衍射实验

1927 年，德国物理学家 W. Heisenberg 经过严格理论分析和推导，提出了不确定原理，亦即测不准原理（uncertainty principle）：不能同时准确确定运动中的微观粒子的位置和动量。其关系式为：

$$\Delta x \Delta p \geqslant \frac{h}{4\pi} \tag{3-7}$$

式中，$\Delta x$ 和 $\Delta p$ 分别为位置误差与动量误差；$h$ 为普朗克常数。该式表明，微观粒子的位置误差越小，则动量误差越大，反之亦然。不确定原理并不意味着微观粒子的运动规律是不可认识的，反而恰好反映了微观粒子的波粒二象性。测不准原理表明，运动的微观粒子不可能同时准确测定其位置和速度，因此核外电子运动不可能存在固定的轨道，否定了玻尔理论中核外电子运动有固定轨道的观点。

如图 3-4 所示，电子衍射实验中，假设电子是一个个依次射到底板上，则每个电子在底板上只留下一个黑点，显示出其微粒性，但我们无法预测黑点的位置。如果经过长时间的衍射，则衍射图呈现出统计性的规律。这表明电子虽然没有确定的运动轨道，但其在空间出现的概率可以用衍射波的强度反映出来。电子出现概率大的地方，也是波的强度大的地方，所以电子波又称概率波。

（5）核外电子运动状态

由于微观粒子运动具有波粒二象性，因此核外电子的运动状态不能用经典的牛顿力学来描述，需用量子力学来描述，以电子在核外出现的概率密度、概率分布来描述电子运动的规律。

1926 年，奥地利物理学家薛定谔根据电子具有波粒二象性的概念，提出了微观粒子运动的二阶偏微分波动方程。

$$\frac{\partial^2 \Psi}{\partial x^2} + \frac{\partial^2 \Psi}{\partial y^2} + \frac{\partial^2 \Psi}{\partial z^2} = -\frac{8\pi^2 m}{h^2}(E - V)\Psi \tag{3-8}$$

式中，$\Psi$ 为波函数；$h$ 为普朗克常数；$m$ 为粒子质量；$E$ 为总能量；$V$ 为体系的势能；$x$、$y$、$z$ 为空间坐标。

薛定谔方程的每一个合理的 $\Psi$ 都描述原子、分子中电子运动的某一稳定状态，相应的 $E$ 值就是电子在此稳定状态下的能量。

为了方便薛定谔方程的求解，常将波函数 $\Psi(x, y, z)$ 变换为 $\Psi(r, \theta, \varphi)$。如图 3-5 所示，通过坐标变换，薛定谔波动方程的解可写成：

$$\Psi_{x,y,z} = \Psi(r, \theta, \phi) = R(r)Y(\theta, \phi) \tag{3-9}$$

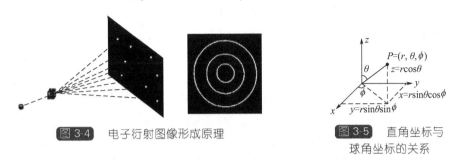

图 3-4　电子衍射图像形成原理　　图 3-5　直角坐标与球角坐标的关系

波函数 $\Psi$ 就分为了两个函数的乘积。$R(r)$ 只与离核距离有关，为径向部分，称为径向波函数，表示 $\theta$、$\phi$ 一定时，波函数 $\Psi$ 随 $r$ 变化的关系。$Y(\theta, \phi)$ 只与原子轨道的角度有关，为角度部分，是 $\theta$ 和 $\phi$ 的函数，称为角度波函数，表明 $r$ 一定时，波函数 $\Psi$ 随 $\theta$、$\Psi$ 变化的关系。

波函数 $\Psi$ 只是一个描述电子运动状态的数学函数式，要得到合理的波函数的解，必须满足一定的条件。因此，必须赋予波函数 $\Psi$ 一套量子化的参数 $n$、$l$ 和 $m$，只有允许的值组合才能得到合理的解。这些参数 $n$、$l$ 和 $m$ 分别称作主量子数、角量子数和磁量子数。它们的取值决定着波函数所描述的电子能量、角动量以及电子离核的远近、原子轨道的形状和空间取向等。

① 主量子数 $(n)$：主量子数 $n$ 是决定核外电子的能量和电子离核平均距离大小的参数。$n$ 值越大，表明电子离核的距离越远，电子的能量越高。原子轨道的能量主要取决于主量子数。对于氢原子和类氢离子，电子的能量只取决于主量子数。$n$ 值取正整数，$n=1, 2, 3, 4, 5$ 等，分别对应于 K，L，M，N，O 等电子层。

② 轨道角动量量子数 $(l)$：轨道角动量量子数简称为角量子数，它决定原子轨道或电子云的形状。$n$ 值确定后，角量子数 $l$ 可取 $l=0, 1, 2, 3, \cdots, (n-1)$，共 $n$ 个取值，可以用光谱符号 s，p，d，f 等来表示。$l$ 的每一个数值表示一种形状的原子轨道或电子云，且代表一个电子亚层或能层。当角量子数 $l=0$ 时，表示球形的 s 电子云或 s 原子轨道；$l=1$，表示哑铃形的 p 电子云或 p 原子轨道；$l=2$，表示花瓣形的 d 电子云或 d 原子轨道。

对于多电子原子来说，同一电子层中的 $l$ 值越小，该电子亚层的能级越低。例如，3s 的能级低于 3p 的能级，而 3p 的能级低于 3d 的能级。

③ 磁量子数 $(m)$：磁量子数 $m$ 的取值受 $l$ 的限制，当 $l$ 一定，$m$ 可取 0，$\pm1$，$\pm2$，$\cdots$，$\pm l$，共有 $2l+1$ 个值。

磁量子数决定原子轨道在磁场中的分裂，在空间伸展的方向。$m$ 的每一个数值表示具有某种空间方向的原子轨道。每一个亚层中，$m$ 有几个取值，其亚层就有几个不同伸展方向的同类原子轨道。

$l=0$ 时，$m=0$，只有一个 s 亚层是球形对称的。

$l=1$ 时，$m=-1$、$0$、$+1$，有三个值，p 亚层有三个分别以 $y$、$z$、$x$ 轴为对称轴的 $p_y$、$p_z$、$p_x$ 原子轨道，这三个轨道的伸展方向互相垂直。

磁量子数与电子能量无关。$l$ 相同，$m$ 不同的原子轨道（即形状相同，空间取向不同的原子轨道）其能量是相同的。能量相同的各原子轨道称为简并轨道或等价轨道。

④ 自旋量子数（$m_s$）：原子中的电子除了绕核运动外，还可自旋。用于描述电子自旋方向的量子数称为自旋量子数（spin angular momentum quantum number），用符号 $m_s$ 表示，$m_s=\pm 1/2$，$m_s=+1/2$ 或 $m_s=-1/2$ 分别表示电子的两种不同的自旋运动状态。通常用箭头↑、↓表示。"↑↑"表示自旋平行的两个电子，"↑↓"表示自旋相反的两个电子。

综上所述，主量子数 $n$ 和角量子数 $l$ 决定核外电子的能量；角量子数 $l$ 决定电子云的形状；磁量子数 $m$ 决定电子云的空间取向；自旋量子数 $m_s$ 决定电子自旋运动状态。核外电子运动的状态由四个量子数来描述。核外电子可能的状态，见表 3-2。

**表 3-2　核外电子可能的状态**

| 主量子数 $n$ | 1 | 2 | | 3 | | | 4 | | | |
|---|---|---|---|---|---|---|---|---|---|---|
| 电子层符号 | K | L | | M | | | N | | | |
| 轨道角动量量子数 | 0 | 0 | 1 | 0 | 1 | 2 | 0 | 1 | 2 | 3 |
| 电子亚层符号 | 1s | 2s | 2p | 3s | 3p | 3d | 4s | 4p | 4d | 4f |
| 磁量子数 $m$ | 0 | 0 | 0<br>±1 | 0 | 0<br>±1 | 0<br>±1<br>±2 | 0 | 0<br>±1 | 0<br>±1<br>±2 | 0<br>±1<br>±2<br>±3 |
| 亚层轨道数$(2l+1)$ | 1 | 1 | 3 | 1 | 3 | 5 | 1 | 3 | 5 | 7 |
| 电子层轨道数 | 1 | 4 | | 9 | | | 16 | | | |
| 自旋量子数 $m_s$ | ±1/2 | | | | | | | | | |
| 各层可容纳的电子数 | 2 | 8 | | 18 | | | 32 | | | |

**例 3-2**　当主量子数 $n=4$ 时，可能有多少条原子轨道？分别用 $\Psi_{n,l,m}$ 表示出来。电子可能处于多少种运动状态？

答：当主量子数 $n=4$ 时，角量子数 $l$ 可以取值 $0$，$1$，$2$，$3$，共 4 个取值，分别代表 4s，4p，4d，4f 四个电子亚层。每个亚层中存在的原子轨道数可以由磁量子数 $m$ 确定，如 $l$ 取值为 $0$ 时，$m$ 取值只能为 $0$，代表 4s 电子亚层中只有 4s 轨道；$l$ 取值为 $1$ 时，$m$ 取值为 $-1$，$0$，$1$，代表 4p 亚层中存在三种不同取向的 $4p_x$，$4p_y$ 和 $4p_z$ 轨道；$l$ 取值为 $2$ 时，$m$ 取值为 $-2$，$-1$，$0$，$1$，$2$ 时，代表 4d 亚层中存在五种不同取向的 $4d_{xy}$，$4d_{xz}$，$4d_{yz}$，$4d_{x^2-y^2}$，$4d_{z^2}$ 轨道；$l$ 取值为 3 时，$m$ 取值为 $-3$，$-2$，$-1$，0，1，2，3，代表 4f 亚层存在七种不同取向的 $4f_{x^3}$，$4f_{y^3}$，$4f_{z^3}$，$4f_{x(z^2-y^2)}$，$4f_{y(z^2-x^2)}$，$4f_{z(x^2-y^2)}$，$4f_{xyz}$ 轨道。如果要用 $\Psi_{n,l,m}$ 表示出来分别为：$\Psi_{4,0,0}$；$\Psi_{4,1,-1}$，$\Psi_{4,1,0}$，$\Psi_{4,1,1}$；$\Psi_{4,2,-2}$，$\Psi_{4,2,-1}$，$\Psi_{4,2,0}$，$\Psi_{4,2,1}$，$\Psi_{4,2,2}$；$\Psi_{4,3,-3}$，$\Psi_{4,3,-2}$，$\Psi_{4,3,-1}$，$\Psi_{4,3,0}$，$\Psi_{4,3,1}$，$\Psi_{4,3,2}$，$\Psi_{4,3,3}$ 共 16 个轨道。因为每个轨道只能容纳 2 个电子，每个电子有两种自旋状态，所以 16 个轨道中总共能容纳具有不同运动状态的电子有 32 个。

（6）原子轨道和电子云

① 波函数和原子轨道：通过确立 $n$、$l$、$m$ 等量子数，解氢原子的薛定谔方程，可以得到一系列的波函数及相应的一系列能量值 $E_i$，代表电子在空间中每种可能的运动状态。波函数本身没有明确直观的物理意义，只是描述核外电子运动状态的数学表达式，或者说原子轨道的数学表达式是波函数。波函数描述的"原子轨道"绝非经典物理学里描述的固定行星轨道，也与玻尔理论中假定的固定的原子轨道有着本质的区别，只代表电子的一种空间运动状态。波函数 $\Psi$ 的空间图像为原子轨道，它指的是电子在原子核外运动的某个空间范围。

② 原子轨道角度分布图：由式（3-9）可知，波函数可以由 $R(r)$ 函数和 $Y(\theta, \phi)$ 函数复合而成。$Y(\theta, \phi)$ 函数为角度波函数。在 $r$ 不变的情况下，$Y(\theta, \phi)$ 随角度 $\theta$、$\phi$ 的变化可以用图像表示出来，即为波函数角度分布图，或称原子轨道角度分布图。以 $p_z$ 原子轨道为例，求解氢原子的薛定谔方程，可得 $p_z$ 原子轨道的角度波函数：

$$Y_{2p_z} = \sqrt{\frac{3}{4\pi}}\cos\theta \qquad (3-10)$$

如图 3-6 所示，以球坐标原点为原子核中心，以单位长度 $|Y(\theta, \phi)|$ 为半径，将不同 $\theta$ 时的 $Y_{p_z}$ 作图，得到两个等径外切的圆，其空间立体图像为两个外切等径球面，习惯上这种图形称为无柄哑铃形。此图形分布在 $xy$ 平面的上下两侧，在 $xy$ 平面上 $Y_{p_z}$ 值为零，在 $z$ 轴上有最大值，$xy$ 平面是 $p_z$ 原子轨道角度分布图的节面。图中的正负号代表角度波函数的对称性，并不是代表电荷。

类似地可以画出各种原子轨道的角度分布图（图 3-7），可以看出 s 轨道为球形，d 轨道呈花瓣形。原子轨道角度分布图表示了原子轨道的极大值方向以及原子轨道的对称性，对讨论化学键的成键方向，分子轨道理论等都有重要的意义。

③ 电子云的角度分布图：波函数 $\Psi$ 在空间中某点的强度与波函数的绝对值的平方 $|\Psi|^2$ 成正比。通常，$|\Psi|^2$ 表示核外电子出现的概率密

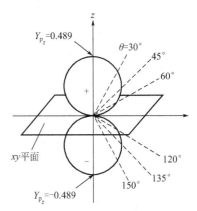

图 3-6　$p_z$ 原子轨道的角度分布

度，即在空间某单位体积内电子出现的概率。如果用小黑点的疏密程度来表示电子在核外空间各处的概率密度，那么黑点稀疏的地方就表示电子在此出现的概率密度小，黑点密的地方表示电子在那里出现的概率密度大。这种图形被称为电子云图。

电子云角度分布图（图 3-8）是波函数角度部分函数的平方 $|Y|^2$ 随角度 $\theta$，$\phi$ 变化的图形，反映出电子在核外空间不同角度的概率密度大小。电子云的角度分布图与相应的原子轨道的角度分布图是相似的，它们之间的主要区别在于：

a. 原子轨道角度分布图有正负之分，而电子云角度分布图无正负号，这是由于 $|Y|$ 平方后总是正值；

b. 由于 $Y<1$，$|Y|^2$ 一定小于 $Y$，因而电子云角度分布图要比原子轨道角度分布图稍 "瘦" 些。

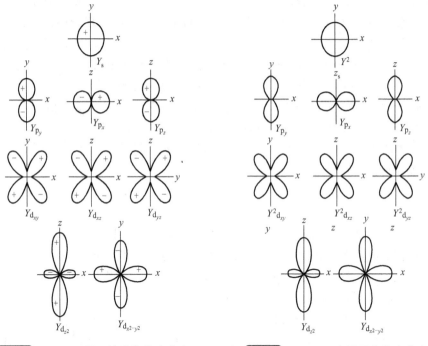

图 3-7　s, p, d 原子轨道的角度分布　　图 3-8　s, p, d 电子云的角度分布

④ 电子云的径向分布图：电子在核外某空间出现的概率及离核远近的变化可以通过电子云的径向分布图来反映。如图 3-9 所示，以离核距离为 $r$，厚度为 $dr$ 的薄球壳为例，电子在球壳内出现的概率表示如下：

$$dp = |\Psi|^2 dV = |\Psi|^2 4\pi r^2 dr = R^2(r)4\pi r^2 dr \tag{3-11}$$

$r$ 为离核距离，也表示球的半径，球壳的体积为 $4\pi r^2 dr$，$|\Psi|^2$ 表示核外电子出现的概率密度。$R$ 为波函数的径向部分。令 $D(r)=R^2(r)4\pi r^2$，$D(r)$ 称径向分布函数。以 $D(r)$ 对 $r$ 作图即可得电子云径向分布图。

由 1s 电子云径向分布图可知，1s 电子在离核半径 $r=52.9\text{pm}$ 的球面处出现的概率最大，电子在其他部位都可能出现，但概率较小。玻尔理论认为氢原子的电子只能在 $r=52.9\text{pm}$ 处的定态轨道运动；而量子理论认为，电子可能在空间的不同地方出现，只是在 $r=52.9\text{pm}$ 的薄球壳内出现的概率最大。

图 3-10 为氢原子的电子云径向分布示意图，从图中可知，在每一个分布曲线上有 $n-l$ 个峰值。$l$ 相同，$n$ 增大时，如 1s、2s、3s，电子云沿 $r$ 扩展得越远，或者说电子离核的平均距离越来越远。

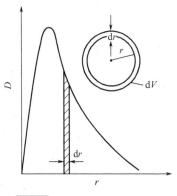

图 3-9　1s 电子云径向分布

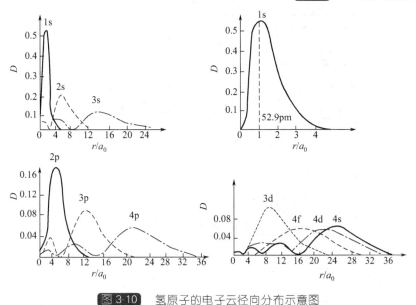

图 3-10　氢原子的电子云径向分布示意图

必须指出，电子云的角度分布图和径向分布只能反映核外电子运动规律的两个侧面，有一定的适用范围，不能代表核外电子的完整运动状态。

### 3.1.2　多电子原子能级

除氢以外，其他元素原子核外都不止一个电子，电子运动时不仅存在核与电子间的相互作用，还存在电子间的相互作用，导致其电子的运动状态变得相当复杂。因此，多电子原子系统的能量难以用 Schrödinger 方程得到精确解，而必须通过光谱实验测定，经过理论分析得到。一般情况下，这样得到的数据是整个原子处于各种状态的能量。原子系统的能量可以看作是各单个电子在原子轨道上运动对原子系统能量贡献的总和。单个电子在原子轨道上运动的能量叫做轨道能量，它可以借助与某些实验数据或为了模型进行计算而求得。

（1）鲍林近似能级图

1939 年，鲍林（Pauling）根据光谱实验数据以及近似的理论计算结果，总结出了多电子原子的原子轨道能量高低的顺序，得到了鲍林近似能级图。图 3-11 中每一个小圆圈表示一个原子轨道，能量相同的简并轨道处于同一水平位置上。从下至上，原子轨道的能量逐步递增。

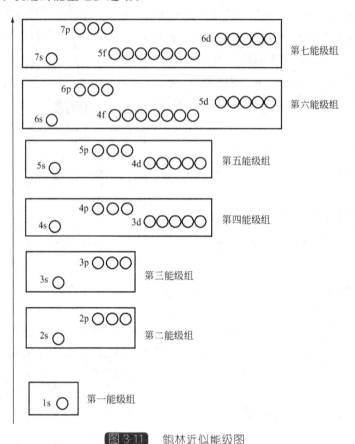

图 3-11　鲍林近似能级图

鲍林根据原子中各轨道能量的大小，把能量接近的若干轨道划分为一个能级组，相邻的不同能级组之间的能量相差比较大。鲍林的七大能级组与元素周期系中的七个周期是相一致的。

由图可知，角量子数 $l$ 相同的能级的能量高低由主量子数 $n$ 来决定，例如 $E_{1s} < E_{2s} < E_{3s} < E_{4s}$。主量子数 $n$ 相同时，角量子数 $l$ 不同的能级，能量随着角量子数的增大而升高，如 $E_{4s} < E_{4p} < E_{4d} < E_{4f}$，这种现象称为"能级分裂"。当主量子数 $n$ 和角量子数 $l$ 均不相同时，出现"能级交错"现象，例如，$E_{4s} < E_{3d} < E_{4p}$。

我国化学家徐光宪先生根据光谱学数据归纳出判断轨道能级高低的近似规律：

（$n+0.7l$）规则。（$n+0.7l$）值的第一个数字相同的能级并为一个能级组，（$n+0.7l$）值越小，表明轨道的能级越低。例如 4s、3d 和 4p，它们的（$n+0.7l$）取值分别为 4.0、4.4 和 4.7，表明 $E_{4s}<E_{3d}<E_{4p}$，且因为它们的第一个取值都为 4，即为第四能级组。根据（$n+0.7l$）规则同样可以将原子轨道划分为与鲍林近似能级图一致的七大能级组。鲍林近似能级图只能反映多电子原子中原子轨道能量的近似高低，实际上不同原子的相同原子轨道能量并非一成不变。

（2）屏蔽效应和钻穿效应

① 屏蔽效应　在多电子原子中，每个电子同时受到原子核对它的吸引力，以及其余电子对它的排斥力。内层电子对外层电子排斥作用的结果，削弱了或屏蔽了原子核对该电子的吸引作用，使电子实际上所受到核的吸引力要比原来核电荷 $Z$ 对它的吸引力小，这种影响称为屏蔽效应。（$Z-\sigma_i$）表示有效核电荷，用 $Z^*$ 表示。

$$Z^* = Z - \sigma_i \tag{3-12}$$

式中，$\sigma_i$ 称为屏蔽常数，其大小可根据斯莱脱规则近似计算得到。

a. 将原子中的电子按如下分组，以（　）为单位表示组：

(1s)、(2s, 2p)、(3s, 3p)、(3d)、(4s, 4p)、(4d)、(4f)、(5s, 5p) 等。

b. （$ns$, $np$）组右边的电子：$\sigma=0$

c. （$ns$, $np$）同组中其他电子：$\sigma=0.35$（1s 组例外，$\sigma=0.30$）

d. （$n-1$）层的每个电子：$\sigma=0.85$

e. （$n-2$）层及内层的每个电子：$\sigma=1.00$

f. 对 d、f 组左边各电子：$\sigma=1.00$

在计算原子中某被屏蔽电子的 $\sigma$ 值时，可将其余电子对该电子的 $\sigma$ 值相加后得到。其某个电子的能量可由式（3-13）估算：

$$E_i = -2.179\times10^{-18}\left(\frac{Z^*}{n^*}\right)^2 \text{J} \tag{3-13}$$

式中，$Z^*$ 为作用在某一电子上的有效核电荷；$n^*$ 为该电子的有效主量子数。$n^*$ 与 $n$ 的关系如下：

| $n$ | 1 | 2 | 3 | 4 | 5 | 6 |
|---|---|---|---|---|---|---|
| $n^*$ | 1.0 | 2.0 | 3.0 | 3.7 | 4.0 | 4.2 |

**例 3-3**　计算 $^{19}$K 的最后一个电子是填在 3d 还是 4s 轨道？再比较 $^{21}$Sc 的 3d 轨道和 4s 轨道能量的大小有何区别。

解：对于 K 最后一个电子是填在 3d 轨道：

$$Z_{3d}^* = 19-(18\times1.00)=1.0$$

$$E_{3d} = -2.179\times10^{-18}\times(1.0/3.0)^2\text{J} = -0.24\times10^{-18}\text{J}$$

最后一个电子是填在 4s 轨道：

$$Z_{4s}^* = 19 - (10 \times 1.00 + 8 \times 0.85) = 2.2$$

$$E_{4s} = -2.179 \times 10^{-18} \times (2.2/3.7)^2 \text{J} = -0.77 \times 10^{-18} \text{J}$$

计算说明 $E_{4s} < E_{3d}$。

$^{21}$Sc 的核外电子排布为 $1s^2 2s^2 2p^6 3s^2 3p^6 3d^1 4s^2$，对于 4s 中的一个电子：

$$Z_{4s}^* = 21 - (0.35 \times 1 + 0.85 \times 9 + 1 \times 10) = 3$$

$$E_{4s} = -2.179 \times 10^{-18} \times (3/3.7)^2 \text{J} = -1.4 \times^{-18} \text{J}$$

对于 3d 中的一个电子：

$$Z_{3d}^* = 21 - (1 \times 8 + 1 \times 10) = 3$$

$$E_{3d} = -2.179 \times 10^{-18} \times (3/3)^2 \text{J} = -2.179 \times 10^{-18} \text{J}$$

计算结果表明，$E_{4s} > E_{3d}$。

既然 $E_{4s} > E_{3d}$，最后三个电子为何不先填入 3d 轨道呢？这个问题目前仍存在争议。但电子填充在哪个轨道上，要由体系的总能量降低的程度来决定，而原子的能量不仅仅取决于某个原子轨道的能量，还有其他能量形式存在。通常也认为，先在 4s 轨道上填充电子，而不是全部填充在 3d 轨道上，也是因为 4s 轨道有比较大的钻穿效应，能使电子更靠近核，使体系能量降低幅度最大。这说明了 Slator 规则存在不足，不能说明同组电子之间能量的高低，也说明了 Pauling 近似能级图的不足，无法反映轨道能量随原子序数变化的规律。

② 钻穿效应　原子的量子力学模型说明了电子可以在核外空间各处随机出现。在原子核附近出现概率较大的电子，可更多地避免其余电子的屏蔽，受到核的较强的吸引而更靠近核。这种外层电子进入原子内部空间的作用叫做钻穿效应。

不同的电子钻穿能力不同，其能量降低的程度也不同。钻穿效应的强弱取决于主量子数 $n$ 和角量子数 $l$。主量子数 $n$ 相同而角量子数 $l$ 不同时，其钻穿能力随 $l$ 增大而递减（图 3-12）：$ns > np > nd > nf$；能量的变化次序为：$E_{ns} < E_{np} < E_{nd} < E_{nf}$。例如，3s、3p、3d 的电子云径向图中，随着角量子数 $l$ 的增加，电子在内层出现的峰值减少。3s 有两个小峰，3p 只有一个小峰，3d 在内层没有小峰，所以 3s 的钻穿效应大于 3p，3p 的钻穿效应大于 3d，则 $E_{3s} < E_{3p} < E_{3d}$。

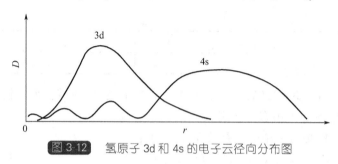

图 3-12　氢原子 3d 和 4s 的电子云径向分布图

当 $l$ 相同 $n$ 不同时，主量子数 $n$ 越大，其径向分布图中主峰离核越远，钻穿效应较弱，则受到其余电子的屏蔽作用也越大，因而能量越高，$E_{1s} < E_{2s} < E_{3s} <$

$E_{4s}<\cdots$；$E_{1p}<E_{2p}<E_{3p}<E_{4p}<\cdots$。

如图 3-12 所示，4s 的最高峰比 3d 的最高峰离核要远得多，但 4s 的三个小峰中有两个小峰比 3d 的高峰离核更近，故 4s 电子的钻穿效应大，受到周围电子的屏蔽作用大大减小，钻穿效应对能量的降低作用超过了主量子数 $n$ 对能量的升高作用，使 $E_{4s}<E_{3d}$。其他类似的能级的交错现象，如 $E_{4s}<E_{3d}<E_{4p}$，$E_{5s}<E_{4d}<E_{5p}$，$E_{6s}<E_{4f}<E_{5d}<E_{6p}$ 等都可以用钻穿效应来解释。

（3）Cotton 原子轨道能级图

1962 年，F. A. Cotton 根据理论和实验的结果，定性地提出了原子轨道能量与原子序数的关系图，即 Cotton 原子轨道能级图（图 3-13）。

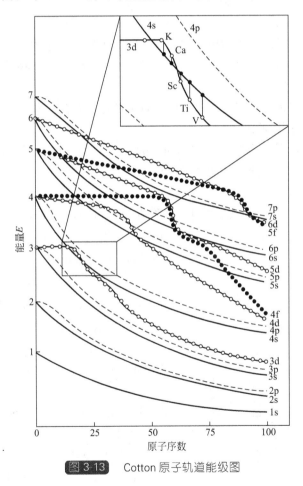

图 3-13　Cotton 原子轨道能级图

在 Cotton 能级图中，为了简明清晰地体现原子轨道能量与原子序数的关系，能级图中的能量坐标进行了适量的放大，以使能量曲线分散更易于辨认。从此能级图中可以看出：

① 主量子数相同的氢原子轨道具有简并性。如氢原子主量子数相同的各个轨

道 3s、3p、3d 等都处于同一能量点上。

② 原子轨道的能量会随着原子序数的增大而逐渐降低。

③ 不同的原子轨道随着原子序数的增大，轨道能量下降的幅度不同，因此将产生能级曲线相交的现象，即能级交错现象。如 3d 与 4s 轨道的能量高低关系在原子序数大于 19 的 K 与 Ca 时 $E_{3d} > E_{4s}$，当原子序数较小或较大时，$E_{3d} < E_{4s}$。从图中也可以看出，第五能级组和第六能级组中能级交错现象更加复杂，有一些元素的原子轨道能级排列次序与 Pauling 能级图次序不一致。

### 3.1.3 多电子原子核外电子排布

核外电子的运动状态可以通过四个量子数（$n$、$l$、$m$、$m_s$）来描述，而四个量子数分别与电子层、电子亚层或能级、原子轨道和电子自旋相对应。多原子的核外电子排布也是通过原子的电子层、亚层和原子轨道来实现的。人们根据光谱实验和量子力学理论分析，总结出了多电子原子核外电子排布必须遵循的三个原则。

（1）能量最低原则

核外电子的排布尽可能优先占据能量较低的原子轨道，使体系能量最低。

（2）Pauli 不相容原理

同一个原子轨道中最多只能容纳两个自旋方向相反的电子，也就是说一个原子不能有四个量子数完全相同的电子存在。

（3）Hund 规则

核外电子排布时将尽可能以相同自旋方向分占不同的等价轨道。当等价轨道中电子处于全空、半空或全满状态时能量较低（Hund 规则特例）。

根据核外电子排布的三原则，可以将 Pauling 近似能级图的轨道填充次序用图 3-14 表示出来。但是，从前面的 Cotton 能级图可知，随着核外电子数目的增多，原子序数的增大，原子间电子的相互作用复杂化，核外电子的排布次序不一定符合 Pauling 能级次序图，此时要以光谱实验的结果为准。

根据核外电子排布的三个规则，我们可以讨论几个原子核外电子排布的实例。如碳原子的核外电子排布为 $1s^2 2s^2 2p^2$，钠原子的核外电子排布为 $1s^2 2s^2 2p^6 3s^1$，钙原子的核外电子排布为 $1s^2 2s^2 2p^6 3s^2 3p^6 4s^2$。

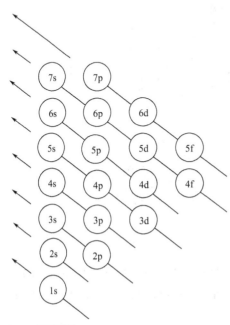

图 3-14 电子填入轨道的次序图

这种利用主量子数 $n$ 的数值和角量子

数 $l$ 的符号表示的电子在原子核外排布的式子称为核外电子排布式、电子构型或电子结构式。其右角上的数字表示相应轨道中存在的电子数目。轨道可以用"口"或"O"表示，用 ↑、↓ 表示电子的两种自旋状态。

为避免电子排布式过于繁杂，常用稀有气体元素符号加方括号（称作原子实）代替电子排布已经达到稀有气体结构的内层，如 Na 的电构型可以表示为 [Ne] $3s^1$。必须注意，虽然原子中电子是按近似能级图由低到高的顺序填充的，但在书写原子的电子构型时，外层电子构型应按 $(n-2)f$，$(n-1)d$，$ns$，$np$ 的顺序（即按主量子数 $n$ 由小到大的顺序）书写。如 $^{24}$Cr 填充电子时，按照电子填充的次序应该为 $1s^2 2s^2 2p^6 3s^2 3p^6 4s^1 3d^5$，而书写时应为 $1s^2 2s^2 2p^6 3s^2 3p^6 3d^5 4s^1$，简化后为 [Ar]$3d^5 4s^1$。同理 $^{22}$Ti 电子构型为 [Ar]$3d^3 4s^2$；$^{50}$Sn 电子构型为 [Kr]$4d^{10} 5s^2 5p^2$。按核外电子排布的三个原则得出的电子排布式与光谱实验的结论基本一致，只有少数原子如 $^{44}$Ru、$^{58}$Ce 等不能用上述规则予以完满解释，说明电子排布规则还有待发展完善。

总之，核外电子排布式的书写必须注意如下规则：

① 电子填充是按近似能级图自能量低向能量高的轨道排布的，但书写电子结构式时，要把同一主层（$n$ 相同）的轨道写在一起。

②原子实表示电子排布时，内层已经达到稀有（惰性）气体原子的结构，可以用原子实来代替。

③ 特殊的电子结构要记忆，主要是 Cr [Ar]$3d^5 4s^1$，Cu [Ar]$3d^{10} 4s^1$，Nb [Kr]$4d^4 5s^1$，Mo[Kr]$4d^5 5s^1$，Ru [Kr]$4d^7 5s^1$，Rh [Kr]$4d^8 5s^1$，Pd [Kr]$4d^{10} 5s^0$，Ag [Kr]$4d^{10} 5s^1$，Pt [Xe]$5d^9 6s^1$，Au [Xe]$5d^{10} 6s^1$ 共 10 个过渡金属，这种现象主要发生在 $(n-1)d$ 轨道半充满或全充满时。

### 3.1.4　多电子原子结构与周期律

1689 年，俄国化学家门捷列夫根据元素的性质随相对原子质量递增发生周期性的递变这一规律为基础，发表了第一张具有里程碑意义的元素周期表。此后，随着人们对原子结构研究的深入，揭示了原子核外电子排布与元素周期及族的划分存在本质的联系，并提出了各种形式的元素周期表。常用的长式周期表含主表和副表。主表分为七个周期，18 列分成 A 族和 B 族，副表包含镧系元素和锕系元素。

（1）能级组与元素周期

元素周期表中的七大周期与鲍林能级图中的七大能级组相对应。如表 3-3 所示，元素所在的周期数等于该元素原子的电子层数或该原子最外电子层的主量子数 $n$；而各周期元素的数目等于相应能级组中原子轨道所能容纳的电子总数。例如第 1 能级对应第一周期，因为第 1 能级组只有 1 个 s 轨道，至多容纳 2 个电子，因此第一周期为特短周期，只有两种元素。第 2、3 能级组各有 1 个 $ns$ 和 3 个 $np$ 轨道，可以填充 8 个电子，因此第二、三周期各有 8 种元素，称为短周期。第 4、5 能级组开始出现 d 轨道，共有 9 个轨道，至多可容纳 18 个电子，因此第四、五周期各有 18 种元素，为长周期。第 6、7 能级组开始出现 f 轨道，共有 16 个轨道，至多可容纳 32 个电子，称为特长周期。但第七周期的元素至今未发现完全，因此，称为不完全周期。

**表 3-3　周期数、能级组及最大电子能量的关系**

| 能级组 | 1s | 2s2p | 3s3p | 4s3d4p | 5s4d5p | 6s4f5d6p | 7s5f6d7p |
|---|---|---|---|---|---|---|---|
| 能级组数 | 1 | 2 | 3 | 4 | 5 | 6 | 7 |
| 周期数 | 1 | 2 | 3 | 4 | 5 | 6 | 7 |
| 电子层数 | 1 | 2 | 3 | 4 | 5 | 6 | 7 |
| 元素数目 | 2 | 8 | 8 | 18 | 18 | 32 | 23(未完) |
| 最大电子容量 | 2 | 8 | 8 | 18 | 18 | 32 | 未满 |

（2）多电子原子价电子构型与族

元素周期表中，有 8 个主族，8 个副族，其中稀有气体元素原子的最外层电子排布均为 $ns^2np^6$，呈现稳定结构，称为零族元素，也称为ⅧA 族。

价电子是原子发生化学反应时易参与形成化学键的电子，价电子层的电子排布称价电子构型。族的划分与原子的价电子数目和价电子排布密切相关。同族元素的价电子数目相同。

主族元素的价电子构型为 $nsnp$，即主族元素的价电子全部排在最外层的 $ns$ 和 $np$ 轨道上。除零族外，其余的主族元素以ⅠA～ⅦA 表示。主族元素的族序数等于其自身的价电子总数或元素的最高氧化值。

副族元素的价电子构型不仅包括最外层的 s 电子，还包括 $(n-1)$d 亚层甚至 $(n-2)$f 亚层的电子。其中，ⅠB、ⅡB 副族元素的族数等于最外层 s 电子的数目，而ⅢB～ⅧB 副族元素的族数等于最外层 s 电子和次外层 $(n-1)$d 亚层的电子数之和。ⅧB 族元素（亦称Ⅷ族）比较特殊，价电子排布一般为 $(n-1)d^{6\sim10}ns^{0\sim2}$，有 3 列（8、9、10 列）共 9 个元素。

副族元素一般也称为过渡元素。

（3）多电子原子价电子构型与元素分区

根据元素价电子构型的不同，可以将周期表中元素所在的位置分成五个小区，即 s、p、d、ds、f 区（见表 3-4）。

s 区：包括ⅠA 和ⅡA 元素，最后 1 个电子填充在 s 轨道上，价电子排布为 $ns^{1\sim2}$，属于活泼金属。

p 区：包括ⅢA～ⅦA 和零族元素，共六族元素。p 区元素的最后 1 个电子填充在 p 轨道上，价电子排布为 $ns^2np^{1\sim6}$。p 区元素随着最外层电子数目的增加，原子失去电子趋势越来越弱，得电子趋势越来越强。

d 区：d 区元素的族数通常等于最高能级组中的电子总数。包括ⅢB～ⅦB 和Ⅷ族元素，共六族元素。d 区元素的最后一个电子基本填充在 $(n-1)$d 轨道上（个别例外），价电子排布为 $(n-1)d^{1\sim10}ns^{0\sim2}$。d 区元素一般都具有可变氧化态。

ds 区：ds 区元素的族数等于最外层电子数。包括ⅠB 和ⅡB 元素。ds 区元素的价电子构型为 $(n-1)d^{10}ns^{1\sim2}$。该区元素与 d 区元素的区别在于它们的次外层d 轨道已全充满，与 s 区元素的区别在于它们有 $(n-1)d^{10}$ 电子层。ds 区元素的族数对应于 s 轨道上的电子数。

f 区：包括镧系元素和锕系元素，它们的价电子构型为 $(n-2)f^{0\sim14}(n-1)$ $d^{0\sim2}ns^2$，最后 1 个电子填充在 f 轨道上。

s 区和 p 区元素为主族元素，d 区、ds 区、f 区元素为过渡元素。

**表 3-4**　元素的价电子构型与元素的分区、族

| 周期 | ⅠA |  |  |  |  |  |  |  |  |  |  |  |  |  |  |  |  | 0 |
|---|---|---|---|---|---|---|---|---|---|---|---|---|---|---|---|---|---|---|
| 1 |  | ⅡA |  |  |  |  |  |  |  |  |  |  | ⅢA | ⅣA | ⅤA | ⅥA | ⅦA |  |
| 2 |  |  |  |  |  |  |  |  |  |  |  |  |  |  |  |  |  |  |
| 3 |  |  | ⅢB | ⅣB | ⅤB | ⅥB | ⅦB |  | Ⅷ |  | ⅠB | ⅡB |  |  | p区 |  |  |  |
| 4 | s区 |  |  |  |  |  |  |  |  |  |  |  |  |  | $ns^2np^{1\sim6}$ |  |  |  |
| 5 | $ns^{1\sim2}$ |  |  | d区 |  |  |  |  |  |  | ds区 |  |  |  |  |  |  |  |
| 6 |  |  |  | $(n-1)d^{1\sim9}s^{1\sim2}$ |  |  |  |  |  |  | $(n-1)d^{10}ns^{1\sim2}$ |  |  |  |  |  |  |  |
| 7 |  |  |  |  |  |  |  |  |  |  |  |  |  |  |  |  |  |  |

| 镧系元素 | f区　　$(n-2)f^{0\sim14}(n-1)d^{1\sim2}ns^2$ |
|---|---|
| 锕系元素 |  |

**例 3-4**　已知某元素的原子序数是 45，试写出该元素原子的电子结构，并指出该元素位于周期表中哪个周期？哪一族？哪一区？并写出该元素的名称和化学符号？

解：原子序数为 45 的元素，电子结构为：

$$1s^2 2s^2 2p^6 3s^2 3p^6 4s^2 3d^{10} 4p^6 5s^1 4d^8$$

调整后为：$1s^2 2s^2 2p^6 3s^2 3p^6 4s^2 3d^{10} 4p^6 4d^8 5s^1$ 或表示为 $[Kr]4d^8 5s^1$

根据，　　　　　　　　　周期数＝电子层数＝能级组数

d 区元素的族数＝最高能级组中的电子总数

所以该元素属于第 5 周期，位于 d 区，ⅧB 族元素（ⅧB 族含有三族元素），元素名称为铑，元素符号为 Rh。

（4）元素性质的周期性

元素原子核外电子排布周期性变化的同时，元素的有效核电荷也呈现了周期性的变化，从而导致了原子半径、电离能、电子亲和能和电负性等原子参数也呈现周期性的变化。

① 原子半径 $(r)$：根据量子力学的观点，电子在核外运动并无固定轨迹，电

子云也无明确的边界，因此原子并不存在传统意义上固定的半径。但是，实际中人们常将原子视为球体，那么两原子的核间距离即为两原子球体的半径之和。常将此球体的半径称为原子半径（$r$）。根据原子与原子间作用力的不同，原子半径的数据一般有三种：共价半径、金属半径和范德华半径。

a. 金属半径：金属晶体是由相邻的金属离子密堆积而成，电子在整个金属晶体中是离域的，因此在金属晶体中，两个最近邻金属原子核间距的一半，称为金属原子的金属半径（图 3-15）。

b. 共价半径：同核双原子分子以共价键结合时，它们核间距的一半称为该原子的共价半径。例如 $Cl_2$ 分子，测得两 Cl 原子核间距离为 198pm，则其共价半径为 $r_{Cl} = 99pm$（图 3-16）。

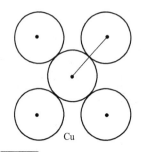

图 3-15　铜原子的金属半径

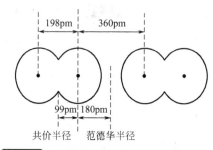

图 3-16　氯原子的共价半径和范德华半径

c. 范德华半径：当两个分子只靠范德华力（分子间作用力）互相吸引时，它们核间距的一半为范德华半径。例如稀有气体均为单原子分子，形成分子晶体时，分子间以范德华力相结合，同种稀有气体的原子核间距的一半即为其范德华半径。

一般情况下，范德华半径＞金属半径＞共价半径。因为形成共价键时，轨道的重叠程度比较大，所以原子的共价半径最小；而分子间的相互作用力比较弱，不能将单原子分子拉得很紧密，范德华半径就比较大。

原子半径的大小主要取决于原子的有效核电荷和核外电子层结构。由于原子有效核电荷及核外电子的周期性排布，原子半径也呈现明显的周期性（见表 3-5）。

同一周期元素原子半径从左到右逐渐变小。在同一周期中，随着原子序数的增加，元素的有效核电荷会增加，导致原子核对核外电子的吸引力增强，原子半径有减小的趋势；另一方面，有效核电荷的增加意味着核外电子的增加，电子间的排斥力会增大，导致原子半径有增大的趋势。在短周期中，核电荷增加占主导地位，原子半径随着原子序数的增大而不断减小。在长周期中，电子逐渐填入对核外电子的屏蔽作用较大 $(n-1)d$ 亚层，导致有效核电荷增加较少，核对外层电子的吸引力增加不多，因此原子半径减小缓慢。

在超长周期，如镧系、锕系元素中从左到右，原子半径也在逐渐减小，只是减小的幅度更小。这是由于新增加的电子开始填入对外层电子的屏蔽效应更大的

$(n-2)$f 亚层上，导致原子的有效核电荷增加更小，因此原子半径减小缓慢。这种现象称为镧系收缩。由于镧系收缩，镧系以后的各元素（如 Hf、Ta、W）与上一个周期的同族元素（Zr、Nb、Mo）非常接近，相应的性质也非常相似，在自然界中常共生在一起，很难分离。

同一主族元素中，电子间排斥力增大占主导地位，所以原子半径从上到下逐渐增大。副族元素的原子半径从上到下递变不是很明显。例如，副族元素的原子半径，从第四周期过渡到第五周期是增大的，但第五周期和第六周期同一族中的过渡元素的原子半径比较接近。

**表 3-5**　元素原子半径　　　　　单位：pm

| I A | II A | III B | IV B | V B | VI B | VII B | | VIII | | I B | II B | III A | IV A | V A | VI A | VII A | 0 |
|---|---|---|---|---|---|---|---|---|---|---|---|---|---|---|---|---|---|
| H | | | | | | | | | | | | | | | | | He |
| 37 | | | | | | | | | | | | | | | | | 54 |
| Li | Be | | | | | | | | | | | B | C | N | O | F | Ne |
| 156 | 105 | | | | | | | | | | | 91 | 77 | 71 | 60 | 67 | 80 |
| Na | Mg | | | | | | | | | | | Al | Si | P | S | Cl | Ar |
| 186 | 160 | | | | | | | | | | | 143 | 117 | 111 | 104 | 99 | 96 |
| K | Ca | Sc | Ti | V | Cr | Mn | Fe | Co | Ni | Cu | Zn | Ga | Ge | As | Se | Br | Kr |
| 231 | 197 | 151 | 154 | 131 | 125 | 118 | 125 | 125 | 124 | 128 | 133 | 123 | 122 | 116 | 115 | 114 | 99 |
| Rb | Sr | Y | Zr | Nb | Mo | Tc | Ru | Rh | Pd | Ag | Cd | In | Sn | Sb | Te | I | Xe |
| 243 | 215 | 180 | 161 | 147 | 136 | 135 | 132 | 132 | 138 | 144 | 149 | 151 | 140 | 145 | 139 | 138 | 109 |
| Cs | Ba | | Hf | Ta | W | Re | Os | Ir | Pt | Au | Hg | Tl | Pb | Bi | Po | At | Rn |
| 265 | 210 | | 154 | 143 | 137 | 138 | 134 | 136 | 139 | 144 | 147 | 189 | 175 | 155 | 167 | 145 | |
| La | Ce | Pr | Nd | Pm | Sm | Eu | Gd | Tb | Dy | Ho | Er | Tm | Yb | Lu | | | |
| 187 | 183 | 182 | 181 | 181 | 180 | 199 | 179 | 176 | 175 | 174 | 173 | 173 | 194 | 172 | | | |

② 元素的电离能：使基态的气态原子失去一个电子形成 +1 氧化态气态离子所需要的能量，叫作第一电离能（ionization energy），符号 $I_1$；+1 氧化态气态离子再失去一个电子变为 +2 氧化态离子所需要的能量叫作第二电离能，符号 $I_2$；以此类推还有第三电离能和第四电离能。表 3-6 列出了各元素原子的第一电离能 $I_1$。

**表 3-6**　各元素原子的第一电离能 $I_1$　　　单位：$kJ \cdot mol^{-1}$

| I A | II A | III B | IV B | V B | VI B | VII B | | VIII | | I B | II B | III A | IV A | V A | VI A | VII A | 0 |
|---|---|---|---|---|---|---|---|---|---|---|---|---|---|---|---|---|---|
| H | | | | | | | | | | | | | | | | | He |
| 1312 | | | | | | | | | | | | | | | | | 2372 |
| Li | Be | | | | | | | | | | | B | C | N | O | F | Ne |
| 520 | 900 | | | | | | | | | | | 810 | 1086 | 1402 | 1314 | 1681 | 2081 |
| Na | Mg | | | | | | | | | | | Al | Si | P | S | Cl | Ar |

续表

| I A | II A | III B | IV B | V B | VI B | VII B | VIII | | | I B | II B | III A | IV A | V A | VI A | VII A | 0 |
|---|---|---|---|---|---|---|---|---|---|---|---|---|---|---|---|---|---|
| 496 | 738 | | | | | | | | | | | 578 | 787 | 1012 | 1000 | 1251 | 1521 |
| K | Ca | Sc | Ti | V | Cr | Mn | Fe | Co | Ni | Cu | Zn | Ga | Ge | As | Se | Br | Kr |
| 419 | 590 | 631 | 658 | 650 | 653 | 711 | 759 | 758 | 737 | 746 | 906 | 579 | 762 | 944 | 941 | 1140 | 1350 |
| Rb | Sr | Y | Zr | Nb | Mo | Tc | Ru | Rh | Pd | Ag | Cd | In | Sn | Sb | Te | I | Xe |
| 403 | 550 | 616 | 660 | 664 | 685 | 702 | 711 | 720 | 805 | 731 | 868 | 558 | 709 | 832 | 869 | 1008 | 1170 |
| Cs | Ba | | Hf | Ta | W | Re | Os | Ir | Pt | Au | Hg | Tl | Pb | Bi | Po | At | Rn |
| 376 | 503 | | 654 | 761 | 770 | 760 | 840 | 880 | 870 | 890 | 1007 | 589 | 716 | 703 | 812 | | 1040 |
| La | Ce | Pr | Nd | Pm | Sm | Eu | Gd | Tb | Dy | Ho | Er | Tm | Yb | Lu | | | |
| 538 | 528 | 523 | 530 | 536 | 543 | 547 | 592 | 564 | 572 | 581 | 589 | 597 | 603 | 524 | | | |

　　显然，随着原子失去的电子增多，元素的电离能会不断增大。因此，同一元素的电离能依次增大，即 $I_1 < I_2 < I_3 < I_4 \cdots$。通常情况下，如无特殊说明，电离能指第一电离能。

例如 $\quad Li(g) - e^- \longrightarrow Li^+(g) \qquad I_1 = 520.2 \, kJ \cdot mol^{-1}$

$\quad\quad\ Li^+(g) - e^- \longrightarrow Li^{2+}(g) \qquad I_2 = 7298.1 \, kJ \cdot mol^{-1}$

$\quad\quad\ Li^{2+}(g) - e^- \longrightarrow Li^{3+}(g) \qquad I_3 = 11815 \, kJ \cdot mol^{-1}$

　　电离能的大小取决于原子的有效核电荷、原子半径和原子的电子层结构，同时反映了原子失去电子的难易程度，即元素金属性的强弱。电离能越小，原子越易失去电子，元素的金属性越强。如图 3-17 所示，元素电离能随着原子序数的增加呈现周期性的变化。

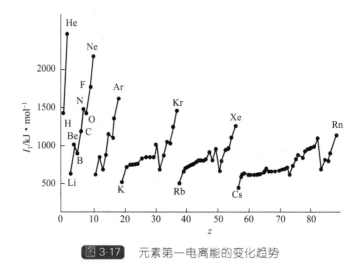

图 3-17　元素第一电离能的变化趋势

　　在同一周期中，随着元素有效核电荷的逐渐增加，原子半径的不断减小，原子核对核外电子的吸引不断加强，元素失去电子的程度越来越小，电离能不断增大。显然碱金属的第一电离能最小，稀有气体的第一电离能最大。过渡金属元素由于电子都填充到次外层，有效核电荷增加不大，原子半径减小缓慢，因此电离能略有增加。核外电子排布为半满和全满状态的元素比较稳定，不容易失去电子，因此电离能相对同周期的其他元素更更加大。例如，B 和 O 原子失去电子后最外层轨道成为全满、半满或全空的结构，所需能量小。Be、N 等因结构稳定失电子难，故需能量高。因此，$I_1(B) < I_1(Be)$，$I_1(O) < I_1(N)$。一般而言，稀有气体（$ns^2np^6$）、碱土金属（$ns^2$）、ⅡB 元素 $[(n-1)d^{10}ns^2]$ 具有反常高的电离能。

在同一主族中，从上到下，元素的最外层电子数相同，有效核电荷增加不大，但电子层增加显著，原子半径显著增大，导致原子核对核外电子的吸引力降低，失电子的趋势增强，元素的电离能依次减小。在副族同族元素中，电离能变化比较小，且不规则。除ⅢB 以外，其他副族元素，从上到下第一电离能有逐渐增加的趋势。这是因为副族同族元素从上到下半径增加不多，尤其是第 5 和第 6 周期元素半径几乎相等，因此有效核电荷增大占主要作用，但因为它们的新电子是填入到 $(n-1)d$ 轨道，有效核电荷增加不大，原子核对电子的引力从上到下增加不多，于是第一电离能从上到下有增加的趋势。

③ 元素的电子亲和能：处于基态的气态原子获得一个电子成为 $-1$ 价的气态阴离子所放出的能量，为该元素原子的第一电子亲和能，简称电子亲和能，常用符号 $A_1$ 表示。$A_1$ 为负值（表示放出能量）。如

$$F(g) + e^- \longrightarrow F^- \qquad A_1 = -328kJ \cdot mol^{-1}$$

当 $-1$ 价氧化态的气态阴离子再获得一个电子时，由于需要克服负电荷之间的排斥力，因此需要吸收能量，所以第二电子亲和能是正值，可以用 $A_2$ 来表示。比如

$$O(g) + e^- \longrightarrow O^- \qquad A_1 = -142kJ \cdot mol^{-1}$$

$$O^-(g) + e^- \longrightarrow O^{2-} \qquad A_2 = 844kJ \cdot mol^{-1}$$

电子亲和能的大小反映了原子获得电子的难易程度，即元素的非金属性的强弱。常用 $A_1$ 的绝对值（习惯上用 $-A_1$ 值）来比较不同元素原子获得电子的难易程度，$A_1$ 的绝对值越大表示该原子越容易获得电子，其非金属性越强。表 3-7 为主族元素的第一亲和能数据。如表 3-7 所示，非金属原子的第一电子亲和能一般为负值；金属原子的电子亲和能为较小的负值或正值；稀有气体因为有稳定的电子构型，所以电子亲和能都为正值；氮族元素由于具有半充满的电子构型，所以电子亲和能比较小。

电子亲和能的大小与原子的有效核电荷、原子半径和原子的核外电子结构等因素有关。在同一周期中，从左到右，原子的有效核电荷增大，半径逐渐减小，同时最外层电子数不断增多，趋向于形成稳定的 8 电子构型，原子核对核外电子的吸引力不断增强，元素的电子亲和能的负值不断增大。卤素的电子亲和能具有最大的负值；碱金属难以结合电子，电子亲和能一般为较小的负值或正值；稀有气

体结构最稳定，电子亲和能均为正值。

**表 3-7**　主族元素的第一电子亲和能 $A_1$　　　单位：$kJ \cdot mol^{-1}$

| H | | | | | | | He |
|---|---|---|---|---|---|---|---|
| −72.7 | | | | | | | +48.2 |
| Li | Be | B | C | N | O | F | Ne |
| −59.6 | +48.2 | −26.7 | −121.9 | +6.75 | −141.0 | −328.0 | +115.8 |
| Na | Mg | Al | Si | P | S | Cl | Ar |
| −52.9 | +38.6 | −42.5 | −133.6 | −72.1 | −200.4 | −349.0 | +96.5 |
| K | Ca | Ga | Ge | As | Se | Br | Kr |
| −48.4 | +28.9 | −28.9 | −115.8 | −78.2 | −195.0 | −324.7 | +96.5 |
| Rb | Sr | In | Sn | Sb | Te | I | Xe |
| −46.9 | +28.9 | −28.9 | −115.8 | −103.2 | −190.2 | −295.1 | +77.2 |

　　同一主族中，从上到下，虽然有效核电荷不断增加，但是原子半径也在增大且起主导作用，导致原子核对核外电子的吸引力减小，元素电子亲和能的值不断减小。但是，同一族中电子亲和能的变化规律不如同一周期中变化明显，大部分电子亲和能的值变小，少数呈相反的趋势。另外，电子亲和能最大的负值并非 F 原子，而是 Cl 原子，原因可能是 F 原子的电子半径过小，进入的电子会受到原有电子较强的排斥，用于克服排斥所消耗的能量较多的缘故。

　　④ 元素的电负性：电离能和电子亲和能分别反映了原子得失电子的难易程度。为了比较分子中原子间争夺电子的能力，鲍林于 1932 年定义电负性的概念为元素的原子在分子中吸引电子能力的相对大小，用 $\chi$ 来表示。

　　鲍林通过建立氢原子电负性的标度（2.2），然后从相关分子的键能数据出发进行计算，再与 H 的电负性对比，得到了其他元素的电负性数值（表 3-8）。目前电负性的标度有很多种，如密立根电负性、鲍林电负性、Allen 电负性等，这些数据大小各不相同，但在周期系中电负性变化规律是一致的。电负性可以综合衡量元素的金属性和非金属性，一般金属元素电负性在 2.0 以下，非金属元素的电负性在 2.0 以上。

**表 3-8**　元素的电负性

| H | | | | | | | | | | | | | | | | |
|---|---|---|---|---|---|---|---|---|---|---|---|---|---|---|---|---|
| 2.2 | | | | | | | | | | | | | | | | |
| Li | Be | | | | | | | | | | | B | C | N | O | F |
| 0.98 | 1.57 | | | | | | | | | | | 2.04 | 2.55 | 3.04 | 3.44 | 3.98 |
| Na | Mg | | | | | | | | | | | Al | Si | P | S | Cl |
| 0.93 | 1.31 | | | | | | | | | | | 1.61 | 1.90 | 2.19 | 2.58 | 3.16 |
| K | Ca | Sc | Ti | V | Cr | Mn | Fe | Co | Ni | Cu | Zn | Ga | Ge | As | Se | Br |
| 0.82 | 1.00 | 1.36 | 1.54 | 1.63 | 1.66 | 1.55 | 1.8 | 1.88 | 1.91 | 1.9 | 1.65 | 1.81 | 2.01 | 2.18 | 2.55 | 2.95 |

| Rb | Sr | Y | Zr | Nb | Mo | Tc | Ru | Rh | Pd | Ag | Cd | In | Sn | Sb | Te | I |
|------|------|------|------|------|------|------|------|------|------|------|------|------|------|------|------|------|
| 0.82 | 0.95 | 1.22 | 1.33 | 1.6 | 2.16 | 1.9 | 2.28 | 2.2 | 2.20 | 1.93 | 1.69 | 1.73 | 1.96 | 2.05 | 2.10 | 2.66 |
| Cs | Ba | La | Hf | Ta | W | Re | Os | Ir | Pt | Au | Hg | Tl | Pb | Bi | Po | At |
| 0.79 | 0.89 | 1.10 | 1.3 | 1.5 | 2.36 | 1.9 | 2.2 | 2.2 | 2.28 | 2.54 | 2.00 | 2.04 | 2.33 | 2.02 | 2.0 | 2.2 |

在周期表中，元素的电负性也呈周期性的变化。同一周期中，从左到右元素的电负性逐渐增大，原子半径逐渐减小，原子核对电子的吸引力增强，元素的非金属性增强；同一主族中，从上到下原子半径增大起主要作用，原子核对核外电子的吸引力减弱，元素的电负性逐渐减小，金属性增强。过渡元素的电负性都比较接近，没有明显的变化规律。同一副族，从上到下，电负性基本上呈减小的趋势。但同族的第 6 周期元素的电负性一般要大于第 5 周期的元素，原因是第 5 周期和第 6 周期元素原子的半径相近或减小所致。

# 3.2 化学键和分子结构

## 3.2.1 化学键

分子或晶体中相邻原子（离子）间的强烈吸引作用被称作化学键。化学反应的本质就是物质化学键的变化，即旧的化学键断裂，新的化学键形成。因此，了解原子间的成键及分子的形成，对我们了解物质的性质、用途具有重要的作用。

按照化学键形成方式与性质的不同，化学键可分为离子键、共价键和金属键三种基本类型。

（1）离子键

1916 年德国化学家柯塞尔提出，原子在反应中将失去或得到电子以达到稀有气体的稳定结构。由此形成的正、负离子以静电引力相互吸引在一起，这种相互作用就是离子键。离子键的本质就是正、负离子间的静电吸引作用。

① 离子键理论的要点

a. 当活泼的金属原子与活泼的非金属原子相互接近时，它们将得到或失去电子成为稀有气体结构，形成相应的正、负离子。例如 Na 与 Cl 反应，生成 $Na^+$ 和 $Cl^-$。

原子发生电子转移形成离子：

$$Na - e^- \longrightarrow Na^+$$

$$Cl + e^- \longrightarrow Cl^-$$

相应的电子构型发生变化，分别达到 Ne 和 Ar 的稀有气体原子的结构，形成稳定的离子。

$$Na: [He]2s^2 2p^6 3s^1 \longrightarrow [He]2s^2 2p^6$$

$$Cl：[Ne]3s^2 3p^5 \longrightarrow [Ne]3s^2 3p^6$$

b. 当正负离子彼此接近，并处于平衡距离 $R_e$ 时，正负离子间通过静电相互吸引而形成离子键并放出能量。

$$E = (Z^+ Z^- e^2 / 4\pi\varepsilon_0 R_e^2)$$

式中，$Z^+$ 和 $Z^-$ 为正负离子的电荷；$\varepsilon_0$ 为真空介电常数。正负离子通过离子键结合形成离子晶体。显然形成离子键时放出的能量越大，离子键越稳定。此外，离子键的强弱还可以用库仑定律来判断，即正负电荷间的相互作用力与离子电荷之间的乘积成正比，与距离的平方成反比。因此离子键的强弱与离子的电荷及离子间的距离有关。

离子所带的电荷取决于相应原子可能得失的电子数目，亦即取决于各种原子电离能和电子亲和能的大小。原子的电离能越大，越不容易失去电子，难于形成高价正离子；原子的电子亲和能的绝对值越大，越容易得到电子，易于形成高价的负离子。

离子可以具有不同的电子构型。如 s 区元素原子失去电子后最外层的电子构型为 2e 或 8e 型；p 区元素原子失去电子后最外层的电子构型为 $(18+2)$e 或 18e 型；d 区元素原子失去电子后最外层的电子构型为 $(9\sim17)$e 型；ds 区元素原子失去电子后最外层的电子构型为 18e 或 $(9\sim17)$e 型。当离子的电荷和离子半径大致相同时，不同构型的正离子对同种离子的结合力大小有如下规律：

8 电子构型的离子 <$(9\sim17)$电子构型的离子 <18 或 $(18+2)$电子构型的离子

c. 由于离子键的本质是离子间的静电引力作用，所以离子键没有方向性和饱和性。正、负离子可以看作点电荷，可以从各个方向吸引带有相反电荷的离子，不存在哪个方向的吸引更为有利，因此它们间的相互作用不存在方向性。与此同时，在空间条件许可的情况下，每个离子将可吸引尽可能多的相反离子，所以没有饱和性。

离子键的形成必须满足成键原子间的电负性差值尽可能大的原则。一般原子间电负性差值 $\Delta\chi > 1.7$ 时，发生电子转移，形成离子键；$\Delta\chi < 1.7$ 时，不发生电子转移，形成共价键。$\Delta\chi > 1.7$，实际上是指化学键中离子键的成分大于 50%。两元素间的电负性相差越大，原子间的电子转移也就越容易发生，形成离子键就越强。但是，即使是电负性最小的元素 Cs 与电负性最大的 F 形成的 CsF 离子晶体中，化学键中的离子性也只占 92%，仍有 8% 的共价性。

② 晶格能　由离子键形成的化合物为离子型化合物，相应的晶体为离子晶体。离子晶体中常用晶格能来表征离子键的强弱。

晶格能 $(U)$ 是在标准状态和一定温度下，由气态离子形成 1mol 离子晶体时所释放的能量，单位为 kJ·mol$^{-1}$。根据定义，晶格能为负值，但在通常情况下使用的数据手册中都会取正值。晶格能的绝对值越大，离子晶体就会越稳定。

人们可以根据波恩-哈伯循环来计算晶格能。但由于电子亲和能的测定比较困难，实验误差大，所以这样得到的晶格能通常称为晶格能实验值。例如，NaCl 的形成过程，可根据盖斯定律计算出循环中的任一未知值（图 3-18）。

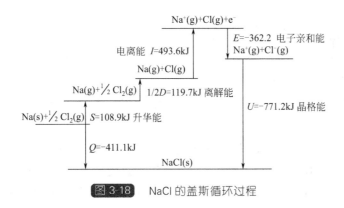

**图 3-18** NaCl 的盖斯循环过程

从 NaCl 晶体形成的盖斯循环中，可以求出反应 $Na(s)+\dfrac{1}{2}Cl_2(g)=NaCl(s)$ 放出的热量：

$$Q=(108.9+119.7+493.6-362.2-771.2)kJ=-411.1kJ$$

晶格能的大小可以体现 物质的宏观性质变化。晶格能越大的离子化合物越稳定，硬度和熔点越高，相应的热膨胀系数越小。

影响晶格能大小的因素主要是离子电荷和离子半径。一般而言，对于相同类型的离子晶体，离子电荷越高或半径越小，正负离子的核间距离越短，晶格能的绝对值就越大，表明离子键越牢靠。因此反应在离子晶体上会有较高的熔点、沸点和硬度。如 NaF、NaCl、NaBr 等离子晶体，随着卤离子半径的不断增大，熔点不断降低。

（2）共价键

离子键理论可以解释电负性值相差较大的离子化合物的成键与性质，但无法解释 $H_2$ 和 $CCl_4$ 等分子是怎样形成的。1916 年，美国化学家路易斯提出电负性相同或差值小的非金属元素原子形成的化学键为共价键，即原子间可共用一对或几对电子，以形成具有稳定稀有气体电子结构的分子。这就是早期的共价键理论。

路易斯结构式中用 "—" 表示一对共用电子对，"="表示两对共用电子对，"≡"表示三对共用电子对。如 $H_2$ 为 H—H，$N_2$ 为 N≡N，HCN 为 H—C≡N 等。这一理论对简单的非过渡元素分子或离子可以比较容易的写出结构式，但路易斯学说不能说明共价键的本质和分子的几何构型，不能解释 $BF_3$、$PCl_5$ 等非八隅体分子的形成，亦不能解释 $O_2$ 分子的顺磁性，存在明显的局限性。

① 共价键的形式及其本质　1927 年英国物理学家海特勒和德国物理学家伦敦应用量子力学求解氢分子的 Schrödinger 方程，成功地揭示了共价键的本质。随后

美国化学家鲍林和斯莱特将该方法推广应用于其他分子系统而发展成为价键理论，简称 VB 法或电子配对法。

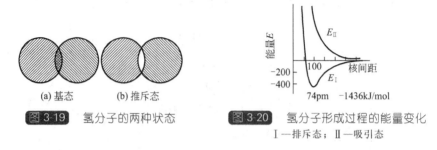

（a）基态　　　（b）推斥态

图 3-19　氢分子的两种状态　　　图 3-20　氢分子形成过程的能量变化

Ⅰ—排斥态；Ⅱ—吸引态

以 $H_2$ 分子的形成为例，当电子自旋状态方式相反的两个氢原子相互靠近时，随着核间距 $R$ 的减小，氢原子的两个 1s 原子轨道发生重叠（波函数相加），核间形成一个概率密度较大的区域 ［图 3-19（a）］。两个氢原子核被核间概率密度大的电子云吸引，系统能量不断降低，在核间距达到平衡距离 $R_e$（74pm）时，系统能量达到最低点，这种状态称为 $H_2$ 分子的基态（图 3-20）。如果两个氢原子核再靠近，原子核间斥力将迅速增大，使体系能量快速升高，排斥作用将会把氢原子推回平衡位置。

当电子自旋方式相同的两个氢原子相互靠近时，氢原子的两个 1s 轨道号叠加（即波函数相减），核间电子概率密度减小 ［图 3-19（b）］。两个氢原子核间斥力增大，系统能量升高，处于不稳定态，称为排斥态。由于排斥态的能量始终比两个孤立的氢原子的能量高，说明两个原子在排斥态时不能形成稳定的氢分子。

量子力学理论指出，共价键的本质是由于原子轨道重叠，原子核间电子概率密度增大，吸引原子核而成键。共价键的本质是电性的。

② 共价键理论基本要点

a. 原子中自旋相反的未成对电子相互接近时，系统能量降低，可相互配对形成稳定的化学键。原子有几个未成对电子便可以与自旋相反的未成对电子形成几个化学键。

若 A、B 各有一个未成对电子则形成一个单键，如 H—Cl；A、B 各有两个或三个自旋相反的未成对电子，则形成共价双键或叁键，如 O=O 或 N≡N；A 有两个或三个未成对电子，B 有一个未成对电子，则一个 A 和两个或三个 B 原子结合成 $AB_2$ 或 $AB_3$ 型分子，如 H—O—H、$NH_3$。在成键过程中，自旋相反的成单电子配对后会放出能量，使体系的能量降低。电子配对时放出的能量越多，形成的共价键就越稳定。

b. 在原子轨道对称性一致的前提下，原子轨道的重叠程度愈大，两核间电子的概率密度就愈大，形成的共价键就愈稳定。

共价键的本质是电性的，是两核间的电子云密集区对两核的吸引力，就原子间共享电子，通过共享的电子把两个带正电的原子核吸引在一起，从而形成稳定的分子。此外，形成共价键时，组成原子的电子云会发生很大的变化。

③ 共价键的特征

a. 共价键具有饱和性：在共价键结合的分子中，每个原子的成键总数或以单键相连的原子数目是一定的。因为共价键的本质是通过原子轨道的重叠和共用电子对形成的，每个原子的未成对电子数是一定的，所以能够形成的共用电子对也是一定的。例如，氧原子只能和两个氢原子结合，形成两个共价键，生成 $H_2O$ 水分子。

b. 共价键具有方向性：原子轨道除 s 轨道外，其余的轨道都有各自的伸展方向，在形成共价键时只有沿着一定的方向重叠，才能满足轨道的最大重叠，形成稳定的共价键，这就是共价键的方向性。如图 3-21 所示，在形成氯化氢分子时，氢原子的 1s 轨道与氯原子的 $3p_x$ 轨道只有沿着 $x$ 轴方向发生最大限度重叠，才能形成稳定的共价键 [图 3-21(a)]。从其他方向重叠，无法满足最大程度的有效重叠，不能形成共价键 [图 3-21(b)]。

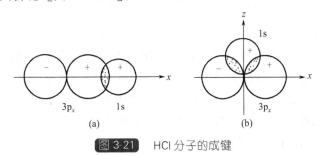

图 3-21　HCl 分子的成键

④ 共价键的类型　共价键按照不同的规则分类，可以有不同的类型，具体类型如下：

σ 键：原子轨道沿核间连线方向以"头碰头"方式进行重叠形成共价键，具有以核间连线（键轴）为对称轴的 σ 对称性，则称为 σ 键。

π 键：两个原子轨道以"肩并肩"地达到最大重叠，形成的共价键若对键轴呈平行对称，则称为 π 键。

大 π 键：三个或三个以上以 σ 键相连的原子处于同一平面，同时每个原子又有一个垂直于该平面且互相平行的 p 轨道，而这些 p 轨道上的电子总数 $m$ 又小于 p 轨道数 $n$ 的两倍（$2n$），这些 p 轨道重叠形成的 π 键称为大 π 键，用符号 $\prod_n^m$ 表示（读作 $n$ 中心 $m$ 电子大 π 键）。

由于成键原子轨道对键轴的对称性及其重叠方式不同，会导致原子轨道重叠部分的对称性不同。一般而言，共价单键为 σ 键，双键和三键存在于 π 键中且 π 键只能和 σ 键一起存在。以 $N_2$ 分子成键为例，其 2p 电子在三个不同伸展方向的 $2p_x$、$2p_y$、$2p_z$ 轨道上，当 $2p_x^1$ 与 $2p_x^1$ 之间以头碰头形成 σ 键时，$2p_y^1$ 与 $2p_y^1$，$2p_z^1$

与 $2p_z^1$ 就会以肩并肩的形式形成 π 键。此外，由于在成键的过程中，π 键轨道重叠程度要比 σ 键轨道重叠程度小，所以 π 键的键能比 σ 键的键能小，性质更加活泼，是化学反应的积极参与者。

⑤ 键参数　在共价型化合物中，描述共价键的参数有键级、键能、键长、键角及键的极性等一系列的物理量。了解这些参数，对了解和掌握化合物的性质具有重要的作用。

a. 键级：在分子轨道理论中，电子按轨道能量由低到高填入，电子填入成键轨道将使系统能量降低，填入反键轨道中会使系统能量升高，对成键起削弱或抵消作用。因此，分子成键轨道中电子越多，分子越稳定；反键轨道中电子越多，分子越不稳定。通常采用键级来描述分子的稳定性。

在价键理论中，用成键原子间的共价单键的数目表示键级。如 N≡N 分子中的键级＝3。在分子轨道理论中，把分子中成键电子与反键电子数差值的一半定义为键级。

$$键级＝\frac{成键轨道中的电子数－反键轨道中的电子数}{2}$$

分子的键级越大，表明共价键越牢固，分子也越稳定。

b. 键能：分子中共价键的强度也可以用键能来衡量。在标准状态下，气态分子拆开成气态原子时，每种键所需要能量的平均值即为该键的键能。对双原子分子来说，键能就是键的解离能，能够从热化学中直接测量得到。对于多原子分子，键能并不与键的解离能一致。例如，水分子中的两个 O—H 键，每个键的解离能是不一样的。O—H 的键能就是水分子的两个 O—H 键的平均值。

$$E(O—H) = (499 + 429)kJ \cdot mol^{-1}/2 = 464kJ \cdot mol^{-1}$$

把一个气态多原子分子全部分解成气态原子时所需要的能量叫原子化能，等于该分子中全部化学键键能的总和。

综上所述，键的解离能是解离分子中某一特定键所需要的能量。键能是指解离某种键的平均能量。气态分子的原子化能等于全部键能之和。在三个物理量中，键能是热力学能的一部分，在化学反应中键的形成与破坏，都与键能有关，涉及系统热力学能的变化。

通常情况下，键能 $E$ 越高，表明键的强度越大，化学键越牢固，分子稳定性增大。对同种原子的键能 $E$ 有：单键＜双键＜叁键。

例如，$E(C—C) = 346kJ \cdot mol^{-1} < E(C=C) = 610kJ \cdot mol^{-1} < E(C≡C) = 835kJ \cdot mol^{-1}$

在同主族元素的双原子分子中，从上到下，键能越来越小。然而，$F_2$ 的键能比 $Cl_2$ 和 $Br_2$ 的键能还要小。这主要是因为 F 原子的半径过小，原子核外电子间的排斥力太大，导致 $F_2$ 的键能变小。但是，氢化物，不论是金属氢化物还是非金属氢化物，同主族的分子自上而下键能都是逐渐减小。

　　c. 键长：分子中两个原子核间的平衡距离即为键长，用符号 $l$ 表示。键长和键能都是共价键的重要性质，可以由分子光谱或热化学测定。键长越长，表明原子核间距离越远，共价键越弱，键能越小。如卤化氢的键长依次增加，键的强度依次减弱，导致分子的热稳定性逐渐下降。表 3-9 列出了一些分子的键能和键长，从表中数据可知，键能越大，键长越短。

**表 3-9**　　一些分子的键能和键长

| 共价键 | 键能 $E/kJ \cdot mol^{-1}$ | 键长 $l/pm$ | 共价键 | 键能 $E/kJ \cdot mol^{-1}$ | 键长 $l/pm$ |
|---|---|---|---|---|---|
| H—H | 436 | 74.1 | C—C | 346 | 154 |
| H—F | 570 | 91.7 | C=C | 610 | 134 |
| H—Cl | 432 | 127.5 | C≡C | 835.1 | 120 |
| H—Br | 366 | 141.4 | C—H | 413 | 109 |
| H—I | 299 | 160.9 | N≡N | 946 | 110 |

　　d. 键角：分子中相邻的共价键之间的夹角即为键角。键长和键角是确定分子的空间构型的重要参数。目前通过单晶 X 射线衍射测定单晶的结构，同时给出形成晶体的分子键长和键角的所有数据。反之，如果知道了分子内全部的化学键键长和键角，便可以确定这些分子的几何构型。例如，水分子中 2 个 O—H 键之间的夹角为 $104.5°$，表明 $H_2O$ 分子就是 V 形结构。

　　e. 键的极性与键矩：当分子中的共价键由两个电负性不同的原子形成时，共用的电子对会部分或几乎完全地偏向于其中的一个原子，导致正负电荷的中心不重合，使键具有了极性。这种键称为极性键。由不同元素的原子之间形成的共价键都具有一定的极性。同种元素的两个原子之间形成共价键不具有极性，称为非极性键。

　　键极性大小可以通过键矩来衡量：

$$\mu = ql \tag{3-14}$$

　　式中，$q$ 为中心不重合的正负电荷所带的电量；$l$ 为两个原子的核间距。键矩也称作"偶极矩"，是一个矢量，其方向是从正电荷中心指向负电荷中心。

　　（3）金属键

　　金属键主要存在于金属中，可以看作是金属中的自由电子和金属正离子或原子之间的相互吸引作用。目前主要有两种理论模型（能带理论和改性共价键理论），来说明金属键的本质。改性共价键（或电子海模型）认为，不同于非金属元素的原子，大多数金属元素的价电子都少于 4 个（多数只有 1 或 2 个价电子），而金属中每个金属正离子周围要被 8 或 12 个相邻的金属正离子包围形成密堆积（这种密堆积结构已被单晶 X 射线衍射结果所证实），才能形成金属键。因此参与成键的少数价电子是自由运动的，属于整个金属晶体。这些共用电子将许多原子（或离子）黏合在一起所形成的金属键可以形象地描述为：金属离子沉浸在电子的海洋中，或者金属原子（或离子）之间有电子气在自由地流动。由于金属键是许多原子共用许多电子的一种特殊形式的共价键，因此，它不具有方向性和饱和性。

改性共价键理论能够非常好地解释金属的特性，如导电性、导热性、延展性等方面的性质。金属中的自由电子吸收可见光后，再以波的形式发射出去，因而金属一般有银白色的光泽和良好的反射性能。存在外加电场的时候，金属中的自由电子能够沿着外加电场定向流动而形成电流。由于电子在金属中运动时，会不断和原子或离子碰撞交换能量，所以当金属的某一部分受热时，通过自由电子的运动能够将热能传递到邻近的原子或离子，从而实现导热。金属的密堆积结构在受到外力作用的时候，上下相邻的原子层可以滑动而不破坏金属键，所以金属具有良好的延展加工性能。金属晶体的结构要求金属原子采用密堆积的方式来提高空间利用率，故金属的密度一般都比较大。金属能带理论将在后续章节进一步介绍。

### 3.2.2　分子轨道理论

原子是参与化学反应的最小单元，原子的核外电子排布式可以让人们了解原子反应的一些特性。但当原子形成分子时，仅靠 Lewis 的电子配对理论（球棍模型）和"八隅律"解释存在一定的局限性。例如，不能解释 $O_2$ 分子具有顺磁性问题。

众所周知，物质的磁性与分子中具有的成单电子数目有关。分子中不含有未成对电子时，物质在磁场中被磁场排斥，表现为抗磁性；分子中含有未成对电子时，物质在磁场中被磁场吸引，表现为顺磁性。一般可以用磁矩 $\mu$ 来表示物质的顺磁性强弱：

$$\mu = \sqrt{n(n+2)} \tag{3-15}$$

式中，$n$ 代表分子中的未成对电子数；$\mu$ 代表玻尔磁子，符号为"B. M."。

$O_2$ 分子按照 Lewis 理论应该形成分子间三重键，没有成单电子，但实验事实表明 $O_2$ 分子具有顺磁性。1932 年，莫立根、洪特和伦纳德-琼斯等人先后提出了分子轨道理论，简称 MO 法，成功地说明了 $O_2$ 分子的分子结构及其磁性。

（1）分子轨道理论要点

① 分子轨道理论认为，分子中的电子不是局限在原子轨道上运动，而是在分子轨道中运动。原子轨道和分子轨道都是一个描述核外电子运动状态的波函数 $\Psi$，区别在于前者是以一个原子的原子核为中心，后者是以两个或多个原子核为中心。

② 分子轨道是由组成分子的原子的原子轨道线性组合而成。例如，$H_2$ 分子的分子轨道是由两个能量相同的 H 原子 1s 原子轨道线性形成。

$$\Psi_I = C_a\psi_a + C_b\psi_b$$
$$\Psi_{II} = C_a{}'\psi_a - C_b{}'\psi_b$$

式中，$C_a$ 和 $C_b$ 等是常数；$\psi_a$ 和 $\psi_b$ 各代表一个氢原子的原子轨道。组合形成的分子轨道与组合前的原子轨道数目相等，但轨道能量不同。此外，原子轨道通过线性轨道组合成分子轨道之后，与原子轨道相比分子轨道的大小、形状及伸展方向等也会发生变化。

$\Psi_{\text{I}}$ 代表成键轨道，其能量（$E_{\text{I}}$）低于原子轨道（$E_{\text{a}}$ 和 $E_{\text{b}}$），是原子轨道同号重叠（波函数相加）形成的，电子出现在两核间的概率密度增大，形成的键比较强（图 3-22）。

$\Psi_{\text{II}}$ 代表反键轨道，其能量（$E_{\text{II}}$）高于原子轨道，是原子轨道异号重叠（波函数相减）形成的，电子在两核间出现的概率密度小，对成键不利。

由原子轨道线性组合而成的分子轨道中，成键轨道和反键轨道总是成对出现，且成键轨道能量与反键轨道能量总和等于组成分子轨道的原子轨道能量之和。

③ 根据原子轨道组合方式的不同，还可以将分子轨道分为 $\sigma$ 轨道和 $\pi$ 轨道。

例如，s 轨道和 s 轨道线性组合形成成键分子轨道 $\sigma$ 和反键分子轨道 $\sigma^*$。如图 3-23 所示，成键分子轨道中电子在两核间出现的概率增大，而反键电子轨道在两核间有节面。p 轨道与 p 轨道形成原子轨道时，可以有"头碰头"和"肩并肩"两种方式（图 3-24）。

图 3-22 分子轨道的形成

图 3-23 s-s 轨道重叠形成的 $\sigma$ 成键和 $\sigma^*$ 反键轨道

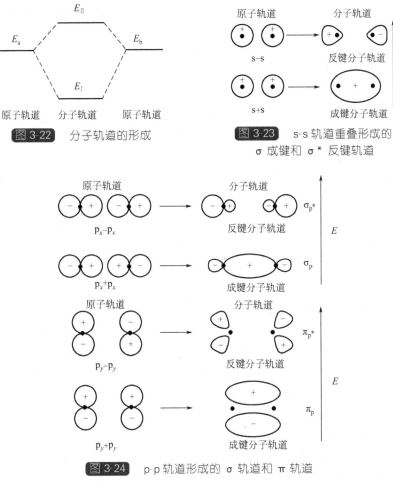

图 3-24 p-p 轨道形成的 $\sigma$ 轨道和 $\pi$ 轨道

如果 2 个原子的 $p_x$ 轨道沿 $x$ 轴以"头碰头"方式重叠，将形成一个 σ 成键分子轨道和一个 $σ^*$ 反键分子轨道。与此同时，与 2 个原子的 $p_y$ 轨道和 $p_z$ 轨道之间只能以"肩并肩"的方式发生重叠，形成 π 成键分子轨道和 $π^*$ 反键分子轨道。

④ 原子轨道组合成分子轨道必须满足对称性匹配、能量相近和轨道最大重叠三个原则。

【对称性匹配原则】原子轨道在空间有一定的伸展方向。如果某原子轨道以 $x$ 轴为对称轴旋转 $180°$，轨道形状和符号不可区分，则该原子轨道具有 σ 对称性，如 s 轨道；如果轨道形状不可区分，但符号发生了变化，则表明原子轨道具有 π 对称性。p 轨道和 d 轨道类似，有 σ 对称和 π 对称之分。$p_x$ 和 $d_{yz}$ 轨道为 σ 对称性，其余轨道为 π 对称性。只有对称性相同的原子轨道才能组合成分子轨道。

【能量相近原则】只有能量相近的原子轨道才能有效组合形成分子轨道。尤其是对于不同原子的原子轨道间的组合选择尤为重要。如生成 HF 分子时，只有 F 原子的 2p 轨道与 H 原子的 1s 轨道能量相近，可以组成分子轨道。

【轨道最大重叠原则】在满足对称性匹配和能量相近原则的前提下，原子轨道重叠程度越大，形成的共价键越稳定。

此外，电子在分子轨道中填充时，也需遵循能量最低原理，Pauli 不相容原理及 Hund 规则。

（2）分子轨道能级图

通过光谱实验数据可以确定分子轨道的能级次序，将分子轨道能级按高低排列后就可以得到分子轨道的能级图。第二周期元素形成的同核双原子分子的分子轨道能级示意图存在两种情况（图 3-25）。(a) 图中原子的 2s 和 2p 原子轨道能量相差较大，轨道间相互影响较小，$σ_{2p}$ 轨道小于 $π_{2p}$ 轨道。(b) 图中，原子的 2p 和 2s 轨道能量相差较小，当原子相互靠近时，不仅发生 s-s 重叠、p-p 重叠，而且会发生 s-p 轨道间的作用，导致能级顺序的改变，使 $π_{2p}$ 能级低于 $σ_{2p}$。

如图 3-25 所示，能级图中的一个短横线表示一个原子轨道或一个分子轨道，图中 (a)、(b) 两能级图的差异在于 $σ_{2p}$ 和 $π_{2p}$ 能级次序不同。对于 O 和 F 等原子形成的同核双原子分子，由于 2s 和 2p 原子轨道能量相差较大，不必考虑轨道间的相互作用，分子的轨道能级图按照 (a) 图顺序排列。对于 N、C、B 等原子形成的同核双原子分子，由于 2s 和 2p 轨道能级比较接近，存在相互作用，导致出现 $σ_{2p}$ 轨道能级高于 $π_{2p}$ 轨道的能级，出现能级颠倒的现象，分子轨道能级图按 (b) 图排列。

从同核双原子分子的轨道能级图可知，两个原子轨道重叠后形成的成键分子轨道能量比原子轨道的能量低，而反键分子轨道的能量比原子轨道高。分子轨道理论认为，全部的电子都属于分子所有，电子进入成键分子轨道将使系统的能量降低，对成键有贡献；电子进入反键分子轨道使系统的能量升高，对成键起到削弱或抵消的作用。电子是先进入到成键轨道，当成键轨道填满后，再进入反键轨道。成键轨道中电子多，分子越稳定；反键轨道上的电子多，分子不稳定。

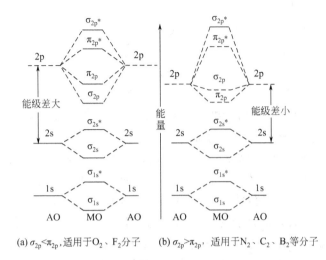

(a) $\sigma_{2p} < \pi_{2p}$，适用于 $O_2$、$F_2$ 分子　　(b) $\sigma_{2p} > \pi_{2p}$，适用于 $N_2$、$C_2$、$B_2$ 等分子

图 3-25　同核双原子分子的分子轨道能级

按分子轨道能级图 3-24 所示，轨道的形状和能量相同的分子轨道，称为简并分子轨道，如 $\pi_{2p_y}$ 和 $\pi_{2p_z}$。根据同核双原子分子轨道能级示意图 3-25，$N_2$ 分子的分子轨道电子排布式为：

$$N_2\big[(\sigma_{1s})^2(\sigma_{1s}^*)^2(\sigma_{2s})^2(\sigma_{2s}^*)^2(\pi_{2p_z})^2(\pi_{2p_y})^2(\sigma_{2p_x})^2\big]$$

$$或\ N_2\big[KK(\sigma_{2s})^2(\sigma_{2s}^*)^2(\pi_{2p_y})^2(\pi_{2p_z})^2(\sigma_{2p_x})^2\big]$$

KK 代表内层对成键没有贡献的电子。从该分子的分子轨道电子排布式可知，对成键有贡献的主要是 $(\pi_{2p})^4$ 和 $(\sigma_{2p})^2$ 这 3 对电子，即形成 2 个 $\pi$ 键和 1 个 $\sigma$ 键。这 3 个键构成 $N_2$ 中的叁键。分子中不存在成单电子，表现为抗磁性。

$O_2$ 分子的分子轨道电子排布式为：

$$\big[(\sigma_{1s})^2(\sigma_{1s}^*)^2(\sigma_{2s})^2(\sigma_{2s}^*)^2(\sigma_{2p_x})^2(\pi_{2p_y})^2(\pi_{2p_z})^2(\pi_{2p_y}^*)^1(\pi_{2p_z}^*)^1\big]$$

或　　$$\big[KK(\sigma_{2s})^2(\sigma_{2s}^*)^2(\pi_{2p_y})^2(\pi_{2p_z})^2(\sigma_{2p_x})^2(\pi_{2p_y}^*)^1(\pi_{2p_z}^*)^1\big]$$

根据 Hund 规则，最后 2 个电子将以自旋方式相同的状态填充在 2 个 $\pi_{2p}^*$ 的简并反键轨道。因此，$O_2$ 分子中有 2 个自旋方式相同的未成对电子，这一事实成功地解释了 $O_2$ 的顺磁性。

**例 3-5**　写出 $O_2$、$O_2^-$、$O_2^{2-}$ 的分子轨道电子分布式，说明它们是否能稳定存在，并指出它们的磁性。

**解：** $O_2$　$\big[(\sigma_{1s})^2(\sigma_{1s}^*)^2(\sigma_{2s})^2(\sigma_{2s}^*)^2(\sigma_{2p_x})^2(\pi_{2p_y})^2(\pi_{2p_z})^2(\pi_{2p_y}^*)^1(\pi_{2p_z}^*)^1\big]$

从 $O_2$ 分子中的电子在分子轨道上的分布可知，$O_2$ 分子有一个 $\sigma$ 键，两个三电子 $\pi$ 键，键级为 2，所以该分子能稳定存在。它有两个未成对的电子，具有顺磁性。

$O_2^-$　$\big[(\sigma_{1s})^2(\sigma_{1s}^*)^2(\sigma_{2s})^2(\sigma_{2s}^*)^2(\sigma_{2p_x})^2(\pi_{2p_y})^2(\pi_{2p_z})^2(\pi_{2p_y}^*)^2(\pi_{2p_z}^*)^1\big]$

$O_2^-$ 分子离子比 $O_2$ 分子多一个电子，这个电子应分布在 $\pi_{2p_y}^*$ 分子轨道上，该分子离子尚有一个 σ 键，一个三电子 π 键，键级为 1.5，所以也能稳定存在。由于仍有一个未成对电子，有顺磁性。

$$O_2^{2-} \quad [(\sigma_{1s})^2(\sigma_{1s}^*)^2(\sigma_{2s})^2(\sigma_{2s}^*)^2(\sigma_{2p_x})^2(\pi_{2p_{y,z}})^4(\pi_{2p_{y,z}}^*)^4]$$

$O_2^{2-}$ 分子离子比 $O_2$ 分子多两个电子，使其 $\pi_{2p}^*$ 轨道上的电子也都配对，它们与 $\pi_{2p}$ 轨道上的电子对成键的贡献基本相抵，该分子离子有一个 σ 键，键级为 1，不如前述稳定，无未成对电子，为抗磁性。

同核双原子分子轨道能级图之所以会出现两种排列顺序，原因在于分子轨道的能量受到组成分子轨道的原子轨道的影响，而原子轨道的能量与原子的核电荷（原子序数）有关。一般随着原子序数的增加，同核双原子分子的分子轨道能量有所下降。对于异核双原子分子的分子轨道能级顺序，原则上可以类似同核双原子分子来处理，如 CO 分子与 $N_2$ 分子都具有 14 个电子，将占据同样的分子轨道。这样的分子称为等电子体，它们间的性质非常类似。

**例 3-6** 写出 CO 的分子轨道图和电子排布式。

解：CO 和 $N_2$ 分子是等电子体（14 电子），所以 CO 的分子轨道图与 $N_2$ 分子类似，$\sigma_{2p}$ 轨道能级高于 $\pi_{2p}$ 轨道的能级，出现能级颠倒的现象。

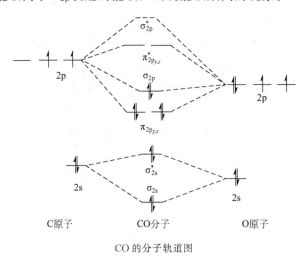

CO 的分子轨道图

因此，CO 分子的分子轨道电子排布式为：$[(\sigma_{1s})^2(\sigma_{1s}^*)^2(\sigma_{2s})^2(\sigma_{2s}^*)^2(\pi_{2p_{y,z}})^4(\sigma_{2p_x})^2]$。

### 3.2.3 杂化轨道理论

分子轨道理论能够很好地解释物质的相关性能，但是无法解释分子的几何构型。例如，$CH_4$ 分子经测试可知为正四面体构型，C 原子居于正四面体的中心，∠HCH 为 109.5°。已知 C 原子的外层电子构型是 $2s^22p^2$，只有 2 个未成对的 p 电子，如何能形成 4 个 C—H 共价键，并且 C 原子的 p 轨道之间夹角为 90°，与 $CH_4$

分子中∠HCH 为 109.5°的事实相差较远。

针对这些实验事实，鲍林和斯莱特于 1931 年提出了杂化轨道理论，较好地解释了分子的空间构型和稳定性。

（1）杂化轨道理论的要点

在原子间相互作用形成分子的过程中，若干不同类型能量相近的原子轨道相互叠加，重新组合成一组新的原子轨道的过程，称作杂化。通过杂化生成的新轨道称作杂化轨道。

新的杂化轨道与原子轨道相比，不仅形状、能量发生了改变，而且轨道的空间伸展方向也发生了变化，从而导致了共价型多原子分子或离子可以具有不同的空间构型。但原子轨道的杂化只有在形成分子的过程中才会发生，孤立的原子不会发生杂化。

杂化轨道在某些方向上的角度分布更集中，因而杂化轨道比未杂化的原子轨道成键能力强，使形成的共价键更加稳定。不同类型的杂化轨道有不同的空间取向，从而决定了没有参与杂化的轨道仍保持原有的形状。

此外，同一原子内有 $n$ 个原子轨道参与杂化，就可得到 $n$ 个杂化轨道，轨道在杂化前后的数目不变。例如 $CH_4$ 分子中 C 原子与 H 原子成键时，C 原子外层的 1 个 s 轨道和 3 个 p 轨道先激发后杂化，重新组成 4 个 $sp^3$ 新轨道。在这些新轨道中，每一个新轨道都含有 1/4s 和 3/4p 的成分，叫做 $sp^3$ 杂化轨道（图 3-26）。

（2）杂化轨道的类型

① sp 杂化　同一原子内由一个 $ns$ 轨道和一个 $np$ 轨道线性组合得到的两个杂化轨道的过程称为 sp 杂化。两个新轨道称为 sp 杂化轨道。每个 sp 杂化轨道包含着 1/2 的 s 轨道成分和 1/2 的 p 轨道成分，两个杂化轨道的夹角为 180°，几何构型为直线形（图 3-27）。

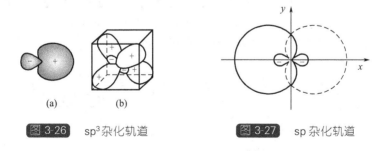

图 3-26　$sp^3$ 杂化轨道　　图 3-27　sp 杂化轨道

例如，$BeCl_2$ 是直线形共价分子，Be 原子的 2s 和 2p 轨道进行杂化形成两个 sp 杂化轨道，Be 原子的两个价电子分别处在两个 sp 杂化轨道上，当与 Cl 原子成键时，含有单电子的两个 sp 杂化轨道分别与 Cl 原子进行配对成键（如图 3-28 所示）。

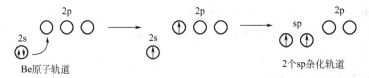

图 3-28 Be 原子的 sp 杂化

② sp² 杂化 同一原子内由一个 $ns$ 原子轨道与两个 $np$ 原子轨道发生的杂化，称为 sp² 杂化。杂化后得到的三个新轨道即为 sp² 杂化轨道。sp² 杂化轨道含 1/3 的 s 轨道成分和 2/3 的 p 轨道成分，轨道夹角为 120°，轨道的伸展方向指向平面三角形的 3 个顶点 [图 3-29(a)]，几何构型为平面三角形。

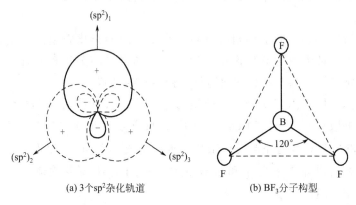

(a) 3个sp²杂化轨道　　　　　(b) BF₃分子构型

图 3-29 sp² 杂化轨道与 BF₃ 分子结构

例如，BF₃ 中硼原子的电子层结构为 $1s^2 2s^2 2p^1$，为了形成 3 个 σ 键，硼的 1 个 2s 电子要先激发到 2p 的空轨道上去，然后经 sp² 杂化形成 3 个 sp² 杂化轨道（图 3-30），B 原子的 3 个价电子各占据在 3 个 sp² 杂化轨道，当 B 原子与 F 原子进行成键时，含有单电子的 3 个 sp² 杂化轨道分别接受 F 原子提供的单电子而进行成键，因 sp² 杂化轨道在空间是指向正三角形三个顶点的方向，而 B 原子最外层没有孤对电子，所以 BF₃ 分子的空间构型为平面三角形 [图 3-29(b)]。

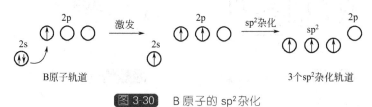

图 3-30 B 原子的 sp² 杂化

③ sp³ 杂化 同一原子内由 1 个 $ns$ 原子轨道和 3 个 $np$ 原子轨道参与杂化，形成 sp³ 杂化轨道的过程称为 sp³ 杂化。杂化形成的 4 个新的轨道称为 sp³ 杂化轨道。每一个 sp³ 杂化轨道都含有 1/4 的 s 成分和 3/4 的 p 成分，轨道之间的夹角为

109.5°，几何构型为四面体。例如，$CH_4$ 中碳原子的杂化就属于这种杂化（图 3-31）。C 原子的价电子构型为 $2s^2 2p^2$，与 H 成键时，首先 1 个 2s 和 3 个 2p 轨道进行杂化形成 4 个 $sp^3$ 杂化轨道。$sp^3$ 杂化轨道变成了一头大，一头小的形状。在形成共价键的过程中，较大的一头比未杂化的 p 轨道重叠程度更大。C 原子的 4 个价电子分别分布在 4 个 $sp^3$ 杂化轨道。当 C 原子与 H 原子形成共价键时，C 原子中含有单电子的 4 个 $sp^3$ 杂化轨道各接受 1 个 H 原子提供的 1 个电子配对成键。由于 $sp^3$ 杂化轨道呈正四面体，且 C 原子价层结构的轨道中没有孤对电子，所以 $CH_4$ 分子为正四面体（图 3-32）。

**图 3-31**　$CH_4$ 分子中的 $sp^3$ 杂化

**图 3-32**　$CH_4$ 的分子结构

④ $sp^3d$ 杂化　同一原子内由 1 个 $ns$ 原子轨道和 3 个 $np$ 原子轨道和 1 个 $nd$ 原子轨道参与杂化的过程，称为 $sp^3d$ 杂化。杂化所形成的 5 个新轨道即为 $sp^3d$ 杂化轨道。每个形成的 $sp^3d$ 杂化轨道含有 1/5 的 s 轨道成分、3/5 的 p 轨道成分和 1/5 的 d 轨道成分。5 个 $sp^3d$ 杂化轨道分别指向三角双锥的 5 个顶点方向，杂化轨道间夹角分别为 90° 和 120°。例如 $PCl_5$ 分子就采用 $sp^3d$ 杂化，具有三角双锥形几何构型。$PCl_5$ 中 P 原子的电子层结构为 $1s^2 2s^2 2p^6 3s^2 3p^3$，在 $PCl_5$ 分子的形成过程中，首先是 P 原子 3s 轨道上的 1 个电子激发到 3d 轨道，然后 1 个 3s 轨道、3 个 3p 轨道和 1 个 3d 轨道进行杂化形成 5 个 $sp^3d$ 杂化轨道，每个 $sp^3d$ 杂化轨道上占据着 1 个单电子，当 P 原子与 Cl 原子成键时（图 3-33），含有单电子的 5 个 $sp^3d$ 杂化轨道分别接受 Cl 原子提供的单电子。因 P 原子的价电子全部参与形成共价键，无孤对电子存在，所以 $PCl_5$ 分子的构型与 $sp^3d$ 杂化轨道的空间构型一致，也是三角双锥形（图 3-34）。

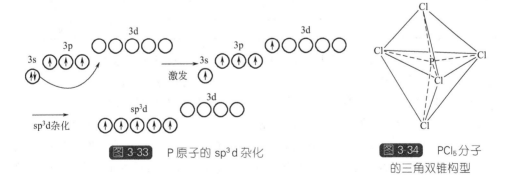

**图 3-33**　P 原子的 $sp^3d$ 杂化

**图 3-34**　$PCl_5$ 分子的三角双锥构型

⑤ sp³d² 杂化　由 1 个 $ns$ 原子轨道和 3 个 $np$ 原子轨道和 2 个 $nd$ 原子轨道参与杂化，形成 6 个 sp³d² 杂化轨道，杂化轨道间夹角为 90° 和 180°，在空间排列成正八面体构型。例如 $SF_6$ 中 S 原子的电子层结构为 $1s^2 2s^2 2p^6 3s^2 3p^4$，$SF_6$ 分子在形成的过程中，首先是 S 原子的 3s 轨道上的一个电子和 3p 轨道上孤对电子中的一个电子分别激发到 2 个 3d 轨道上，然后 1 个 3s 轨道 3 个 3p 轨道和 2 个 3d 轨道进行杂化形成 6 个 sp³d² 杂化轨道。S 原子的 6 个价电子分别占据在 6 个 sp³d² 杂化轨道上，当 S 原子与 F 原子进行成键时（图 3-35），含有单电子的 6 个 sp³d² 杂化轨道分别接受 F 原子提供的单电子进行配对成键。又因为 S 原子的 6 个价电子全部参与成键，所以 $SF_6$ 的分子结构与 sp³d² 杂化轨道的空间构型一致，是正八面体结构（图 3-36）。

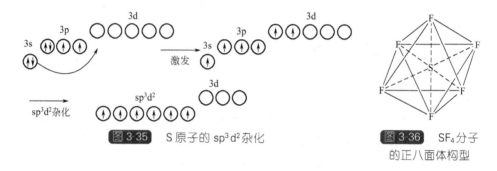

图 3-35　S 原子的 sp³d² 杂化

图 3-36　$SF_4$ 分子的正八面体构型

总之，以上杂化轨道的共同特点是由不同类型的原子轨道，重新组合成的一组能量简并，所含 s、p、d 等轨道成分相等的杂化轨道，这种杂化过程称为等性杂化。常见的等性杂化轨道类型及其分子构型总结如表 3-10 所示。

表 3-10　常见的等性杂化轨道类型及其分子构型总结

| 杂化轨道 | 杂化轨道数目 | 键角/(°) | 分子几何构型 | 实例 |
|---|---|---|---|---|
| sp | 2 | 180 | 直线形 | $BeCl_2$，$CO_2$ |
| sp² | 3 | 120 | 平面三角形 | $BF_3$，$AlF_3$ |
| sp³ | 4 | 109.5 | 四面体 | $CH_4$，$CCl_4$ |
| sp³d | 5 | 90,120 | 三角双锥 | $PCl_5$，$AsF_5$ |
| sp³d² | 6 | 90 | 八面体 | $SF_6$，$SiF_6^{2-}$ |

⑥ sp³ 不等性杂化　除了上述提到的等性杂化外，有些分子参与杂化的原子轨道不仅含有未成对电子的原子轨道，还包含有偶合成对电子的原子轨道或者没有电子的空原子轨道。原子轨道杂化后所生成的杂化轨道的形状或轨道中的 s、p、d 成分并不相等，杂化轨道的能量也不相等，这种杂化称作不等性杂化。例如，$NH_3$ 分子中的 N 原子就是采取 sp³ 不等性杂化（图 3-37）。N 原子的价电子层结构为 $2s^2 2p^3$，在形成 $NH_3$ 分子时，N 的 1 个 2s 轨道（含有孤对电子）和 3 个 2p 轨道（每个 2p 轨道上有 1 个电子）进行 sp³ 不等性杂化，形成 sp³ 不等性杂化轨道。

在这 4 个 $sp^3$ 杂化轨道中，含有孤对电子的 1 个 $sp^3$ 杂化轨道与其他含有单电子的 $sp^3$ 杂化轨道是不同的，当 N 原子与 H 原子成键时，只有含有单电子的 3 个 $sp^3$ 杂化轨道分别与 3 个 H 原子形成 3 个 σ 键。因为 N 原子的 1 个 $sp^3$ 有孤对电子，它对相邻的其他 3 对成键电子具有较大的排斥作用，迫使∠HNH 的键角减小，为 107°（小于 109.5°），分子呈三角锥形（图 3-38）。

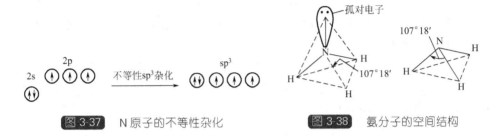

图 3-37　N 原子的不等性杂化　　图 3-38　氨分子的空间结构

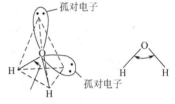

同样氧原子的价电子层结构为 $2s^2 2p^4$，在形成 $H_2O$ 分子时，有两对孤对电子，斥力更大，键角更小，分子呈 V 形（图 3-39）。等性杂化和不等性杂化最大的区别在于，等性杂化中杂化轨道的空间构型与分子的构型完全相同，而不等性杂化两者不相同。

图 3-39　水分子的空间结构

### 3.2.4　价层电子对互斥理论

价层电子对互斥理论（简称 VSEPR 法）由西奇威克与鲍威尔在 1940 年提出，吉莱斯皮和尼霍姆在 1957 年加以发展。该理论是基本要点是，以共价键结合的 $AB_n$ 型分子，总是采取中心原子或离子（A）价层电子对相互排斥最小的那种几何构型。VSEPR 法在判断共价分子的空间构型方面，非常简便、实用，且与实验事实相吻合。

价层电子对互斥理论基本要点如下：

① 当中心原子 A 形成 $AX_m L_n$ 型分子时（X 为配位原子或原子团，L 为孤对电子），分子的空间构型取决于中心原子 A 的价电子层电子对数（VPN）。分子的价层电子对包括成键电子对与未成键孤对电子。

② 分子的空间构型采取价层电子对互斥作用最小的构型。将分子中心原子的价层视为一个球面，价层电子对按能量最低原则，尽可能地相互远离。价层电子对的排布方式如表 3-11 所示。

表 3-11　价层电子对的排布方式

| 价层电子对数(VPN) | 2 | 3 | 4 | 5 | 6 |
|---|---|---|---|---|---|
| 排列方式 | 直线形 | 平面三角形 | 正四面体或平面四边形 | 三角双锥形 | 正八面体形 |

③ 价层电子对间斥力大小与电子对之间的夹角大小以及价层电子对的类型有关。一般情况下，电子对间的夹角越小，斥力越大。价层电子对间斥力大小顺序为：

孤对电子-孤对电子＞孤对电子-成键电子对＞成键电子对-成键电子对

叁键＞双键＞单键

通常情况下，当分子中存在双键或叁键时，可以把双键或叁键看作是孤对电子来处理。如果中心原子的价层电子总数为奇数，即出现单电子，可把此单电子当作一对电子来处理。

④ 中心原子 A 的价层电子对数 VPN 等于成键电子对数 $m$ 和孤对电子数 $n$ 之和（VPN＝$m+n$）。$AX_mL_n$ 分子的几何构型与价层电子对数、成键电子对数及孤电子对数之间的关系如表 3-12 所示。

**表 3-12　常见的分子构型**

| 价层电子对数 | 孤对电子数 | 分子类型 | 杂化类型 | 分子空间构型 | 实　例 |
|---|---|---|---|---|---|
| 2 | 0 | $AX_2$ | sp | 直线形  | $BeCl_2$，$CS_2$ |
| 3 | 0 | $AX_3$ | $sp^2$ | 三角形 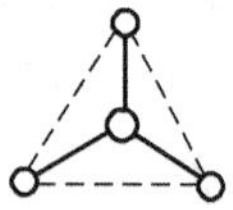 | $BF_3$，$SO_3$ |
| | 1 | $AX_2$ | | V 形 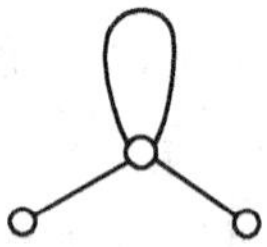 | $SO_2$，$NO_2$ |
| 4 | 0 | $AX_4$ | $sp^3$ | 四面体 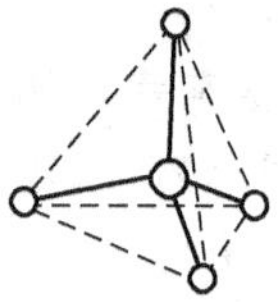 | $CH_4$，$SO_4^{2-}$ |
| | 1 | $AX_3$ | | 三角锥 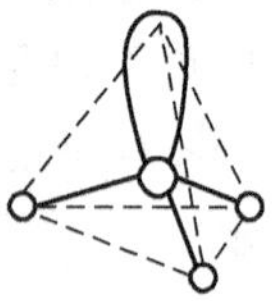 | $NH_3$，$SO_3^{2-}$ |
| | 2 | $AX_2$ | | V 形 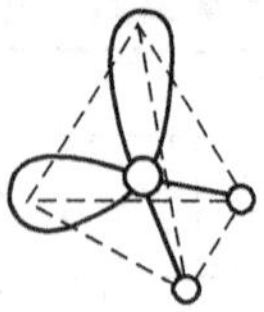 | $H_2O$，$H_2S$ |

续表

| 价层电子对数 | 孤对电子数 | 分子类型 | 杂化类型 | 分子空间构型 | | 实 例 |
|---|---|---|---|---|---|---|
| 5 | 0 | $AX_5$ | $sp^3d$ | 三角双锥 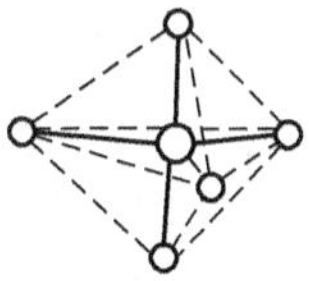 | | $PCl_5$ |
| | 1 | $AX_4$ | | 变形四面体 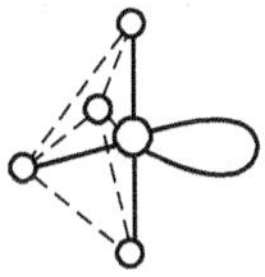 | | $SF_4$ |
| | 2 | $AX_3$ | | T 形 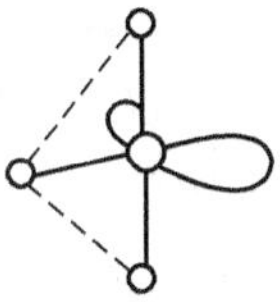 | | $ClF_3, BrF_3$ |
| | 3 | $AX_2$ | | 直线形 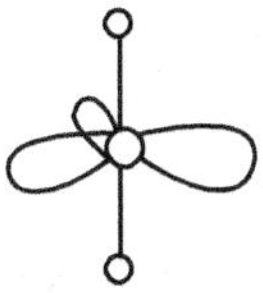 | | $I_3^-, IF_2^-$ |
| 6 | 0 | $AX_6$ | $sp^3d^2$ | 八面体 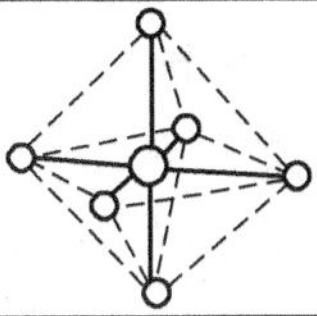 | | $SF_6$ |
| | 1 | $AX_5$ | | 四方锥 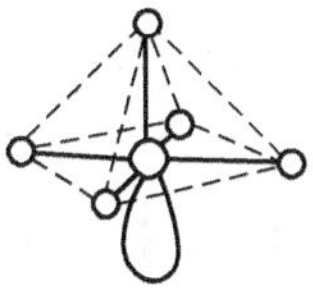 | | $IF_5, BrF_5$ |
| | 2 | $AX_4$ | | 平行四边形 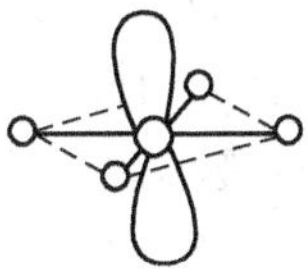 | | $XeF_4, ICl_4^-$ |

⑤ 确定分子几何构型的步骤

a. 确定中心原子的价层电子对数。中心原子 A 的价层电子对数 VPN 可以用下式来计算。

$$VPN = \frac{A\ 的价电子数 + X\ 提供的价电子数 \pm 离子电荷}{2}$$

当离子为正电荷时，用负号"－"，表示总的价电子减少；当离子为负电荷时，用正号"＋"，表示总的价电子增加。

A 的价电子数等于中心原子 A 所在的族数。配位原子 X 的元素通常为氢、卤素、氧和硫。计算配位原子 X 提供的价电子数时，氢和卤素提供一个电子，氧和硫原子不提供电子。

例如 $BF_3$ 的分子中，B 原子的电子层结构为 $1s^2 2s^2 2p^1$，最外层价电子数为 3，F 作为配位原子提供一个价电子，故 VPN＝$(3+3×1)/2=3$。

$NH_4^+$ 中，N 原子的电子层结构为 $1s^2 2s^2 2p^3$，最外层价电子数为 5，每个 H 作为配位原子提供一个价电子，离子带正电荷应减去相应的电荷数，故 VPN＝$(5+4×1-1)/2=4$。

$SO_4^{2-}$ 中，S 的价电子数为 6，O 作为配位原子不提供孤对电子，离子带负电应加上相应的电荷数，故 VPN＝$(6+4×0+2)/2=4$。

$NO_2$ 分子中，N 的价电子为 5，O 作为配位原子不提供孤对电子，VPN＝$(5+2×0)=2.5≈3$，此时单电子当做一对电子处理。

b. 根据中心原子 A 的价层电子对数，确定价层电子对的排布方式。

c. 确定中心原子的孤对电子数 $n$，推断分子的几何构型。孤对电子数可通过下式计算：

$n$＝(中心原子 A 的价电子－A 与配位原子 X 成键用去的价电子数之和)/2

例如 $NH_3$ 分子的 VPN＝$(5+3×1)/2=4$，分子的价层电子对构型为正四面体；分子中的孤对电子为 $n=(5-3)/2=1$，所以孤对电子要占据正四面体的一个顶点，分子的空间构型为三角锥。

d. 配位原子按几何构型排布在中心原子周围，每一对电子连接一个配位原子，孤对电子也要占据一个排斥作用最小的位置。

例如，$CH_4$ 分子中 C 原子的价层电子对数为 VPN＝$(4+1×4)/2=4$，孤对电子数为 $n=(4-1×4)=0$。所以 $CH_4$ 分子的价层电子对排布与分子的空间构型一致，为正四面体形。

$ClF_3$ 分子中，Cl 作为中心原子提供的价层电子对数为 VPN＝$(7+1×3)/2=5$，因此价层电子对应排布为三角双锥构型。孤对电子数为 $n=(7-1×3)/2=2$，需占据三角双锥构型中的两个顶点。$ClF_3$ 可能有下面三种几何构型：

考虑空间构型必须有最小的排斥力，孤对电子-孤对电子＞孤对电子-成键电子对＞成键电子对-成键电子对，图 3-40(b) 存在 90°的孤对电子-孤对电子，分子构型斥力最大；图 3-40(c) 存在 90°的孤对电子-成键电子对，比图 3-40(a) 的数目要多，所以图 3-40(c) 的分子构型斥力比图 3-40(a) 大。所以，最终考虑价层电子对间斥力大小，$ClF_3$ 分子的空间构型为图 3-40(a) 的 T 构型。

**例 3-7** 用价层电子对互斥理论解释 $ICl_4^-$ 的空间构型，并指出其中心原子的轨道杂化方式。

答：I 原子作为中心原子时提供的价电子数为 7，Cl 原子作为配位原子时提供的价电子数为 1，故对 $ICl_4^-$ 有

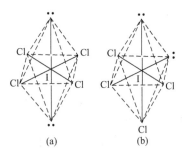

图 3-40　$CIF_3$ 分子的三种几何构型

| 项目 | 孤对电子-孤对电子（90°） | 孤对电子-成键电子对（90°） | 成键电子对-成键电子对（90°） |
|---|---|---|---|
| (a) 图 | 0 | 4 | 2 |
| (b) 图 | 1 | 3 | 2 |
| (c) 图 | 0 | 6 | 0 |

VPN＝（A 的价电子数＋X 提供的价电子数±离子电荷）/2＝（7＋1×4＋1）/2＝6

$n$＝（中心原子 A 的价电子－A 与配位原子 X 成键用去的价电子数之和）/2＝（7＋1－4）/2＝2

故 $ICl_4^-$ 价层电子对构型为六配位的正八面体，由于具有两对孤对电子要占据正八面体的两个顶点，此时存在两种情况：

| 项目 | 孤对电子-孤对电子（90°） | 孤对电子-成键电子对（90°） |
|---|---|---|
| (a) 图 | 0 | 8 |
| (b) 图 | 1 | 6 |

故（b）图分子结构中，价层电子对所受的斥力比（a）图中分子结构中价层电子对所受斥力大，所以分子采用（a）图的结构。

**例 3-8**　请用 VSEPR 理论预测 $SO_2Cl_2$ 的立体构型，并指出分子中各键间键角的大小有何区别？

解：$SO_2Cl_2$ 分子中 S 的价电子为 6，O 原子作为配位原子不提供价电子，Cl 原子作为配位原子提供一个电子，故分子的价层电子对为：

VPN＝（6＋2×0＋2×1）/2＝4

表明 $SO_2Cl_2$ 分子的价层电子对的空间构型为四面体构型。分子中的孤对电子为：

$n=$（中心原子 A 的价电子－A 与配位原子 X 成键用去的价电子数之和）$/2=$（$6-2\times2-2\times1$）$=0$

因为分子中不存在孤对电子，分子的空间构型与价层电子对构型一致。又因为 S＝O 键是双键，S—Cl 键是单键，且双键-双键之间的斥力＞双键-单键之间的斥力＞单键-单键之间的斥力，所以∠O—S—O＞∠O—S—Cl＞∠Cl—S—Cl，$SO_2Cl_2$ 分子的立体结构是变形的四面体构型。

### 3.2.5　配合物的化学键理论

这里我们要进一步介绍配合物的化学键理论。配合物涉及的化学键理论主要有价键理论、晶体场理论和分子轨道理论三种。其中，价键理论可以看作杂化轨道理论和电子对成键理论在配合物体系的应用和发展，对于解释配合物的几何构型和磁性有很大的贡献。尽管该理论提出得早，但由于未涉及反键、非键轨道，难以解释配合物的电子光谱和稳定性，目前已较少使用，但讨论化学键时使用杂化的概念仍得到了广泛认同。晶体场理论是一种静电作用理论，考虑的是配体形成的晶体场对中心离子 d 电子轨道能量的影响。分子轨道理论将配合物看作是中心离子和配体形成的分子整体，从而能做进一步的定量处理。晶体场理论和分子轨道理论具有密切的联系。以下主要对价键理论和晶体场理论进行介绍。

（1）价键理论

① 价键理论的基本要点：

a. 在形成配合物时，配体提供的孤对电子将进入中心原子或离子空的价电子轨道形成配位键；

b. 为了形成结构对称的配合物，中心原子或离子空的价电子轨道必须首先形成杂化轨道，然后再与配体的孤对电子成键；

c. 中心原子或离子形成不同的杂化轨道将使配合物分子具有不同的空间构型。

**表 3-13**　中心原子或离子杂化轨道类型及其空间构型

| 配位数 | 杂化轨道 | 参与杂化的原子轨道 | 空间构型 |
|---|---|---|---|
| 2 | sp | $s, p_z$ | 直线形 |
| 3 | $sp^2$ | $s, p_x, p_y$ | 三角形 |
| 4 | $sp^3$ 或 $dsp^2$ | $s, p_x, p_y, p_z$ 或 $d_{x^2-y^2}, s, p_x, p_y$ | 正四面体或平面正方形 |
| 5 | $dsp^3$ 或 $d^2sp^2$ | $d_{z^2}, s, p_x, p_y, p_z$ 或 $d_{z^2}, d_{x^2-y^2}, s, p_x, p_y$ | 三角双锥或四方锥 |
| 6 | $d^2sp^3, sp^3d^2$ | $d_{z^2}, d_{x^2-y^2}, s, p_x, p_y, p_z$ | 八面体 |

表 3-13 给出了不同类型杂化轨道的空间构型。从表可见，在八面体构型中可以有两种轨道杂化方式，同时四配位和五配位的配合物不仅有两种杂化方式，其对应的空间构型也会不同，这些都可以从价键理论上予以解释。

② 配位数为 2 的配合物：氧化值为 +1 的离子容易形成配位数为 2 的配合物，主要有[Ag(NH₃)₂]⁺、[AgCl₂]⁻、[AgI₂]⁻、[Cu(NH₃)₂]⁺ 等。这些配合物的空间可以运用价键理论加以解释。例如[Ag(NH₃)₂]⁺ 配离子中，$Ag^+$ 的核外价层电子排布如下：

从 $Ag^+$ 的价电子轨道排布可知，其内层的 d 轨道全满，配体的孤对电子进入中心离子的空轨道时，只能进入到 5s 和 5p 轨道。按照杂化轨道理论，$Ag^+$ 的 5s 和 5p 轨道首先进行杂化，形成 sp 杂化轨道，然后将 NH₃ 配体上的配位原子 N 的孤对电子填入到新的杂化轨道中。以 sp 杂化轨道成键的配合物的空间构型为直线形。因此配合物的电子排布如下：

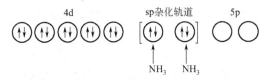

③ 配位数为 3 的配合物：一些具有 d¹⁰ 电子构型的原子或离子，如 Pt、$Cu^+$、$Hg^{2+}$、$Au^+$ 等可以形成平面三角形的配合物。如 [HgI₃]⁻ 配离子就是典型的三角形配合物。$Hg^{2+}$ 的价电子层中 5d 轨道是全满的，因此配体中成键的孤对电子也要填到外层的 s 和 p 轨道中。

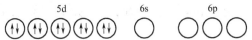

按照杂化轨道理论，$Hg^{2+}$ 的 6s 和 6p 轨道首先进行杂化，形成 sp² 杂化轨道，然后将配位原子 I 的孤对电子填入到新的杂化轨道中。以 sp² 杂化轨道成键的配合物的空间构型为三角形。因此配合物的电子排布如下：

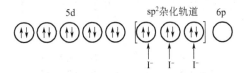

④ 配位数为 4 的配合物：从表 3-13 可知，配位数为 4 的配合物有两种构型，一种是四面体构型，另一种是平面正方形构型。以 sp³ 杂化轨道成键的配合物为四面体构型，以 dsp² 杂化轨道成键的配合物为平面正方形。配合物以何种杂化轨道成键与中心原子或离子的价层电子结构和配体的性质有关。例如 $Ni^{2+}$ 的价层电子排布如下：

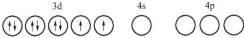

中心离子 $Ni^{2+}$ 的 4s 和 4p 轨道是空轨道，可以接受配体的孤对电子。在配合物 $[NiCl_4]^{2-}$ 中，$Ni^{2+}$ 利用一个 4s 轨道和三个 4p 轨道形成 $sp^3$ 杂化轨道，再接受配位的 $Cl^-$ 的孤对电子，形成四面体构型的配合物。

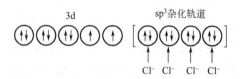

然而，在配合物 $[Ni(CN)_4]^{2-}$ 中，$Ni^{2+}$ 3d 轨道中的两个单电子可以成对，空出一个 3d 轨道与一个 4s 轨道和两个 4p 轨道参与杂化，形成 $dsp^2$ 杂化轨道，然后每个杂化轨道再接受配位的 $CN^-$ 的孤对电子，形成平面正方形构型的配合物。

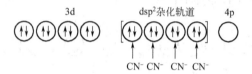

配合物 $[NiCl_4]^{2-}$ 和 $[Ni(CN)_4]^{2-}$ 的构型可以通过单晶衍射确定，也可以通过磁性测试来判定。配合物 $[NiCl_4]^{2-}$ 中，采用 $sp^3$ 杂化轨道成键，含有两个未成对电子，磁矩应该为 2.83 B. M. 左右；配合物 $[Ni(CN)_4]^{2-}$ 中没有成单电子，为反磁性配合物，与实验事实基本符合。

⑤ 配位数为 5 的配合物：配位数为 5 的配合物也有两种空间构型，分别为三角双锥（$dsp^3$）或四方锥（$d^2sp^2$）。例如，在配合物 $[Fe(CO)_5]$ 中，Fe 原子的最外层电子构型为 $3d^6 4s^2$。

在形成配合物时，Fe 原子空出一个 3d 轨道和一个 4s 轨道，再与三个 4p 轨道形成 $dsp^3$ 杂化轨道，再与配体 CO 的孤对电子成键，配合物形成三角双锥的空间构型。

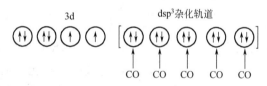

在配合物 $[VO(acac)_2]$ 中，$V^{2+}$ 的价层电子为 $3d^3$，存在两个空的 3d 轨道，所以在形成杂化轨道时，两个 3d 轨道、一个 4s 轨道和二个 4p 轨道形成 $d^2sp^2$ 杂化轨道，再与配体中的配位氧原子成键，配合物具有四方锥的空间构型。

⑥ 配位数为 6 的配合物：配位数为 6 的配合物可以采用 $d^2sp^3$ 或 $sp^3d^2$ 杂化轨道成键，空间构型绝大多数都是八面体构型。例如，$[Fe(CN)_6]^{3-}$ 和 $[FeF_6]^{3-}$ 都

是空间八面体构型，但前者采用内层的 $(n-1)$d 轨道以及外层的 $n$s、$n$p 轨道杂化成 $d^2sp^3$ 杂化轨道，即形成内轨型化合物；后者是采用外层的 $n$s、$n$p、$n$d 轨道杂化成 $sp^3d^2$ 杂化轨道，即形成外轨型配合物。$[Fe(CN)_6]^{3-}$ 配合物中只有一个未成对电子，而 $[FeF_6]^{3-}$ 有五个未成对电子，相关的磁性测试结果表明前者顺磁性弱，后者的顺磁性强。

具有 $d^4 \sim d^7$ 构型的中心离子，有可能形成内轨或外轨型配合物。但由于配体的性质与形成内轨或外轨配合物的关系比较复杂，难以通过价键理论准确预见，只能以实验事实为依据。价键理论虽然可以比较简单明了地说明配合物的配位数、空间构型、磁性和稳定性，但不能说明配合物的颜色、吸收光谱及配合物的稳定性随中心离子 d 电子数变化的规律。此外，目前许多的电子光谱实验数据也说明 $Fe^{3+}$ 的配合物中采用外层的 4d 轨道进行杂化似乎不太可能。

（2）晶体场理论

1929 年，H. Bethe 在《晶体中谱项的分裂》论文中提出自由离子特定电子组态的简并态在晶体中必然分裂。后来，J. H. Van Vleck 指出，若假设过渡金属配合物的中心离子与配体之间只是静电作用，晶体场模型也适用于配合物。

晶体场理论认为配合物之间的成键是一种静电理论，可以把配合物的中心离子与配体看作是点电荷或偶极子，带正电荷的中心离子和带负电荷的配体以静电相互吸引，配体间则相互排斥。与此同时，晶体场理论考虑带负电的配体对中心离子最外层电子将产生排斥作用，导致简并的 d 轨道发生分裂。晶体场理论中把带负电荷的配体对中心离子产生的静电场叫做晶体场。

① 晶体场理论要点

a. 在配合物中，中心离子与配体间靠经典相互作用结合在一起，而中心离子处于带负电荷的配体所形成的静电场中。

b. 带负电荷的配体所形成的静电场将对中心离子的外层电子，特别是价电子层中的 d 电子，产生排斥作用，导致中心离子的外层 d 轨道能级发生分裂，部分 d 轨道能级升高，部分能级降低。

c. 不同空间构型的配合物，带负电的配体将形成不同的晶体场，导致中心离子 d 轨道的分裂将不同。即使在相同空间构型的配合物中，由于带负电的配体的电荷、类别的不同，中心离子 d 轨道的分裂也将不同。

下面将以八面体构型的配合物为主，介绍晶体场理论，同时简单介绍在四面体场和平面正方形场里面中心离子外层 d 轨道的分裂情况。

② 八面体场晶体场　如图 3-41 所示，在八面体构型的配合物中，配体占据八面体的 6 个顶点，形成八面体场。以配合物 $[Ti(H_2O)_6]^{3+}$ 为例，$Ti^{3+}$ 的 3d 轨道上只有一个电子，在未配位时，电子在 5 个简并的 d 轨道中出现的概率相等。假设将 $Ti^{3+}$ 移入到一个球形对称场中，由于离子的每个 d 轨道将受到的静电排斥作用，且斥力相等，5 个 d 轨道升高相同的能量。在配合物中时，由于八面体场不等于球

形场，因此 5 个 d 轨道受到的静电排斥作用将不完全一致。其中，电子在 $d_{x^2-y^2}$ 轨道和 $d_{z^2}$ 轨道时，将分别沿着 $x$、$y$、$z$ 轴与配体的点电荷迎头相碰，受到比较大的静电排斥作用，轨道能量升高较大；而在 $d_{xy}$，$d_{xz}$，$d_{yz}$ 等三个轨道上时，由于轨道分别伸展在两个坐标轴的夹角平分线上，受到配体的负电荷排斥作用较小，轨道能量升高较小。这样，5 个能量相等的 d 轨道，在八面体场作用下分裂成了两组：一组为能量较高的 $d_{x^2-y^2}$ 和 $d_{z^2}$ 轨道，称作 $e_g$ 轨道（二重简并）；另一组为能量较低的 $d_{xy}$、$d_{xz}$、$d_{yz}$ 轨道，称作 $t_{2g}$ 轨道（三重简并）。

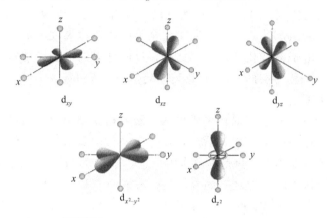

$d_{xy}$          $d_{xz}$          $d_{yz}$

$d_{x^2-y^2}$          $d_{z^2}$

**3-41** 八面体晶体场对 d 轨道的作用

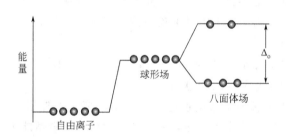

能量

球形场

自由离子

八面体场

$\Delta_o$

**图 3-42** d 轨道在八面体晶体场中的分解

③ 晶体场分裂能　如图 3-42 所示，d 轨道在八面体中分裂后，最高能量的 $e_g$ 轨道与最低能量的 $t_{2g}$ 轨道之间的能量差，称为晶体场分裂能，用 $\Delta_o$ 表示（$\Delta_o = 10Dq$，$Dq$ 为场强参数）。

$$\Delta_o = E(e_g) - E(t_{2g}) = 10Dq \qquad (3-16)$$

量子力学证明，一组简并轨道在晶体场中因静电作用分裂后，轨道的总能量与分裂前相比保持不变，这就是能量重心不变原则。按照这一原则，三重简并的 $t_{2g}$ 轨道能量的减少等于二重简并的 $e_g$ 轨道能量的增加，得到以下关系：

$$2E(e_g) + 3E(t_{2g}) = 0 \qquad (3-17)$$

联立式（3-16）和式（3-17）可得：$E(e_g) = 0.6\Delta_o$，$E(t_{2g}) = -0.4\Delta_o$

因此，d 轨道在八面体场中分裂后，相对于球形场中，$e_g$ 轨道能量比分裂前上升 $0.6\Delta_o$，而 $t_{2g}$ 轨道能量比分裂前下降 $0.4\Delta_o$。$\Delta_o$ 的具体大小，对于不同的配合物有不同的数值，但可以通过电子光谱实验测定，单位常用 $cm^{-1}$ 或 $kJ \cdot mol^{-1}$ 来表示。

影响分裂能的因素涉及中心离子的电荷、d 轨道的主量子数 $n$、价层电子构型以及配体的结构和性质等多个方面。

a. 中心离子的电荷：配体相同，中心离子不同的配合物，其晶体场分裂能不相等。配体相同，中心离子也相同的配合物，中心离子电荷多的配合物比电荷少的配合物 $\Delta_o$ 大。因为中心离子的正电荷越多，对配体的静电引力就越大，导致中心离子与配体间的距离变短，则中心离子的 d 电子与配体的静电斥力就越大，轨道能量上升越高，所以 $\Delta_o$ 增大。具有相同的配体，同族的金属离子随着元素周期数的增大，配合物的晶体场分裂能 $\Delta_o$ 也将增大。因为周期数越大的中心离子，其电子排布在离核越远的 4d 或 5d 轨道上，与配体点电荷更为接近，受到的斥力更大。

b. 配体的性质：同一中心离子与不同的配体形成配合物时，在配合物构型相同的条件下，配体对中心离子 d 轨道分裂的影响存在如下由小到大的顺序：

$I^- < Br^- < Cl^- < S^{2-} < SCN^- < NO_3^- < F^- < OH^- < ONO^- < C_2O_4^- <$
$H_2O < NCS^- < EDTA < NH_3 < en < SO_3^{2-} < NO_2^- < CN^- < CO$

这一顺序是由配合物的光谱数据统计所得，体现了配体产生的晶体场从弱到强的顺序，称为光谱化学序列。由光谱化学序列可知，处于序列左端的 $I^-$ 等配体或 $H_2O$ 以前的配体都为弱场配体；处于序列右端的 $CN^-$、CO 等配体为强场配体。

c. 配体的几何构型：晶体场分裂能的大小还与配合物的几何构型有关。通常情况下，配合物具有相同中心离子和配体时，晶体场分裂能大小的顺序是：平面正方形＞八面体＞四面体。

（3）四面体场和平面正方形场

在四面体构型的配合物中，4 个配体占据正四面体的四个顶点，形成正四面体场。此时，配合物中心离子的 $d_{xy}$、$d_{xz}$、$d_{yz}$ 等轨道与点电荷更加靠近，因此受到的斥力更大，轨道能量上升更大；而 $d_{x^2-y^2}$ 和 $d_{z^2}$ 轨道则离的更远，所受到的斥力更小，轨道能量上升较小。$d_{xy}$、$d_{xz}$、$d_{yz}$ 等一组轨道称为 $t_{2g}$ 轨道，$d_{x^2-y^2}$ 和 $d_{z^2}$ 等一组轨道称为 $e_g$ 轨道。

在平面正方形场中，配体沿 $x$、$y$ 轴与中心离子配位，所以 $d_{x^2-y^2}$ 轨道中的电子受到的斥力最大。其次，是在 $xy$ 平面上沿 $xy$ 坐标轴的夹角伸展的 $d_{xy}$ 轨道上的电子也受到了较大的斥力。$d_{z^2}$ 轨道由于在 $xy$ 平面上也存在轨道分布，其上的电子也受到了斥力作用。只有 $d_{xz}$ 和 $d_{yz}$ 轨道远离 $xy$ 平面，电子受到的斥力最小。

中心离子的 d 轨道在晶体场下发生分裂，在不同的晶体场下具有不同的分裂能（如表 3-14 和图 3-43 所示）。

**表 3-14** 不同晶体场下 d 轨道的能级分裂

| 几何构型 | $d_{xy}$ | $d_{xz}$ | $d_{yz}$ | $d_{x^2-y^2}$ | $d_{z^2}$ | 晶体场分裂能/Dq |
|---|---|---|---|---|---|---|
| 八面体 | −4.00 | −4.00 | −4.00 | 6.00 | 6.00 | 10.00 |
| 四面体 | 1.78 | 1.78 | 1.78 | −2.67 | −2.67 | 4.45 |
| 平面正方形 | 2.28 | −5.14 | −5.14 | 12.28 | −4.28 | 12.42 |

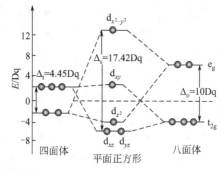

**图 3-43** 不同配体场中 d 轨道的分裂及分裂能

# 习　题

1. 试述下列名词的意义。

（1）能级交错；（2）量子化；（3）简并轨道；（4）分子轨道；（5）原子轨道；（6）屏蔽效应；（7）电离能；（8）电负性。

2. 基态原子的核外电子排布应遵循哪些规律？默写 Pauling 的原子轨道能级图。

3. 试述四个量子数的意义及它们的取值规则。

4. $n=2$ 时，电子有哪些可能的空间运动状态？$l=2$ 的轨道，空间伸展方向有几种？

5. 为什么在 H 原子中 3s 和 3p 轨道有相等的能量，而在 Cl 原子中 3s 轨道能量比相应的 3p 轨道能量低？

6. 试述原子轨道与电子云的角度分布的含义有何不同？两种角度分布的图形有何差异？

7. 电子等实物微粒运动有何特性？电子运动的波粒二象性是通过什么实验得到证实的？

8. 写出原子序数为 24、47 的元素的名称、符号、电子排布式，说明所在的周期和族。

9. 原子半径通常有哪几种？其大小与哪些因素有关？同周期元素的原子半径

从左向右呈递减变化，减小的平均幅度为：短周期的主族元素约为 10pm；长周期的过渡元素约为 4pm；而对于超长周期的内过渡元素，15 种镧系元素共减小 11pm。如何解释减小幅度的这种差别？

10. 试举例说明元素性质的周期性递变规律？短周期与长周期元素性质的递变有何差异？主族元素与副族元素的性质递变有何差异？

11. 什么叫电离能？它的大小与哪些因素有关？它与元素的金属性有什么关系？并分析 $N_2$ 分子电离为 $N_2^+$ 和 N 电离为 $N^+$，哪一个所需要的能量大？$O_2$ 分子电离为 $O_2^+$ 和 O 电离为 $O^+$，哪一个所需要的能量大？为什么？

12. 什么叫共价键的饱和性和方向性？为什么共价键具有饱和性和方向性，而离子键无饱和性和方向性？离子键无饱和性和方向性，而离子晶体中每个离子有确定的配位数，二者有无矛盾？

13. 区别下列名词与术语。

(1) 孤对电子与成键电子；(2) 有效重叠与无效重叠；(3) 原子轨道与分子轨道；

(4) 成键轨道与反键轨道；(5) $\sigma$ 键与 $\pi$ 键；(6) 极性键与非极性键；

(7) 叁键与三电子键；(8) 键能与键级；(9) 极性分子与非极性分子；

(10) 杂化轨道与分子轨道；(11) sp，$sp^2$，$sp^3$ 杂化。

14. 指出第四周期中具有下列性质的元素：

(1) 最大原子半径；(2) 最大电离能；(3) 最强金属性；

(4) 最强非金属性；(5) 最大电子亲和能；(6) 化学性质最不活泼。

15. 已知某副族元素 A 的原子，电子最后填入 3d 轨道，最高氧化值为 4；元素 B 的原子，电子最后填入 4p 轨道，最高氧化值为 5。

(1) 写出 A、B 元素原子的电子分布式；

(2) 根据电子分布，指出它们在周期表中的位置（周期、区、族）。

16. 根据下列分子或离子的几何构型，试用杂化轨道理论加以说明。

(1) $Hg_2Cl_2$（直线形）；(2) $SiF_4$（正四面体）；(3) $BCl_3$（平面三角形）；

(4) $NF_3$（三角锥形，102°）；(5) $NO_2^-$（V 形，115.4°）；

(6) $SiF_6^{2-}$（八面体）。

17. 试用价层电子对互斥理论推断下列各分子的几何构型，并用杂化轨道理论加以说明。

(1) $SiCl_4$；(2) $CS_2$；(3) $BBr_3$；(4) $PF_3$；(5) $OF_2$；(6) $SO_2$。

18. 试用 VSEPR 理论判断下列离子的几何构型。

(1) $I_3^-$；(2) $ICl_2^+$；(3) $TlI_4^{3-}$；(4) $CO_3^{2-}$；(5) $ClO_3^-$；

(6) $SiF_5^-$；(7) $PCl_6^-$。

19. 试画出下列同核双原子分子的分子轨道图，写出电子构型，计算键级，指出何者最稳定，何者不稳定，且判断哪些具有顺磁性，哪些具有反磁性？

$H_2$，$He_2$，$Li_2$，$Be_2$，$B_2$，$C_2$，$N_2$，$O_2$，$F_2$

20. 写出 $O_2^+$、$O_2$、$O_2^-$、$O_2^{2-}$ 的分子轨道电子排布，计算其键级，比较其稳定性强弱，并说明其磁性。

21. 实测得 $O_2$ 的键长比 $O_2^+$ 的键长长，而 $N_2$ 的键长比 $N_2^+$ 的键长短，除 $N_2$ 以外，其他三种物质均为顺磁性，如何解释上述实验事实？

22. 某温度下，$\alpha$ 粒子以 $1.50 \times 10^7 \, \text{m} \cdot \text{s}^{-1}$ 的速率运动，$h = 6.63 \times 10^{-34} \text{J} \cdot \text{s}$，计算其波长（m）。

23. 写出下列离子或原子核外电子排布：

(1) $S^{2-}$；(2) $K^+$；(3) $Pb^{2+}$；(4) $Ag^+$；(5) $Mn^{2+}$；(6) F；

(7) Ne；(8) Cr。

24. 试解释下列事实。

(1) Na 的第一电离能小于 Mg，而第二电离能大于 Mg。

(2) Cl 的电子亲和能比 F 的电子亲和能有更大的负值。

(3) 地壳中，Zr 与 Hf、Nb 与 Ta、Mo 与 W 共生而难以分离。

# 第**4**章

# 固体结构

固体是物质存在的四种基本状态之一。绝大多数无机化合物及单质在常温下都是固体，它们在人们的生产和生活中起着重要的作用。固体物质的组成、性质、结构及用途一直以来都是化学研究的重要领域。能源、信息和材料是当今社会发展的三大支柱，其中的材料主要是固体物质。目前，人们对固体材料的结构和性质已经进行了广泛深入的研究。固体可以分为晶体、非晶体和准晶体。

本章将以晶体及其结构、配合物的结构、分子间的弱相互作用为重点，着重介绍固体材料的性能、结构及分子间的作用等相关的内容。

## 4.1 晶体及其结构

晶体是指内部粒子（原子、分子、离子）或粒子基团在空间上按一定的规律周期性排列而成的固体。其周期性是指一定数量和种类的粒子在空间一定的方向上，相隔一定距离重复出现的现象。这些重复单位的空间结构和化学组成是完全相同的。晶体以其特有的结构有序性这一突出特征，区别于液体、气体和非晶体，体现出与其他物质完全不同的特征。

### 4.1.1 晶体的特征

由于晶体内部质点是有规律的排布，使得晶体与无定形的材料区别开来，呈现出一些共同的特征：

① 晶体一般都具有规则的几何外形。晶体在凝固或从溶液中结晶自然生长过程中，由于每个晶面生长的先后不一致，使晶体呈现出多种多样的多面体几何外形。非晶体从熔融状态冷却时，不会自发地形成多面体外形，直接固化成表面圆滑的无定形体。

② 晶体呈现各向异性。在晶体的不同方向上测量材料的光学、导电、热膨胀系数和机械强度等物理量时，各项物理量的数值在不同的方向上是各异的。非晶体材料的各种物理性质不随测定的方向而改变。这是由于晶体在不同方向上粒子的数目不同，粒子的排列方式不同，粒子的种类不同等所导致的。

③ 晶体都具有固定的熔点。晶体材料在融化的过程中有固定的熔点；而非晶体材料在熔化过程中有一段比较长的熔程。

晶体的宏观、外表特征是由其微观内在的结构所决定的。18 世纪中叶，法国矿物学家阿羽依发现方解石可以不断地解离成越来越小的菱面体，提出构造理论，指出晶体是由几何体在空间平行无隙地堆积而成，从而为现代晶格理论奠定了基础。19 世纪，布拉维、费多洛夫、熊夫利和巴罗等科学家先后独立地发表了空间群理论，充实了空间点阵学说，形成了晶格理论。20 世纪，X 射线单晶衍射实验结果证明了晶体是由在空间排列得很有规则的结构单元（离子、原子或分子）组成。

固体材料除了晶体之外，还存在非晶体（或无定形体）和准晶体。例如，玻璃、沥青、石蜡等没有规则的外形，内部微粒排列也无规则，属于非晶体。非晶体具有无整齐规则的几何外形、各向同性、没有固定熔点等特性。非晶体材料作为新材料在高科技领域中具有广阔的应用前景，如石英玻璃可制备光导纤维，非晶硅广泛应用于太阳能电池，非晶合金广泛应用于磁性材料等领域。

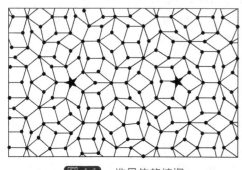

图 4-1　准晶体的结构

准晶体材料是介于非晶体和晶体之间的一种新物态。1984 年，在对 Al-Mn 合金的透射电子显微镜研究中，首次发现了具有长程定向有序而没有周期平移有序的封闭正二十面体相。这类新的结构具有完美的长程有序，但不具有空间的周期性，所以既不是晶体也不是非晶体（图 4-1）。

准晶体是具有准周期平移格子构造的固体，质点不能作周期性平移重复，其对称要素含与晶体空间点阵不相容的对称。准晶体的发现对传统晶体学理论的长程有序与周期性等基本概念提出了挑战，同时也为物质的微观结构研究增添了新的内容，为新材料的发展开拓了新的领域。

### 4.1.2　晶体的结构

X 射线单晶衍射表征手段的快速发展，为准确测定晶体材料的结构提供了强有力的支持，也为探讨物质的结构和性能之间的关系提供了依据。X 射线单晶衍射揭示了晶体内部质点的规则排列。

如图 4-2 所示，如果将晶体中具体的结构单元抽象成几何学上的结点，将这些点连接起来，可以形成二维或三维的空间网格，称为晶格。晶格是用点和线来反映晶体结构的周期性结构的规律。实际晶体中的微粒（如原子、离子和分子）就位于晶格的结点上。

如果将晶格划分成一个个平行且等同的六面体为基本单元，这些基本单元就是晶胞。晶胞是能表现出晶体结构全部特征的最小重复单元，通过晶胞在空间平移并无隙地堆砌形成晶体。晶胞包括两个基本要素：一是晶胞的大小和形状，二

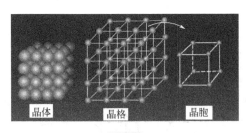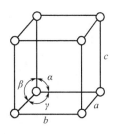

图 4-2　晶体结构的基本单元

是晶胞的内容。晶胞的形状和大小可以由晶胞参数 $a$、$b$、$c$、$\alpha$、$\beta$、$\gamma$ 来确定。$a$、$b$、$c$ 是六面体的边长，$\alpha$、$\beta$、$\gamma$ 分别是 $bc$、$ca$、$ab$ 所成的三个角的角度。晶胞的内容由晶胞中粒子的种类、数目和在晶胞中的相对位置来表示。

根据不同晶体晶胞参数上的差异及对称性的不同可以将晶体分成七大晶系（表 4-1）。

表 4-1　晶体的七大晶系

| 晶　系 | 晶　胞 | 类　型 | 实　例 |
|---|---|---|---|
| 立方晶系 | $a=b=c$ | $\alpha=\beta=\gamma=90°$ | $NaCl$、$CaF_2$、金属 Cu |
| 四方晶系 | $a=b\neq c$ | $\alpha=\beta=\gamma=90°$ | $SnO_2$、$TiO_2$、金属 Sn |
| 六方晶系 | $a=b\neq c$ | $\alpha=\beta=90°,\gamma=120°$ | AgI、石英（$SiO_2$） |
| 菱方晶系 | $a=b=c$ | $\alpha=\beta=\gamma\neq90°<120°$ | 方解石（$CaCO_3$） |
| 正交晶系 | $a\neq b\neq c$ | $\alpha=\beta=\gamma=90°$ | $NaNO_2$、$MgSiO_4$、斜方硫 |
| 单斜晶系 | $a\neq b\neq c$ | $\alpha=\beta=90°,\gamma>90°$ | $KClO_3$、$KNO_2$ |
| 三斜晶系 | $a\neq b\neq c$ | $\alpha\neq\beta\neq\gamma$ | $CuSO_4\cdot5H_2O$、$K_2Cr_2O_7$、高岭土 |

在由晶胞参数决定了晶胞大小、形状的同时，需要考虑按晶体的对称性进行分类，可以将七大晶系分为 14 种空间点阵：简单三斜（triclinic $P$）、简单单斜（monoclinic $P$）、底心单斜（monoclinic $C$）、简单正交（orthorhombic $P$）、底心正交（orthorhombic $C$）、体心正交（orthorhombic $I$）、面心正交（orthorhombic $F$）、简单四方（tetragonal $P$）、体心四方（tetragonal $I$）、简单六方（hexagonal $P$）、简单菱方（orthorhombic $R$）、简单立方（cubic $P$）、体心立方（cubic $I$）、面心立方（cubic $F$）（图 4-3）。

结点在六面体上的分布类型有如下四种：

简单格子：只在六面体的 8 个顶点上有结点，用符号 "$P$" 表示。

体心格子：在六面体的 8 个顶点和体心上有结点，用符号 "$I$" 表示。

底心格子：除在六面体的 8 个顶点上有结点外，上下两个平行面的中心各有一个结点，用符号 "$C$" 表示。

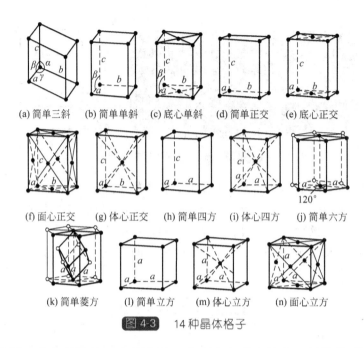

(a) 简单三斜　(b) 简单单斜　(c) 底心单斜　(d) 简单正交　(e) 底心正交

(f) 面心正交　(g) 体心正交　(h) 简单四方　(i) 体心四方　(j) 简单六方

(k) 简单菱方　(l) 简单立方　(m) 体心立方　(n) 面心立方

图 4-3　14 种晶体格子

面心格子：在六面体的 8 个顶点及 6 个面心上都有结点，用符号 "*F*" 表示。

### 4.1.3　晶体的类型

根据组成晶体的结构单元之间作用力的不同，通常可以将晶体分为四种基本类型：离子晶体、分子晶体、原子晶体和金属晶体。

（1）离子晶体

由离子键形成的化合物为离子型化合物。离子型化合物在固态时主要是以晶体状态出现，即为正、负离子组成的离子晶体。晶体中不存在独立的简单分子。由于离子间的静电引力比较大，所以离子晶体具有较高的熔点和较大的硬度。一般情况下，离子的电荷越高，离子半径越小，离子间的静电引力就越大，离子晶体的熔沸点就越高。离子晶体在固态时，离子不能自由运动，是电的不良导体。当离子晶体融化时，或者溶解时，由于离子能够自由移动，能变为良好的导体。一般情况下，离子晶体比较脆，机械加工性能比较差。这是因为离子晶体中结点上的离子发生位移时，离子间的相互作用由异性相吸变成了同性相斥，从而使离子晶体破坏。

由于离子的大小不同、电荷数不同以及正离子最外层电子构型不同等因素的影响，离子晶体在空间的排布情况是不一致的。因为离子键没有饱和性和方向性，所以离子晶体可以看作是采取密堆积的方式排列。一般负离子半径较大，可看成是负离子的等径圆球进行密堆积，而正离子有序地填在四面体空隙或八面体空隙中。下面，我们将以最简单的 AB 型离子晶体为代表，讨论和介绍 NaCl 型、CsCl 型和 ZnS 型离子晶体常见的结构类型，同时介绍几种其他类型的离子晶体。

1）离子晶体的类型

① NaCl 型  NaCl 型离子晶体属于面心立方晶系，是 AB 型离子晶体中最常见的一种晶体构型。NaCl 型离子晶体可看成 $Na^+$ 和 $Cl^-$ 的面心立方密堆积的交错重叠，重叠方式为一个面心立方格子的结点为另一面心立方格子的中点；或者是由 $Cl^-$ 形成的面心立方晶格，$Na^+$ 占据晶格中所有八面体空隙。

如图 4-4（a）所示，在每一个 $Na^+$ 的周围被 6 个 $Cl^-$ 以八面体方式包围，而且每一个 $Cl^-$ 的周围被 6 个 $Na^+$ 以八面体方式包围。一般把晶体中任一原子周围最接近的原子（或离子）数目称为配位数。因此，在 NaCl 晶体中，$Na^+$ 和 $Cl^-$ 的配位数都是 6，它们的配位比是 6∶6。

从 NaCl 的结构上来看，每个晶胞的 8 个顶点上的离子属于 8 个单胞所共有，属于这个晶胞的只有八分之一，6 个面心上的离子为两个晶胞所共有，属于这个晶胞的只有二分之一，12 条棱上的每个离子为 4 个单胞所共有，属于这个单胞的只有四分之一。因此，只有体心中的 1 个离子完全属于此晶胞。按此计算 $8 \times 1/8 + 6 \times 1/2 + 12 \times 1/4 + 1 = 8$，每个晶胞中含有 4 个 $Na^+$ 和 4 个 $Cl^-$。具有 NaCl 型结构的离子晶体还有碱金属的大多数卤化物、氢化物和碱土金属的氧化物、硫化物等。此外，AgCl 也属此 NaCl 型结构。

② CsCl 型  CsCl 型的晶体结构属于简单立方晶系。如图 4-4（b）所示，CsCl 型晶体结构中，正负离子均作简单立方堆积，两个简单立方格子平行交错，其中 $Cs^+$ 的结点位于 $Cl^-$ 简单立方格子的体心。CsCl 型的晶体结构也可看作 $Cl^-$ 作简单立方堆积，$Cs^+$ 处于立方体的体心中。CsCl 型的晶体配位比是 8∶8，每个晶胞中所含 $Cs^+$ 与 $Cl^-$ 的比值为 1∶1。常见的该类型离子晶体有 CsCl、CsBr、CsI、RbCl、ThCl 和 $NH_4Br$ 等。

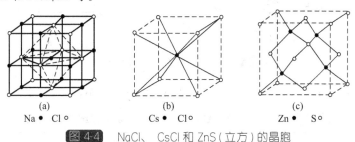

(a)
Na ● Cl ○

(b)
Cs ● Cl ○

(c)
Zn ● S ○

图 4-4  NaCl、CsCl 和 ZnS（立方）的晶胞

③ ZnS 型  ZnS 型的晶体结构存在两种形式，一种是闪锌矿（立方 ZnS 型），另一种是纤锌矿（六方 ZnS 型）结构。这两种形式的晶体中，化学键为共价键，其晶体为共价型晶体。但有些 AB 型离子晶体具有立方 ZnS 型的晶体结构。在立方 ZnS 型的晶体结构的离子晶体中，阳离子（$Zn^{2+}$）与阴离子（$S^{2-}$）均形成面心立方格子，但阳离子处于阴离子形成的面心立方格子的体对角线的 1/4 或 3/4 处［图 4-4(c)］。立方 ZnS 型离子晶体的配位比为 4∶4。常见的立方 ZnS 型的离子晶体有 BeO、BeS、BeSe 等。

六方 ZnS 型离子晶体中，阴离子（$S^{2-}$）采用六方密堆积，阳离子（$Zn^{2+}$）填充在一部分四面体空隙中，配位比也是 $4:4$。

离子晶体除了 AB 型离子晶体以外，还有 $AB_2$ 型、$ABX_3$ 型等其他类型的晶体。常见的 $AB_2$ 型离子晶体有萤石、金红石；$ABX_3$ 型离子晶体有钙钛矿。

④ 萤石 $CaF_2$ 型　如图 4-5（a）所示，萤石 $CaF_2$ 晶体属于立方晶系。钙离子占据面心立方格子各格点的位置，格子中有 8 个氟离子，每个氟离子被最邻近的 4 个钙离子以四面体方式配位着。在晶体中，每个 $Ca^{2+}$ 的配位数是 8，F 离子的配位数是 4。

⑤ 金红石 $TiO_2$ 型　金红石是 $TiO_2$ 的一种重要矿物，其结构是 $AB_2$ 型离子晶体的典型结构之一，属四方晶系 [图 4-5(b)]。在此类化合物中，$O^{2-}$ 具有六方密堆积结构，$Ti^{4+}$ 只占据半数的八面体空隙。如图 4-5（b）所示，金红石结构由 $TiO_6$ 八面体组成，O 原子为邻近的 Ti 原子共享。每个 Ti 原子周围有 6 个 O 原子，每个 O 原子周围有 3 个 Ti 原子相连，因此配位比为 $6:3$。

⑥ 钙钛矿 $CaTiO_3$ 型　如图 4-5（c）所示，钙钛矿（$CaTiO_3$）结构是 $ABX_3$ 型固体结构的代表，属于立方晶系，面心立方格子。在晶体结构中，$Ca^{2+}$ 处于体心位置，$Ti^{4+}$ 处于顶点位置，$O^{2-}$ 处于每条棱的中心位置。因此，由 $O^{2-}$ 和 $Ca^{2+}$ 共同组成立方密堆积，而 $Ti^{4+}$ 则填于 $1/4$ 的八面体空隙中。每个 $Ca^{2+}$ 周围有 12 个 $O^{2-}$，配位数是 12；每个 $Ti^{4+}$ 周围有 6 个 $O^{2-}$，配位数是 6。

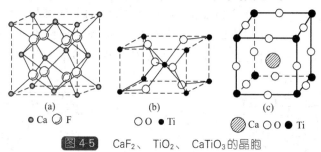

(a)　　　　　　(b)　　　　　　(c)

● Ca ○ F　　　　○ O ● Ti　　　◪ Ca ○ O ● Ti

图 4-5　$CaF_2$、$TiO_2$、$CaTiO_3$ 的晶胞

以上具有特定结构的离子晶体可以总结如表 4-2 所示。

表 4-2　具有 AB 型、$AB_2$ 型、$ABX_3$ 特定晶体结构的化合物

| 晶体结构 | 化 合 物 |
|---|---|
| NaCl 型（岩盐型） | $NaCl$，$LiCl$，$KBr$，$RbI$，$AgCl$，$MgO$，$CaO$，$FeO$，$NiO$ |
| CsCl 型 | $CsCl$，$CsBr$，$CsI$，$TlCl$，$CaS$ |
| 闪锌矿型 | $ZnS$，$CuCl$，$CdS$，$HgS$ |
| 纤锌矿型 | $ZnS$，$MnS$，$BeO$，$ZnO$，$AgI$，$SiC$ |
| 萤石型 | $CaF_2$，$PbO_2$，$BaCl_2$ |
| 金红石型 | $TiO_2$，$SnO_2$，$MnO_2$，$MgF_2$ |
| 钙钛矿型 | $CaTiO_3$，$BaTiO_3$，$SrTiO_3$ |

2）离子晶体的影响因素——离子半径与配位数　离子晶体具体采用哪一种结构类型受离子半径、电荷数和正离子最外层电子构型不同等因素的影响。

离子晶体的配位比与正、负离子的半径有关。在离子晶体中，最邻近的正负离子中心间的距离就是正、负离子的半径之和。正负离子中心间的距离可以用 X-射线衍射测定。然而，要知道一个正负离子的半径，必须通过理论计算才能将离子间距离合理地分给两个离子。1927 年，Pauling 根据原子核对核外电子的吸引力推算出一套离子半径，至今仍在使用。表 4-3 列出了部分离子半径的数据。

表 4-3　部分离子半径

| 离子 | 半径/pm | 离子 | 半径/pm | 离子 | 半径/pm |
|---|---|---|---|---|---|
| $Li^+$ | 60 | $Fe^{2+}$ | 76 | $Sn^{2+}$ | 102 |
| $Na^+$ | 95 | $Fe^{3+}$ | 64 | $Sn^{4+}$ | 71 |
| $K^+$ | 133 | $Co^{2+}$ | 74 | $Pb^{2+}$ | 120 |
| $Rb^+$ | 148 | $Ni^{2+}$ | 72 | $O^{2-}$ | 140 |
| $Cs^+$ | 169 | $Cu^+$ | 96 | $S^{2-}$ | 184 |
| $Be^{2+}$ | 31 | $Cu^{2+}$ | 72 | $Se^{2-}$ | 198 |
| $Mg^{2+}$ | 65 | $Ag^+$ | 126 | $Te^{2-}$ | 221 |
| $Ca^{2+}$ | 99 | $Zn^{2+}$ | 74 | $F^-$ | 136 |
| $Sr^{2+}$ | 113 | $Cd^{2+}$ | 97 | $Cl^-$ | 181 |
| $Ba^{2+}$ | 135 | $Hg^{2+}$ | 110 | $Br^-$ | 196 |
| $Ti^{4+}$ | 68 | $B^{3+}$ | 20 | $I^-$ | 216 |
| $Cr^{3+}$ | 64 | $Al^{3+}$ | 50 | $Mn^{2+}$ | 80 |

由于离子间的距离与晶体的结构有关，通常会以 NaCl 晶体的半径作为标准，对其他构型的半径再做一定的校正。需要注意的是，离子半径有多套数据，在使用的时候必须采用同一套数据，不能混用。

一般情况下，离子晶体稳定时，正负离子接触比较稳定。因此，正负离子的相对大小，对离子晶体的配位数、配位形式和晶体结构具有重要影响。以 NaCl 为例，我们可以了解一下离子半径与配位数之间的关系。

如图 4-6（a）所示，配位比为 6∶6 的 NaCl 离子晶体中，当正负离子完全紧密接触时，邻近的 3 个正负离子间的距离分别为 $r_+ + r_-$，$r_+ + r_-$ 和 $2r_-$。根据直角三角形 3 条边之间的关系，$(r_+ + r_-)^2 + (r_+ + r_-)^2 = (2r_-)^2$。

假设 $r_- = 1$，解得 $r_+ = 0.414$。

因此，当 $r_+/r_- = 0.414$ 时，正负离子相互接触，负离子之间也相互接触，此时静电吸引与静电排斥达到平衡，晶体稳定。当 $r_+/r_- > 0.414$ 时〔图 4-6

（b）]，正负离子相互接触，但负离子之间并不接触。此时，由于静电吸引大于静电排斥，晶体不稳定。此外，随着正离子半径增大，周围接触的负离子越来越多，配位数增大，总静电吸引增强，所以晶体有增加配位数的倾向。根据计算，当 $r_+/r_- = 0.732$ 时，正离子的配位数可达到 8 个，正离子进入负离子的立方体空隙中。当 $r_+/r_- < 0.414$ 时 [图 4-6（c）]，负离子之间相互接触，正负离子间不接触，导致正负离子间的吸引力小于负离子间的静电排斥力，需要减少配位数到 4，才能使晶体稳定。

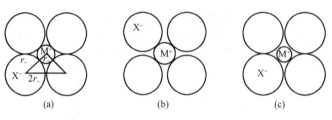

图 4-6　八面体配位中正负离子的接触情况

根据理论计算，可得表 4-4 所示的正负离子半径比与配位数之间的关系。

表 4-4　正负离子半径比与配位数之间的关系

| $r_+/r_-$ | 配位数 | 晶体构型 |
| --- | --- | --- |
| 0.225～0.414 | 4 | ZnS |
| 0.414～0.732 | 6 | NaCl |
| 0.732～1.00 | 8 | CsCl |

影响离子晶体结构的因素有很多，如离子的电子层结构、原子间轨道的重叠、外界的条件等等，正负离子半径比只是影响离子晶体结构的一种因素。所以，在一些情况下，也会出现离子半径比与离子晶体构型不一致的情况。

3）离子极化作用　处于孤立的离子，正负电荷的中心是重合的。如果离子处于电场时，其电荷中心会发生位移，产生诱导偶极，这一过程即为离子的极化。

正离子由于带正电荷，一般离子半径较小，会对相邻的负离子产生诱导作用，使其变形极化；负离子由于带负电荷，一般离子半径较大，容易被诱导极化，变形性较大。例如，$Al_2S_3$ 晶体中，$Al^{3+}$ 带有电荷，可以看作一个点电场，它能对周围的异电荷离子 $S^{2-}$ 产生极化作用，从而使 $S^{2-}$ 的电子云发生变形。我们则称 $Al^{3+}$ 具有极化作用，而发生电子云变形的 $S^{2-}$ 具有变形性。因此，考虑离子极化作用时，一般只考虑正离子对负离子的极化能力和负离子的变形能力。如果正离子的极化能力越大，负离子的变形性越大，则离子的极化能力愈强。离子变形性的强弱可以用极化率来表示。表 4-5 是通过实验测得的常见离子的极化率。

表 4-5 常见离子的极化率

| 离子 | $\alpha/10^{-40}\mathrm{C\cdot m^2\cdot V^{-1}}$ | 离子 | $\alpha/10^{-40}\mathrm{C\cdot m^2\cdot V^{-1}}$ | 离子 | $\alpha/10^{-40}\mathrm{C\cdot m^2\cdot V^{-1}}$ |
|---|---|---|---|---|---|
| $Li^+$ | 0.034 | $B^{3+}$ | 0.0033 | $F^-$ | 1.16 |
| $Na^+$ | 0.199 | $Al^{3+}$ | 0.058 | $Cl^-$ | 4.07 |
| $K^+$ | 0.923 | $Si^{4+}$ | 0.0184 | $Br^-$ | 5.31 |
| $Rb^+$ | 1.56 | $Ti^{4+}$ | 0.206 | $I^-$ | 7.90 |
| $Cs^+$ | 2.69 | $Ag^+$ | 1.91 | $O^{2-}$ | 4.32 |
| $Be^{2+}$ | 0.009 | $Zn^{2+}$ | 0.32 | $S^{2-}$ | 11.3 |
| $Mg^{2+}$ | 0.105 | $Cd^{2+}$ | 1.21 | $Se^{2-}$ | 11.7 |
| $Ca^{2+}$ | 0.52 | $Hg^{2+}$ | 1.39 | $OH^-$ | 1.95 |
| $Sr^{2+}$ | 0.96 | $Ce^+$ | 0.81 | $NO_3^-$ | 4.47 |

从表 4-5 中可以看出，离子的变形性与离子的半径有关，离子半径越大，极化率越大。同族阴离子，半径越大，变形性越大，如 $I^->Br^->Cl^->F^-$。因为负离子的半径一般都比较大，所以负离子的极化率一般比正离子大，如核外电子构型相同的离子，阴离子比阳离子易变形：$O^{2-}>F^->Ne>Na^+>Mg^{2+}>Al^{3+}>Si^{4+}$。正离子的电荷越高，极化率（变形性）越小，当正离子的电荷相同时，电子构型为 18 和 9～17 电子构型的阳离子变形性大于半径相近电荷相同的 8 电子构型的阳离子，如 $Ag^+>K^+$、$Cu^+>Na^+$、$Hg^{2+}>Ca^{2+}$。然而，负离子的电荷数越高，极化率越大。

这些规律可以从原子核对核外电子吸引力的强弱来认识。正离子半径小，原子核对核外电子吸引的很牢，离子不容易变形，极化率小；反之，阴离子半径大，原子核对核外电子吸引的不牢，离子容易变形，极化率大。在常见的阴离子中，$S^{2-}$ 和 $I^-$ 都很容易被极化。

此外，离子极化能力的大小不仅与离子的半径有关，还与电荷及电子层构型有关。正离子的电荷越高，半径越小，极化能力越强，如极化作用 $Al^{3+}>Mg^{2+}>Na^+$。当正离子的外层电子构型相似，电荷相等时，离子的半径越小，极化作用越强，如极化作用 $Li^+>Na^+>K^+$，$Mg^{2+}>Ba^{2+}$，$Al^{3+}>Ga^{3+}$。

在离子晶体中，有离子键向共价键过渡的倾向。讨论离子的极化有助于从本质上理解离子晶体中键型的过渡现象。离子的极化作用主要指正离子对负离子变形极化。但是当阳离子也容易变形时，除要考虑阳离子对阴离子的极化作用外，还必须考虑阴离子对阳离子的极化作用，这种相互极化作用会使两种离子的电子云都发生变形，轨道重叠，离子键向共价键过渡。具有 18 或 18＋2 电子构型的正离子由于自身离子半径比较大，在使负离子变形极化的同时，也会受到负离子的极化而变形，从而产生附加极化作用，加强了正负离子间的极化作用。在同族中，自上而下极化作用会递增，如 $Zn^{2+}<Cd^{2+}<Hg^{2+}$。

离子间的极化作用会使离子晶体的键型发生变化（图 4-7）。离子发生极化后，正、负离子间相互作用增强，离子相互靠近，键长或两核间的距离缩短。通过比较实测的键长和正负离子间的半径之和，可以大致判断键型的变化。键长与正负离子半径之和基本一致的是离子型键；键长与正负离子半径和相差显著的，一般是共价型键；两者相差不大的是过渡型键。例如 $Ag^+$、$Hg^{2+}$ 与 $I^-$、$S^{2-}$ 间的电子云会因为极化作用而发生相互重叠，使离子键转变成共价键，离子晶体也相应地转变为共价晶体。对 AB 型离子晶体，在极化作用不显著的条件下，可根据半径比定则来判断离子晶体的构型；但当离子极化作用显著时，实际半径比常常变小。例如，卤化银理论上应该是 NaCl 型离子晶体，实际上 AgI 为 ZnS 型离子晶体。

图 4-7　离子的极化

离子晶体中离子间的极化作用使离子晶体的键型发生变化，主要体现在物质物理性质如溶解度、颜色和熔沸点方面的变化。

① 溶解度：离子极化作用使离子晶体的离子键向共价键发生过渡，会导致化合物在水中溶解度的变化。例如，卤化银 AgX 中，$Ag^+$ 的核外电子构型为 18 电子，极化能力和变形性都很大；$X^-$ 的半径随着 $F^-$、$Cl^-$、$Br^-$、$I^-$ 的次序依次增大，变形性也不断增大。所以化合物 AgF、AgCl、AgBr、AgI 的极化作用不断增强，导致键的极性从离子键向共价键变化。所以，除 AgF 为离子晶体，易溶于水外，其余的 AgCl、AgBr、AgI 都是共价化合物，且共价程度不断增大，在水中的溶解度不断降低。

② 熔沸点：离子的极化作用同样会对化合物的熔沸点产生影响。离子极化作用强的化合物，共价键的成分增多，会导致物质的熔沸点下降。例如，在碱土离子的氯化物中，$BeCl_2$ 由于 $Be^{2+}$ 离子半径最小，最外层电子构型为 2 电子，具有很强的极化能力，使 $Cl^-$ 发生显著的变形。因此，$BeCl_2$ 化合物中具有很大的共价成分，导致其熔沸点较低。而其余的 $MgCl_2$、$CaCl_2$、$SrCl_2$、$BaCl_2$ 等化合物中，由于离子半径不断增大，金属离子的极化能力逐渐下降。因此，化合物中的共价成分依次下降，熔沸点又逐渐升高。

③ 颜色：化合物的颜色越深，表明化合物中离子的极化程度越大。例如，卤化银中 AgCl、AgBr、AgI 的颜色依次为白色、浅黄色、深黄色，与化合物的极化作用增强，共价键成分增大相对应。$AgCrO_4$ 呈现砖红色而不是黄色，也与离子极化作用有关。

（2）分子晶体

分子晶体是分子通过分子间的弱相互作用（如分子间力、分子间氢键等）相结合而聚集在一起形成的。分子间力是一种比化学键小很多的弱相互作用，不仅存在于分子晶体中，气体分子凝聚成液体或固体主要就是靠这种相互作用。这种弱相互作用虽然很小，但对物质的物理性质（如熔点、溶解度）等有很大的影响。

由于分子晶体中的分子间力相互作用非常弱，导致了分子晶体的熔点和硬度都很低。大多数分子晶体是电的不良导体，但有一些强极性的分子（如 HCl）溶于水导电。分子晶体主要由非金属单质、非金属化合物分子和有机化合物形成的，如硫、磷、非金属硫化物、氢化物、卤化物、苯甲酸等等。分子晶体晶格上的结点都是分子，因此晶体中存在独立的简单分子。

1）分子极化　在任何分子中都存在一个正电荷中心和一个负电荷中心，根据分子中正负电荷中心重合的不同情况，可以将分子分为极性分子和非极性分子。正负电荷中心不重合的分子即为极性分子，正负电荷中心重合的分子即为非极性分子。

分子的极性可以通过分子偶极矩的大小来衡量。我们知道，分子的偶极矩可以用 $\mu = ql$ 来表示。$l$ 为正负电荷中心间的距离，即偶极长。偶极矩是矢量，方向由正电中心指向负电中心。分子的偶极矩大小可以通过实验来测定。表 4-6 列出了部分物质分子的偶极矩大小。

**表 4-6　部分物质分子的偶极矩大小**

| 分子式 | $\mu/10^{-30}\text{C}\cdot\text{m}$ | 分子式 | $\mu/10^{-30}\text{C}\cdot\text{m}$ | 分子式 | $\mu/10^{-30}\text{C}\cdot\text{m}$ |
|---|---|---|---|---|---|
| $H_2$ | 0 | HF | 6.37 | $SO_2$ | 5.33 |
| $N_2$ | 0 | HCl | 3.57 | $H_2O$ | 6.17 |
| $CO_2$ | 0 | HBr | 2.67 | $NH_3$ | 4.90 |
| $CS_2$ | 0 | HI | 1.40 | $H_2S$ | 3.67 |
| $CH_4$ | 0 | HCN | 9.85 | $CHCl_5$ | 3.50 |

根据偶极矩大小可以判断分子有无极性。分子的偶极矩为零，表明分子是非极性分子；分子的偶极矩越大，表明分子的极性越大。例如，$H_2$ 分子中，正电荷在两个原子核上，负电荷在分子间的共用电子对上。因此，分子的正电荷中心和负电荷中心正好处在两核之间，相互重合，分子的偶极长为零。所以，$H_2$ 分子的偶极矩为零，分子为非极性分子。已知 $H_2O$ 分子的几何构型为 V 形，正电荷分布在两个 H 原子核和一个 O 原子核上，所以正电荷中心处在等腰三角形的∠HOH 的等分线中点上。负电荷分布在 O 原子与 H 原子的共用电子对上，且偏向于氧原子，负电荷中心也落在∠HOH 的等分线上，但偏向于氧原子。因此，在 $H_2O$ 分子中，正负中心不重合，分子为极性分子。

偶极矩还可用来帮助判断分子可能的空间构型。例如，实验测定 $CO_2$ 分子的偶极矩为零，为非极性分子。因此，$CO_2$ 分子中正负中心重合，可以推测该分子具有直线形的结构。$NH_3$ 分子偶极矩不为零，是极性分子。因此，$NH_3$ 分子不是正三角形，三个 N—H 键不在同一个平面内，$NH_3$ 分子是三角锥形结构。

在双原子分子中，同核双原子分子的原子电负性相同，形成非极性键，分子为非极性分子；异核双原子分子的原子电负性不同，形成极性键，分子为极性分子。对于多原子分子而言，分子的极性不仅取决于分子中键的极性，还与分子空间构型有关。由相同原子组成的多原子分子，可以是非极性分子（如 $P_4$、$S_8$ 等），也可以是极性分子（如 $O_3$）；同样由不同原子组成的分子可以是非极性分子（$CO_2$ 为非极性分子），也可以是极性分子（如 $SO_2$ 为极性分子）。

2）分子变形性　分子在外加电场的作用下或运动中发生碰撞都会发生变形。非极性分子在外加电场作用下，正负电荷中心会发生偏移，形成偶极，成为极性分子。极性分子在外加电场作用下，正负电荷中心间的偶极长会加大，导致固有偶极的增大，分子的极性进一步增大。这种在外电场作用下，正、负电荷中心距离增大的现象，称为变形极化，所形成的偶极就是诱导偶极。通常情况下，诱导偶极的大小与外加电场强度 $E$ 成正比。

$$\mu_{诱导} = \alpha E \tag{4-1}$$

式中，$\alpha$ 称为极化率（polarizability）。当外加电场一定时，分子的极化率越大，分子的变形也越大，产生的诱导偶极也越大。极性分子存在固有偶极。在外力作用下，分子瞬间发生正负电子中心不重合的现象时将产生瞬间偶极。固有偶极、诱导偶极和瞬间偶极是分子中的三种常见偶极。分子晶体中，分子的极化和变形性是产生分子间作用力的本质原因。

（3）原子晶体

原子晶体中组成晶胞的结构单元是中性的原子，并且原子间相互结合的共价键非常强。通常情况下，原子晶体是由"无限"数目的原子所组成的一类晶体，包括ⅣA族的 C、Si、Ge、Sn 等单质，ⅢA、ⅣA 和ⅤA 族元素彼此组成的一些化合物，如 SiC、$SiO_2$ 及 BN 等。由于共价键具有方向性，所以原子晶体一般很难取得紧密堆积结构，而是形成立体网格结构。例如金刚石中的碳原子采用 $sp^3$ 杂化成键，由正四面体形成立体网格结构，具有很高的稳定性（图 4-8）。因此，原子晶体一般都具有较高的熔点、沸点和硬度。相比于离子晶体、分子晶体，原子晶体的晶格结点上是中性的原子，只存在共价键作用。原子晶体中不存在独立的分子。

在通常情况下，原子晶体不导电，也是热的不良导体，在大多数溶剂中都不溶解，即使在熔融的状态下导电性也很差，但半导体硅等原子晶体可在一定的条件下导电。

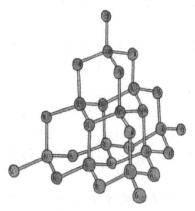

图4-8　金刚石的结构

原子晶体中不存在分子，用化学式来表示物质的组成；单质的化学式直接用元素符号表示，两种以上的元素组成的原子晶体也是按原子数目的最简比写化学式。例如，常见原子晶体有碳化硅（SiC）、碳化硼（$B_4C$）、氮化铝（AlN）、晶体硅（Si）、二氧化硅（$SiO_2$）等。

（4）金属晶体

金属晶体中晶胞的结构单元上占据的质点是金属原子或金属离子。金属晶体的结构单元之间是靠金属离子和自由电子之间的相互作用结合而成的，这种结合作用就是金属键。

因为金属键没有方向性和饱和性，要使金属晶体达到最稳定的结构，每个金属原子或离子必须拥有尽可能多的相邻原子（通常为 8 或 12 个原子），形成最紧密堆积。金属的这种紧密堆积，可以看作是由球状的刚性金属原子一个挨一个堆积在一起而形成。这种结构已经被金属的 X 射线衍射所证实。

金属晶体在空间中的等径圆球密堆积排列方式有三种基本的构型：配位数为 12 的六方密堆积（$hcp$），配位数为 12 的面心立方密堆积（$ccp$）和配位数为 8 的体心立方堆积（$bcc$）。

如图 4-9 所示，在同一层中，每个球周围可排 6 个球构成密堆积，第二层排在第一层球上时，每个球占据第一层 3 个球所形成的孔隙上。第一层用 A 表示，第二层用 B 表示。如果第三层密堆积的球与第一层重叠对齐，则产生 ABAB…方式的六方密堆积排列 ［图 4-9(a)］。例如金属镁晶体中的镁原子就采用这种六方密堆积。如果第三层密堆积的球与第一层有一定的错位，则产生 ABCABC…方式的面心立方密堆积。例如金属铜晶体中铜原子的堆积方式就是面心立方密堆积。体心立方堆积也是常见的一种密堆积方式 ［图 4-9(c)］。例如金属钾晶体中，立方体晶胞的中心和 8 个顶点上都有一个 K 原子，粒子的配位数为 8。

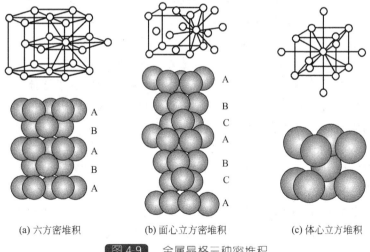

(a) 六方密堆积　　　(b) 面心立方密堆积　　　(c) 体心立方堆积

图 4-9　金属晶格三种密堆积

密堆积结构中，每个球与 12 个球相连接，在同一层中有 6 个呈六角形排列，另外 6 个分在上、下两层。在密堆积层间都存在空隙，这种空隙有四面体形和八面体形两类。在一层的 3 个球与上或下层最紧密接触的第四个球间存在的孔隙叫做四面体空隙。一层中的 4 个球形成正方形，与排在正方形上下的两个球组成一个八面体，其中的空隙就是八面体型。许多合金或离子化合物结构均可看作某些原子或离子占据金属原子或离子的密堆积结构空隙而形成的。

需要指出的是，并非所有的单质金属都具有密堆积结构，也有不少金属具有多种结构。例如，金属 Po（α-Po）在 0℃ 下具有简单立方结构，铁在室温下是体心立方堆积，在 906～1400℃ 时是面心立方密堆积结构。了解金属晶体的结构，有利于我们了解它们的性质并在实践中应用。例如 Fe、Co、Ni 等金属是常用的催化剂，其催化活性与它们的晶体结构有关。又如结构相同的两种金属容易互溶而形成合金。

在金属晶体的三种密堆积结构中，六方密堆积和面心立方密堆积是最紧密堆积，圆球占全部体积的 74%；体心立方堆积是相对比较紧密的堆积方式，圆球占全部体积的 68%。常温下某些金属元素的晶体结构如表 4-7 所示。

**表 4-7　常温下某些金属元素的晶体结构**

| 金属原子堆积方式 | 元　　素 | 原子空间利用率/% |
|---|---|---|
| 六方密堆积 | Be，Mg，Ti，Co，Zn，Cd，La，Y，Mg；Zr，Hg，Cd，Co | 74 |
| 面心立方密堆积 | Al，Pb，Cu，Ag，Au，Ni，Pd，Pt，Ca | 74 |
| 体心立方堆积 | 碱金属，Ba，Cr，Mo，W，Fe，Mo，W，Fe | 68 |

### 4.1.4　固体能带理论

非金属元素的原子中有比较多的价电子，能够比较容易地共用电子而形成共价键。但金属元素的价电子都比较少，多数只有 1～2 个价电子，少数可以达到 4 个价电子。金属晶体中，每个金属原子要被 8 个或 12 个相邻的原子所包围，共价键很难解释金属的形成。目前，金属键主要有两种理论解释，一种是前面讲的改性共价键理论，另一种就是金属键的能带理论。这里简要介绍能带理论。

能带理论是 20 世纪初形成的利用量子力学方法研究固体内部电子运动的理论。它能够定性地说明晶体中电子运动的普遍特点，解释导体、半导体和绝缘体的区别所在。能带理论将整个金属晶体看成一个大分子。这个大分子由晶体中的所有原子组合而成。以原子序数最小的金属 Li 为例，1 个 Li 原子有 1s 和 2s 共两个轨道，2 个 Li 原子则有 2 个 1s 和 2 个 2s 共四个轨道。根据分子轨道理论，分子轨道由原子轨道线性组合而成，得到的分子轨道数目与原子轨道数目相等。若有 N 个 Li 原子，其 2N 个原子轨道将形成 2N 个分子轨道。分子轨道如此之多，由相同能量原子轨道形成的分子轨道之间的能级相差很小，形成一组扩展到整块金属的离域轨道，可以看作是连成一片的具有一定上限和下限的连续能量带，称为能带。显然，能量相近的分子轨道的集合称为能带；而不同原子轨道将组成不同的能带。

Li 原子的核外电子构型是 $1s^2 2s^1$，每个原子有 3 个电子，$N$ 个 Li 原子则有 $3N$ 个电子。这些电子填充到能带中时，也要满足能量最低原理和 Pauli 不相容原理。因此 $N$ 个 Li 原子形成的金属晶体中，s、p、d 和 f 原子轨道分别重叠产生的能带中，s 能带最多容纳 $2N$ 个电子，p 能带容纳 $6N$ 个电子，d 能带容纳 $10N$ 个电子，f 能带容纳 $14N$ 个电子等。由于 Li 原子只有一个价电子，所以其 2s 能带为半充满。在固体能带理论中，由已完全充满电子的原子轨道组成的低能量能带，叫做满带；由部分电子占据的能级所形成的能带叫做导带；没有填入电子的空能级组成的能带叫空带。在不同能量的能带之间通常存在较大的能量差，以致电子不能从一个低能量的能带进入到相邻的较高能量的能带。这个能量间隔区称为禁带，在此区间内部不能填充电子。所以，在金属 Li 中，1s 能带是满带；2s 能带是导带；1s 能带和 2s 能带之间的能量间隙就是禁带（图 4-10）。

金属的密堆积使原子间距离极为接近，导致金属中相邻近的能带之间的能量间隔很小，甚至也可以相互重叠。例如 Mg 原子的价电子层结构为 $3s^2$，形成的 3s 能带是一个满带。如果 3s 电子不能越过禁带进入 3p 能带，镁就没有导电性。但由于 Mg 的 3s 能带和 3p 能带发生了重叠，3s 能带上的电子就能够进入 3p 能带，从而形成了一个由满带和空带重叠成的范围较大的导带（图 4-11）。因此，碱土金属都是电的良导体。金属钠的 3s 能带是半充满，本身就是导带，并且 3s 能带上的电子还可以在接受外来能量后从能带中较低能级跃迁到较高能级上。金属的导电性就是靠导带中的电子来体现的。

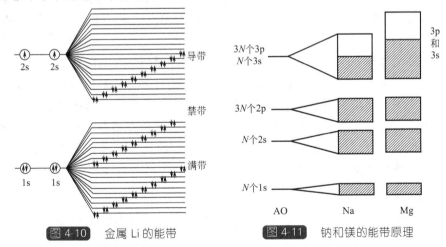

图 4-10　金属 Li 的能带　　　　图 4-11　钠和镁的能带原理

### 4.1.5　导体、半导体及绝缘体

根据能带结构中禁带宽度和能带中电子填充状况，可把物质分为导体、绝缘体和半导体。

如图 4-12 所示，导体的能带特征是金属的价带是导带。能带理论认为，在外加电场的作用下，金属中的电子将立即朝着与电场相反方向流动。在满带内部的

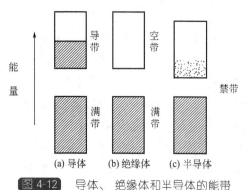

**图 4-12** 导体、绝缘体和半导体的能带

电子无法跃迁，电子一般不能从满带越过禁带进入导带。只有导带中没有被电子占满，在其中的电子获得能量后可以跃入其空缺部分，起到导电的作用。这些电子不再定域于两个原子之间，而是活动在整个晶体范围内，成为非定域态。导体中可以存在电子部分填充的导带或存在相互交盖的满带和空带（如 Be、Mg）两种情况。绝缘体的价带是满带，并且满带和能量最低的空带之间的禁带宽度大（$\Delta E$ 大于 $5.0\text{eV}$），一般的电场条件下，不能将价带的电子激发到空带上去，从而不能使电子定向运动，即不能导电。半导体的价带也是满带，但禁带宽度较窄（$\Delta E$ 在 $0.1\sim4\text{eV}$），在光照、外加电场或温度升高时，在满带中的部分电子能够跃过禁带，进入空带，使空带具有了部分电子形成了导带。同时，由于价带中少了电子，出现了空穴，在外加电场下，价带中的电子向空穴运动，留下新的空穴。所以，半导体中的导电性是导带中的电子迁移和满带中的空穴迁移所构成的混合导电性。

此外，金属的导电性与半导体的导电性不同。在温度升高时，由于原子振动加剧，导带中电子运动受到的阻碍变强，电阻增大，导电性减弱。在半导体中，随着温度的升高，更多满带中的电子激发到导带，使导带中的电子数目和满带中的空穴数目相应增加，其结果足以抵消原子振动加剧所引起的电阻增大而有剩余，使导电性增强。

能带理论能很好地说明金属的共同物理性质。例如，金属能够导电和传热是因为导带中的电子能做定向运动；金属具有光泽是因为金属能带中的电子能够吸收和发射光子，并在不同能级之间进行跃迁；金属具有良好的延展性和机械加工性能是由于金属晶体中的电子是非定域的，即金属键具有无方向性，当给金属晶体施加机械应力时，一些地方的金属键被破坏，同时另一些地方又可生成新的金属键，从而使得金属具有良好的延展性。

### 4.1.6　晶体的缺陷

在晶体中，组成离子排列规则有序是晶体的一个主要特征。但在实际中，由于晶体形成条件、原子的热运动及其他条件的影响，晶体并非完美无缺，常存在缺陷。在晶体中偏离理想晶格的结构都称为晶体的缺陷。晶体中的少量缺陷对晶体的性质会有较大的影响，如对晶体的光学、电学、磁学、热学、声学、机械强度、导电性、耐腐蚀性和化学性质等都有明显的影响。

晶体缺陷存在的种类很多，根据几何形状和涉及的范围可以分为点缺陷、线缺陷、面缺陷及体缺陷。

① 点缺陷：如图 4-13 所示，点缺陷是最简单的晶体缺陷，一般发生在晶体中一个或几个晶格常数范围内，是在结点上或邻近的微观区域内偏离晶体结构的正常排列的一种缺陷。点缺陷的特征是在三维方向上的尺寸都很小，例如空位、间隙原子或杂质原子等，亦可称为零维缺陷。

点缺陷的形成与温度密切相关。在晶体中，晶格中的原子由于热振动的能量涨落脱离晶格点的位置而移动到晶体表面的正常格点位置上，在原来的格点位置上留下空位，这种空位称为肖特基缺陷。如果脱离晶格点的原子进入邻近的原子空隙形成了间隙原子，这种缺陷称为弗伦克耳缺陷。还有一种点缺陷是晶格格点上的原子或离子被异类原子或离子置换后形成的缺陷。点缺陷的出现，将使周围的原子发生靠拢或撑开，形成晶格畸变，导致材料的强度、硬度和电导率发生变化。

② 线缺陷：线缺陷是指在二维方向上尺度很小而第三维方向上很大的缺陷。线缺陷也称为一维缺陷，集中表现形式是位错。位错是指晶体中的某处一列或若干列原子发生了某种有规律的错排现象（图 4-14）。位错的形成，对材料的力学行为如塑性变形、强度、断裂等起到决定性的作用，同时对材料的扩散、相变作用有较大的影响。

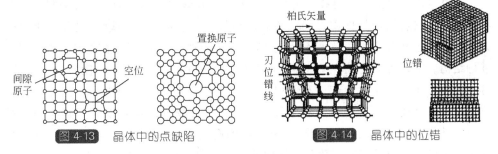

图 4-13 晶体中的点缺陷    图 4-14 晶体中的位错

③ 面缺陷：面缺陷是指晶体中晶畴区内的原子具有较高的排列完整性，而晶体不同畴区之间的界面附近存在着较严重的原子错排现象的一种缺陷。按照界面两侧晶体结构之间的关系，可以将面缺陷分为平移界面、孪晶界面及晶粒间界三大类别。

④ 体缺陷：体缺陷是指在三维尺寸较大的晶体中，存在的镶嵌块、沉淀相、空洞、气泡等现象所产生的一种缺陷。

按照缺陷的形成和结构分类，可以分为本征缺陷和杂质缺陷。

① 本征缺陷：本征缺陷也称为固有缺陷，指不是由外来杂质原子形成，而是由晶体结构本身偏离晶格结构造成的缺陷。本征缺陷是由于晶体中晶格点上微粒热振动的能量涨落所导致。因为缺陷使固体由有序结构变为无序结构，体系的熵增加，所以本征缺陷的产生有自发进行的倾向。实际固体的熵值都大于完美晶体，而反应的 Gibbs 函数变取决于熵变和焓变。在本征缺陷形成的实际过程中，由于缺陷的形成通常是吸热过程且 $\Delta_r S_m > 0$，当温度大于 0K 时，晶格中的粒子在其平衡

位置上的振动会加剧，温度越高，振动得越剧烈。当温度足够高时，有些粒子将克服粒子间的引力而脱离平衡位置，就可进入错位或晶格间隙中。

卤化物是典型的本征缺陷型化合物，如 $AgCl$、$AgBr$ 和 $AgI$。这些化合物中的卤素离子按照紧密堆积的方式排列，较小半径的 $Ag^+$ 占据卤素离子堆积的空隙，有少数离子会挤到其他离子的夹缝中去，出现空位，形成晶体缺陷。

② 杂质缺陷：杂质缺陷是指杂质原子进入到基质晶体中所形成的缺陷。当外加杂质粒子较小时，容易形成间隙式的杂质缺陷。例如，C 或者 N 原子进入金属晶体的间隙中就会形成填充型合金等杂质缺陷。当杂质粒子的大小及电负性与组成晶体的离子相近时，两者可以互相取代，形成取代式杂质缺陷。例如，P 或 B 可以掺入到晶体硅中，形成多电子或缺电子的晶体。

在新材料的合成与制备中，人们往往会往晶体中主动掺杂杂质，从而改变材料的物理化学性质。例如，在非线性光学晶体 $LiNbO_3$ 中掺杂少量的 $MgO$，可以明显提高其抗光折变性能；如果掺杂少量的 Fe，则可以得到光折变晶体。

# 4.2  配合物结构

X射线单晶衍射表征等技术的发展，为研究固体材料的结构，尤其是配合物的结构，以及材料结构与性质之间的关系，提供了一个有力的手段。配合物能够很方便地通过各种合成手段来得到晶态的材料。通过培养材料（配合物）的单晶，进行结构表征，可以比较容易地确定物质结构，从而为解释物质的性能提供基础。另一方面，超分子化学的产生和发展，不仅扩展了配位化学的内涵，也为未来配位化学的研究注入了新的活力和生长点。研究配合物的结构可以为了解超分子材料中的某些弱相互作用，如氢键、π-π堆积等提供直观的认识，从而为利用分子组装原理，设计合成具有新型功能和结构的超分子器件提供借鉴。

本小节将系统介绍配合物的结构异构及吸收光谱等方面的内容。

## 4.2.1  配合物的结构异构

维尔纳在提出配位化学理论之初，就参考有机化学空间构型的概念认为配体将围绕中心原子按照一定的空间位置排列，并在后续的研究中验证了一些配合物的空间构型，最终获得 1913 年的诺贝尔化学奖。研究配合物的空间构型和异构现象，对人们深入了解配合物的化学键性质，揭示配合物的反应机理及催化机制等具有重要的意义。

配合物空间构型与中心原子或离子的配位数密切相关。配位数不同，显然会导致配合物的空间构型不同；即使配位数相同，由于与中心原子或离子配位的配体种类不同，配合物的空间构型也可能不同。配合物的空间构型可以通过 X 射线单晶衍射来确定。这种方法能够比较准确地测出配合物中各原子的位置、键长、键角，从而得到配合物分子或离子在空间的分布信息。

（1）配位数与空间构型的关系

配位数与配合物的空间构型密切相关。现将配位数 1～10 的配合物所具有的空间构型列举在表 4-8 中。

**表 4-8**　配合物的配位数与空间构型

| 配位数 | 空间构型 | 配合物 |
|---|---|---|
| 2 |  直线形 | $[Ag(NH_3)_2]^+$，$[Cu(NH_3)_2]^+$ |
| 3 | 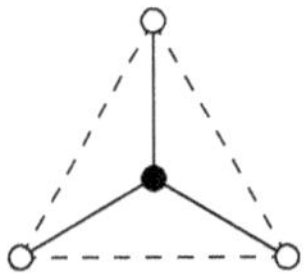 平面三角形 | $[HgI_3]^-$，$[Au(Ph_3P)_3]^+$ |
| 4 | 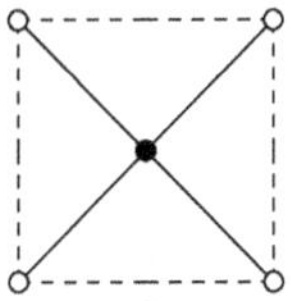 平面正方形 | $[Ni(CN)_4]^{2-}$，$[Cu(NH_3)_4]^{2+}$，$[PdCl_4]^{2-}$，$[AuCl_4]^-$ |
| | 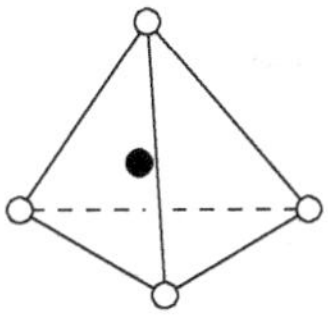 正四面体 | $[BF_4]^-$，$[ZnCl_4]^{2-}$，$[CuBr_4]^{2-}$，$[CoCl_4]^{2-}$ |
| 5 | 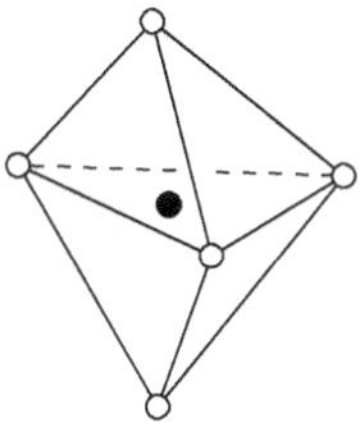 三角双锥 | $[CuCl_5]^{3-}$，$[CdI_5]^{3-}$，$Fe(CO)_5$，$[Mn(CO)_5]^-$ |
| | 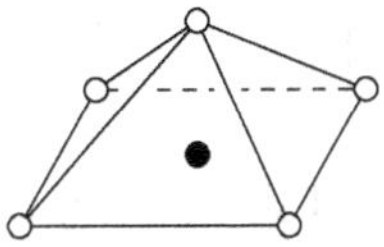 四方锥 | $[MnCl_5]^{2-}$，$[Co(CN)_5]^{3-}$ |
| 6 | 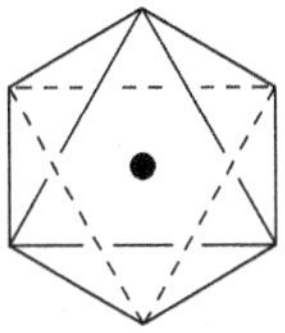 正八面体 | $[Co(NH_3)_6]^{3+}$，$[Fe(CN)_6]^{3-}$，$[SiF_6]^{2-}$，$[PtCl_6]^{2-}$ |
| | 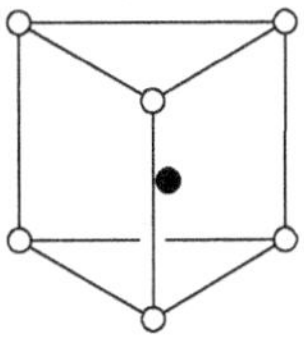 三棱柱 | $[Re(S_2C_2Ph_2)_3]$ |

| 配位数 | 空间构型 | | 配合物 |
|---|---|---|---|
| 7 | | 五角双锥 | $[ZrF_7]^{3-}$ |
| | | 单帽三棱柱 | $[NbF_7]^{2-}$ |
| | | 单帽八面体 | $[NbOF_6]^{3-}$ |
| 8 | | 六角双锥 | $[UO_2(acac)_3]^-$ |
| | | 四方反棱柱 | $[ReF_8]^{3-}$ |
| | | 十二面体 | $[Mo(CN)_6]^{4-}$，$[Zr(Ox)_4]$ |

| 配位数 | 空间构型 | 配合物 |
|---|---|---|
| 9 | 三帽三棱柱 | $[La(H_2O)_9]^{3+}$ |
|  | 单帽四方反棱柱 | $[Eu_2(NO_3)_2(Glu)_2(H_2O)_4]^{2+}$<br>(Glu 为谷氨酸根) |
| 10 | 双帽四方反棱柱 | $[Pr(NO_3)_3(B_{12}C_4)]$ |

注：Ph 表示苯基，acac 表示乙酰丙酮，Ox 表示邻二甲苯。

配合物的配位数可为 1～16，常见的配位数为 2、4、5、6 等。配位数为 1 的配合物目前只有两例，其配体都是体积非常大的配体，如 2,4,6-三苯基铜（I）；配位数 1～3 的配合物空间构型只有一种，如表 4-8 所示。随着配位数的增多，配合物的空间构型也不断增加，最多可达三种空间构型。

① 二配位的配合物：配位数为 2 的配合物，一般都具有 $d^{10}$ 电子构型，中心原子或离子容易采取 sp 或 dp 杂化轨道与配体成键，主要为一价的 $Cu^+$、$Ag^+$、$Au^+$ 等离子和少量二价的 $Be^{2+}$、$Hg^{2+}$ 等离子，空间构型为直线形，如 $[Cu(NH_3)_2]^+$、$[Ag(NH_3)_2]^+$、$[CuCl_2]^+$、$[AgCl_2]^+$ 等。

② 三配位的配合物：配位数为 3 的配合物采取平面三角形的空间构型，中心离子采取 $sp^2$、$dp^2$ 或 $d^2s$ 杂化轨道与配体成键。一些 $d^{10}$ 电子构型的原子或离子如 $Cu^+$、$Hg^+$、$Ag^+$ 和 Pt 能形成三角形的配合物，如 $[Cu(SPMe_3)_3]^+$、Pt $[(C_6H_5)_3P]$。

③ 四配位的配合物：四配位的配合物是很常见且非常重要的配合物，有正四面体和平面正方形两种空间构型。正四面体构型中的中心原子或离子一般采用 $sp^3$ 杂化轨道成键；而平面正方形构型的中心原子或离子采用 $dsp^2$ 杂化轨道成键。因此，配合物的空间构型，不仅取决于配位数，还与配位离子及配体的种类有关。例如，$[NiCl_4]^{2-}$ 是四面体构型，而 $[Ni(CN)_4]^{2-}$ 则为平面正方形。$Pt^{2+}$ 的配合物易形成平面正方形的构型，抗癌药物顺铂就是采用这样的空间构型。

④ 五配位的配合物：配位数为 5 的配合物主要有三角双锥和四方锥两种空间构型。三角双锥配合物的中心原子或离子一般采用 $dsp^3$ 或 $sp^3d$ 的杂化轨道成键，如 $[CuCl_5]^{3-}$、$[CdCl_5]^{3-}$；四方锥构型配合物可以采用 $dsp^3$、$d^2sp^2$、$d^4s$ 等的杂化轨道成键，如 $[VO(acac)_2]$ 和 $[SbCl_5]^{2-}$。实际上，三角双锥和四方锥两种空间构型在能量上相差很小（$25.1kJ \cdot mol^{-1}$），在一定的条件下很容易从一种构型变为另一种构型。

⑤ 六配位的配合物：六配位配合物有八面体和三棱柱两种构型。常见的八面体构型中，中心原子以 $d^2sp^3$ 或 $sp^3d^2$ 杂化轨道成键，在金属离子内部电子和环境周围力场的影响下，容易发生畸变，形成拉长或压缩的八面体。$d^3$ 和 $d^6$ 电子构型的 $Co^{3+}$、$Cr^{3+}$ 配合物几乎都是八面体构型。三棱柱构型的配合物非常少，典型的代表是 $[Re(S_2C_2Ph_2)_3]$。

七配位的化合物比较少，有单帽八面体、五角双锥和单帽三棱柱三种空间构型。配位数 8 及以上的配合物要满足中心离子半径大、电子数少、氧化态高，有足够的空轨道，配体半径小、电负性高和变形性低等特点。因此这些配合物的中心离子一般为镧系或锕系元素为主。

（2）配合物的异构类型

化学组成完全相同的配合物，由于配体在中心原子或离子周围的空间排列或配体配位方式的不同，将导致配合物结构上的不同。这种现象称为配合物的异构。根据异构现象产生原因的不同，可以将异构现象分为顺反异构、对映异构、电离异构、水合异构、键合异构、配位异构和聚合异构等多种类型。这些异构现象总体上可以分为两大类：立体异构和构造异构。

① 立体异构：立体异构的配合物具有相同的化学式组成和相同的配位原子联接方式，但空间排列方式不同，一般分为几何异构和对映体异构两类。凡是分子与其镜像分子不能重叠的配合物就是对映异构，除对映异构以外的立体异构皆为几何异构。

a. 几何异构：配位数为 4 的平面正方形或配位数为 6 的八面体配合物容易发生几何异构。在这类配合物中，按照配体对于中心离子的不同位置，通常分为顺式（*cis*）和反式（*trans*）两种异构体。相同配体相互靠近处于邻位是顺式；彼此远离的处于对位的是反式。例如，顺式的铂配合物和反式的铂配合物具有很大的物理和化学差异（图 4-15）。顺铂为橙黄色粉末，在水中溶解度大，具有抗癌活性；反式的铂配合物为亮黄色，在水中溶解度小，无抗癌活性。组成为 $MA_2B_2$ 的平面正方形结构都有顺式和反式两种异构体。

八面体的配合物，其顺反异构体的数目与配体类型、配体的种类都有关。组成为 $MA_4B_2$ 型的配合物有顺反异构体的存在。例如 $[Co(NH_3)_4Cl_2]^+$ 的顺反异构如图 4-16 所示。

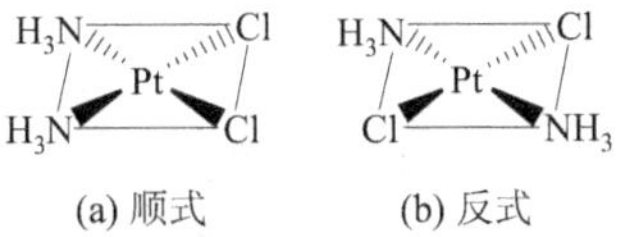

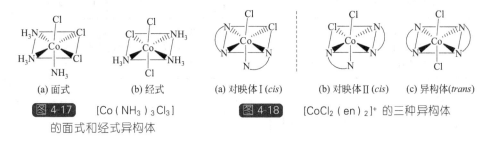

图 4-15　顺式和反式 $[Pt(NH_3)_2Cl_2]$ 的两种异构体结构

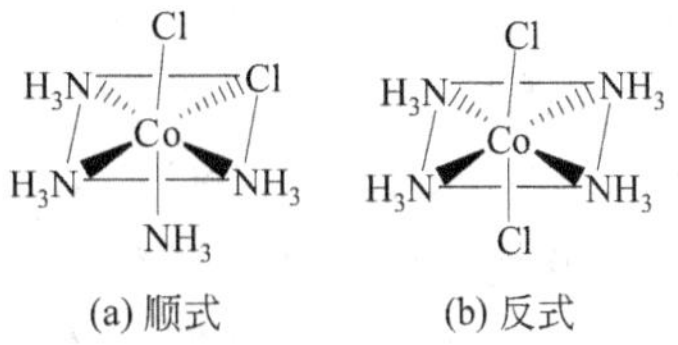

图 4-16　$[Co(NH_3)_4Cl_2]^+$ 的顺式和反式异构体

$MA_3B_3$ 型配合物存在所谓的面式和经式异构体。如图 4-17 所示，$[Co(NH_3)_3Cl_3]$ 的面式异构体中，三个 $Cl^-$ 和三个 $NH_3$ 各占据八面体的两个三角面的顶点，且两个平面间相互平行；经式异构体中，三个 $Cl^-$ 和三个 $NH_3$ 形成的平面间相互垂直。

随着不同配体的种类增多，配合物的异构体数目也将增多。如 $MA_2B_2C_2$ 型的配合物有 5 种异构体，$MA_2B_2CD$ 型有 6 种，$MABCDEF$ 型共有 15 种异构体。

b. 对映异构：对映异构亦称为旋光异构或光学异构。具有对映异构的分子与其镜像分子不能重合，犹如人的左手和右手关系一样，故称两者具有相反的手性。具有手性的分子能使通过它的溶液的偏振光发生偏转。具有不同手性的分子，物理性质相同，化学性质相似，但使偏振光偏转的角度和方向不同。对映异构与几何异构现象密切相关，如 $[CoCl_2(en)_2]^+$ 的顺式结构有对映异构体，而反式结构则没有（图 4-18）。

图 4-17　$[Co(NH_3)_3Cl_3]$ 的面式和经式异构体

图 4-18　$[CoCl_2(en)_2]^+$ 的三种异构体

四配位的配合物中，平面正方形的化合物通常没有旋光性，而四面体构型的配合物则常有旋光性。

② 构造异构：化学组成相同而成键原子连接方式不同引起的异构称为构造异构。这类异构包括配位异构、电离异构、水合异构、键合异构和聚合异构（表 4-9）。

a. 配位异构：由配阴离子和配阳离子形成的配合物可能产生配位异构。在这种异构现象中，配合物的组成相同，只是配体在配阴离子和配阳离子之间的分配不同。例如

$[Co(en)_3][Cr(C_2O_4)_3]$ 和 $[Cr(en)_3][Co(C_2O_4)_3]$

$[Cr(NH_3)_6][Cr(NCS)_6]$ 和 $[Cr(NH_3)_4(NCS)_2][Cr(NH_3)_2(NCS)_4]$

b. 电离异构：配合物在溶液中电离时，内界和外界配体发生交换而生成不同

配离子的现象称为电离异构。例如

$[Co(en)_2Cl_2]NO_2$ 和 $[Co(en)_2(NO_2)Cl]Cl$

$[Co(NH_3)_5SO_4]Br$ 和 $[Co(NH_3)_5Br]SO_4$

c. 水合异构：由于水分子处在内、外界不同而引起的异构现象称为水合异构。水合异构一般是由水分子与外界的抗衡离子相互交换的结果。例如

$[Cr(H_2O)_6]Cl_3$、$[Cr(H_2O)_5Cl]Cl_2 \cdot H_2O$ 和 $[Cr(H_2O)_5Cl_2]Cl \cdot H_2O$

d. 键合异构：含有多个配位原子的配体在配位时，由于成键的配位原子的不同而形成的异构现象称为键合异构。这些能以不同配位原子与同一金属离子键合的配体，在配位化学中称为异性双基配体。例如，—$NO_2$ 硝基和—$ONO$ 亚硝基；—$SCN$ 硫氰酸根和—$NCS$ 异硫氰酸根；—$CN$ 氰基和—$NC$ 异氰基等。

$[Co(NH_3)_5(NO_2)]Cl_2$ 和 $[Co(NH_3)_5(ONO)]Cl_2$

e. 聚合异构：化学式相同但分子量成倍数关系的系列配合物称为聚合异构体。例如

$[Co(NH_3)_6][Co(NO_2)_6]$、$[Co(NH_3)_4(NO_2)_2][Co(NH_3)_2(NO_2)_4]$、$[Co(NH_3)_5(NO_2)][Co(NH_3)_2(NO_2)_4]_2$、$[Co(NH_3)_6][Co(NH_3)_2(NO_2)_4]_3$

**表 4-9　常见的几种构造异构现象**

| 异构名称 | 实　　例 | 实验现象 |
|---|---|---|
| 电离异构 | $[CoSO_4(NH_3)_5]Br$(红色)；<br>$[CoBr(NH_3)_5]SO_4$(紫色) | 加入硝酸银溶液，有浅黄色 $AgBr$ 沉淀生成；<br>加入氯化钡溶液，有白色 $BaSO_4$ 沉淀生成 |
| 水合异构 | $[Cr(H_2O)_6]Cl_3$(紫色)<br>$[CrCl(H_2O)_5]Cl_2 \cdot H_2O$(蓝绿色)<br>$[CrCl_2(H_2O)_4]Cl \cdot 2H_2O$(绿色) | 内界所含水分子数随制备时温度和介质不同而异；溶液摩尔电导率随配合物内界水分子数减少而降低 |
| 配位异构 | $[Co(en)_3][Cr(Ox)_3]$；$[Co(Ox)_3][Cr(en)_3]$ | |
| 键合异构 | $[CoNO_2(NH_3)_5]Cl_2$；$[CoONO(NH_3)_5]Cl_2$ | ① 黄褐色固体，在酸中稳定；<br>② 红褐色固体，在酸中不稳定 |

### 4.2.2　高自旋与低自旋配合物

在配合物中，中心离子的 d 轨道在不同的晶体场中发生了分裂，电子在填充到这些轨道中时，也要遵守能量最低原理、Pauli 不相容原理和 Hund 规则。例如，在八面体场中，中心离子具有 $1 \sim 3$ 个电子时，其电子排布只有一种形式分别为 $t_{2g}^1 e_g^0$、$t_{2g}^2 e_g^0$、$t_{2g}^3 e_g^0$。但对于 $d^4 \sim d^7$ 构型的中心离子，d 电子可以有两种排布方式。一种是电子进入到低能量的 $t_{2g}$ 轨道中，与原先的电子偶合成对，形成低自旋。这种排布需要克服电子之间排斥作用，所消耗的能量称为电子成对能，用符号 $P$ 来表示。另一种是电子进入能量高的 $e_g$ 轨道，采用高自旋排布。

八面体几何构型的配合物中，d 电子先充满能量较低的 $t_{2g}$ 轨道，所形成的配

合物叫低自旋配合物，相当于内轨型配合物。反之，d 电子不优先填充能量低的 $t_{2g}$ 轨道，而占据能量高的 $e_g$ 轨道，形成具有较多成单电子的配合物，叫做高自旋配合物，相当于外轨型配合物。配合物究竟采用高自旋还是低自旋成键，取决于晶体场分裂能 $\Delta_o$ 与电子成对能 $P$ 的相对大小。如果 $\Delta_o < P$，电子成对需要能量较大，d 电子将先分别占据分裂后的各个轨道（$t_{2g}$ 和 $e_g$），然后再成对，采用高自旋分布，形成高自旋配合物。反之，若 $\Delta_o > P$，电子进入 $e_g$ 轨道需要较多的能量，因此，电子将先成对充满 $t_{2g}$ 轨道，然后再占据 $e_g$ 轨道，采取的是低自旋分布，形成低自旋配合物。一般情况下，强场配体存在下易形成低自旋的配合物；同时随着 d 轨道主量子数的增加，配合物的晶体场分裂能 $\Delta_o$ 增大，4d、5d 轨道形成的配合物一般是低自旋的。由于四面体的配合物晶体场分裂能比较小，所以四面体配合物中的 d 电子一般采用高自旋排布。

### 4.2.3  配合物的吸收光谱

晶体场理论常用来解释 $d^1 \sim d^{10}$ 构型的过渡金属离子形成的配合物所呈现的颜色以及配合物吸收光谱产生的原因。

配合物的电子吸收光谱主要来自于三种类型的电子跃迁：①金属离子的 d-d 或 f-f 跃迁；②电荷迁移跃迁；③有机配体内的电子跃迁。过渡金属离子的配合物之所以具有丰富的颜色，与配合物的 d-d 跃迁有关。

根据晶体场理论，金属离子简并的 d 轨道在晶体场的作用下发生分裂，而在低能级 d 轨道上的电子接收紫外光后可以跃迁到较高能级的 d 轨道上，发生 d-d 跃迁，形成电子吸收光谱。轨道间的能量差与光的频率之间的关系可以表示成下式：

$$E(e_g) - E(t_{2g}) = \Delta_o = hc/\lambda \qquad (4-2)$$

配合物所显示出来的颜色是其吸收的可见光的互补色，即配合物吸收一部分可见光，让未吸收的部分透过，从而配合物呈现出透过光的颜色。由于不同电子构型的过渡金属离子与不同的配体形成了各式各样具有不同晶体场分裂能的配合物，因此配合物吸收或透过的光也不一样，呈现出来的颜色也各不相同。

以 $[Ti(H_2O)_6]^{3+}$ 为例，利用不同波长的光照射 $[Ti(H_2O)_6]^{3+}$ 溶液，测定溶液的吸收光谱，则得到其吸收曲线。如图 4-19 所示， $[Ti(H_2O)_6]^{3+}$ 在可见光区 $2030 cm^{-1}$ 处有一个最大吸收峰，对应于配合物中在 d 电子从低能量的 $t_{2g}$ 轨道跃迁到较高能量的 $e_g$ 轨道所吸收的能量，也就是配合物的晶体场分裂能 $\Delta_o$。根据式（4-2）可知， $[Ti(H_2O)_6]^{3+}$ 配合物 d-d 跃迁吸收的是蓝绿光，紫色和红色光吸收少而被透过，所以显现为紫红色。

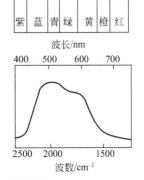

图 4-19  $[Ti(H_2O)_6]^{3+}$ 的吸收光谱

八面体场中多电子的分裂情况比较复杂，既要考虑电子间相互作用，又要考虑配体静电场的影响。电子从一个能级跃迁到另一个能级需要遵守光谱选律。光谱选律包含自旋选律（多重性选律）和轨道选律（对称性选律）。如果严格按照这两条选律，将看不见过渡金属的 d-d 跃迁，也看不见配合物的颜色，因为 d-d 跃迁是轨道选律禁阻的。但事实证明，配合物由于配位环境畸变或配合物偏离对称中心，或发生不对称振动使反演中心被破坏等原因都可以使这种禁阻的部分解除或松动，从而使配合物具有丰富的颜色。由于 d-d 跃迁是部分解除的，所以 d-d 光谱的跃迁强度都不大。

晶体场理论可以比较满意地解释配合物的构型、稳定性、颜色、磁性等实验事实，但由于着重考虑中心离子与配体间的静电作用，而对中心离子与配体间形成的化学键的共价成分予以忽视，对一些中性的配体形成的配合物（如羰基配合物），晶体场理论就不太适用。同时，也无法解释光谱化学序列。为此，后续人们对晶体场理论做了修正，考虑金属离子的轨道与配体轨道的重叠，形成了配体场理论，本书不予以介绍。

# 4.3  分子间作用力

分子间力（又称范德华力）是指除了分子内相邻原子间存在的强烈的化学键外，分子和分子之间还存在着一种较弱的吸引力。分子间的作用力能一般为 $100 \sim 600 \text{kJ} \cdot \text{mol}^{-1}$。分子的极性和变形性是分子间产生吸引作用的根本原因。分子聚集成液体或固态靠的是分子间力或氢键。这些分子间的相互作用比化学键键能要小得多，一般为化学键的 $1/10 \sim 1/100$，但对物质的性质却起着重要的影响作用。一般分子间的作用力（范德华力）主要包括色散力、诱导力和取向力。

## 4.3.1  色散力

通常情况下，非极性分子的正、负中心是重合在一起。然而，任何分子都有变形性。分子在不断运动的过程中，非极性分子的正、负中心将发生瞬时的变形产生相对位移，导致在每一瞬间分子的正、负中心不重合，形成了瞬间偶极。当变形的两个非极性分子非常接近时，由于同极相斥，异极相吸，瞬时偶极间总是处于异极相邻的状态（图 4-20）。

分子间通过瞬间偶极产生的相互吸引作用，叫做色散力。色散力不仅仅存在于非极性分子间，也存在于极性分子与非极性分子之间，以及极性分子与极性分子之间。色散力是分子间普遍存在的一种分子间作用力。色散力的大小与分子的极化率有关。分子的极化率代表分子变形性的强弱。一般情况下，分子的变形性越大，极化率越大，分子间的色散作用就越强。

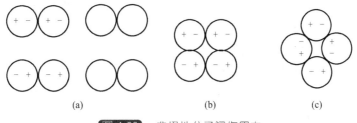

**图 4-20** 非极性分子间作用力

### 4.3.2 诱导力

如图 4-21 所示，非极性分子在外加电场的作用下，分子将发生变形，电子云和原子核之间会发生相对位移，产生诱导偶极；极性分子在外加电场的作用下，也会发生变形，同样会产生诱导偶极。因此，当极性分子与非极性分子靠近时，极性分子的固有偶极相当于一个小的外加电场，使非极性分子发生变形而产生诱导偶极。固有偶

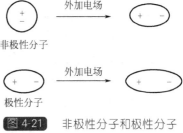

**图 4-21** 非极性分子和极性分子在外加电场下产生诱导偶极

极和诱导偶极之间产生的相互吸引作用称为诱导力。同时，非极性分子产生的诱导偶极会反作用于极性分子，使其偶极长度增加，从而进一步增强它们之间的相互作用。

诱导力不仅存在于极性分子与非极性分子之间，也存在于极性分子与极性分子之间。诱导力的大小与极性分子的极性及被诱导分子的变形性有关。极性分子的极性越大，被诱导分子的变形性越强，分子间的诱导力就越大。

### 4.3.3 取向力

由于极性分子具有固有偶极，当极性分子相互靠近时，同极相斥，异极相吸，分子在空间上会按照异极相邻的状态进行取向（图 4-22），从而降低系统的能量。极性分子固有偶极之间的这种相互吸引作用称为取向力。

**图 4-22** 极性分子间的相互作用

极性分子在相邻分子的固有偶极的诱导下，分子的正、负电荷中心更加分开，也会产生诱导偶极，因此极性分子间存在色散力、取向力和诱导力三种分子间相互作用。取向力的大小同样取决于分子极性的大小，分子的极性越大，取向力越大。与此同时，取向力与热力学的温度成反比，系统温度越高，分子运动越剧烈，取向力越小。

综上所述，在非极性分子之间，只存在瞬间偶极，只有色散力的相互作用；在极性分子和非极性分子之间，同时存在瞬间偶极和诱导偶极，分子间存在色散力和诱导力的相互作用；在极性分子之间，瞬间偶极、诱导偶极和固有偶极都存在，因此色散力、诱导力和取向力都存在。

分子间力是永远存在于分子间的一种相互作用，有以下一些特点：

① 分子间力比较弱，大约 $2\sim30kJ\cdot mol^{-1}$。

② 分子间力是由于分子的瞬间偶极、诱导偶极和固有偶极之间相互作用引起，其本质是静电引力，没有方向性和饱和性。分子间作用的范围大概在 $300\sim500$ pm，随着分子间距离的增加会迅速减小。

③ 分子间的三种作用力中，色散力是最主要的一种分子间力。如表 4-10 所示，在大多数极性分子中，色散力也是占主导作用，只有极性很强的分子中才以取向力为主。例如，HCl 极性分子间取向力仅占 $16\%$，色散力则占 $80\%$；极性很强的 $H_2O$ 间，取向力占 $77\%$，色散力占 $19\%$。

**表 4-10　一些分子的分子间作用力**　　单位：$kJ\cdot mol^{-1}$

| 分子 | 取向力 | 诱导力 | 色散力 | 总和 | 分子 | 取向力 | 诱导力 | 色散力 | 总和 |
|---|---|---|---|---|---|---|---|---|---|
| H | 0 | 0 | 0.17 | 0.17 | HCl | 3.30 | 1.10 | 16.82 | 21.22 |
| Ar | 0 | 0 | 8.49 | 8.49 | HBr | 1.09 | 0.71 | 28.45 | 30.25 |
| Xe | 0 | 0 | 17.41 | 17.41 | $NH_3$ | 13.30 | 1.55 | 14.73 | 29.58 |
| CO | 0.003 | 0.008 | 8.74 | 8.75 | $H_2O$ | 36.36 | 1.92 | 9.00 | 47.28 |

分子间力并不影响物质的化学性质，但对物质的物理性质，如熔点、沸点及聚集状态、汽化热、熔化热和物质溶解度等有明显的影响。通常情况下，分子间的作用力越强，物质的熔点、沸点也就越高，物质的聚集状态也从气态向固态过渡。例如，卤族分子 $F_2$、$Cl_2$、$Br_2$、$I_2$ 都是非极性分子，随着同族分子原子序数的增加，相对分子质量不断增加，分子体积增大，变形性增大，分子间色散力依次增大，所以它们的熔点、沸点依次增高。同时，在标准状态下（298.15K），$F_2$ 和 $Cl_2$ 为气态，$Br_2$ 为液态，$I_2$ 为固态，它们的颜色依次加深。

对于相同类型的单质和化合物来说，由于分子间力以色散力为主，分子的极性对物质的熔点、沸点影响不大，一般随着相对分子质量的增加，分子体积增大，其色散力增大，则熔点、沸点增加。例如熔点、沸点 HCl＜HBr＜HI。当相对分子质量相同或相近时，极性分子间作用力比非极性分子间作用力要大，极性分子的熔点、沸点比非极性分子略高。

# 习　题

1. 常见晶体有几种类型？各类晶体性质如何？AB 型离子晶体有哪几种常见构

型？用什么方法判断？

2. 什么叫离子极化？离子极化作用对离子晶体的性质有何影响？试从离子极化来解释下列现象：

(1) AgF 在水中溶解度较大，而 AgCl 则难溶于水。

(2) $Cu^+$ 的卤化物 CuX 的 $r_+ / r_- > 0.414$，但它们都是 ZnS 型结构。

(3) $Pb^{2+}$、$Hg^{2+}$、$I^-$ 均为无色离子，但 $PbI_2$ 呈金黄色，$HgI_2$ 呈朱红色。

3. 什么是本征缺陷？什么是杂质缺陷？这些缺陷对物质的性质有何影响？请举例说明。

4. 指出下列各组物质熔点由大到小的顺序。

(1) NaF、KF、CaO、KCl；(2) $SiF_4$、SiC、$SiCl_4$；

(3) AlN、$NH_3$、$PH_3$；(4) $Na_2S$、$CS_2$、$CO_2$。

5. 请指出下列配离子哪些属于高自旋，哪些属于低自旋。

(1) $FeF_6^{3-}$；(2) $CoF_6^{3-}$；(3) $Co(H_2O)_6^{3+}$；(4) $Mn(CN)_6^{4-}$；

(5) $Mn(H_2O)_6^{2+}$；(6) $Co(NO_2)_6^{3-}$；(7) $Co(NH_3)_6^{3+}$；

(8) $Fe(CN)_6^{3-}$。

6. $Ni^{2+}$ 可以形成平面正方形、四面体和八面体配合物，试各举一例。在这些配合物中，配体具有什么特性？

7. 现有下列几对配合物，它们分别属于哪类异构现象：

(1) $[Co(NH_3)_6][Cr(CN)_6]$ 和 $[Cr(NH_3)_6][Co(CN)_6]$；

(2) $[Pd(SCN)_2(en)]$ 和 $[Pd(NCS)_2(en)]$；

(3) $[Pt(NH_3)_4SO_4]Br_2$ 和 $[Pt(NH_3)_4Br_2]SO_4$；

(4) $[CrCl(H_2O)_5]Cl_2 \cdot H_2O$ 和 $[Cr(H_2O)_6]Cl_3$；

(5) 顺式$[PtCl_2(NH_3)_2]$ 和反式$[PtCl_2(NH_3)_2]$。

8. 根据离子半径比，推测下列离子晶体属何种类型。

(1) MnS；(2) CaO；(3) AgBr；(4) RbCl；(5) CuS。

9. 给下列配合物命名，并指出配合物的中心离子、配体、配位原子及配位数。

(1) $[Co(NH_3)_6]Cl_3$；(2) $K_2[PtCl_6]$；(3) $[PtCl_2(NH_3)_2]$；

(4) $Na_3[AlF_6]$；(5) $Na_2[Zn(OH)_4]$；(6) $[CoCl_2(NH_3)_3H_2O]Cl$；

(7) $[Co(NH_3)_4(H_2O)_2]_2(SO_4)_3$；(8) $[Fe(EDTA)]$。

10. 分子间有几种？各种力产生的原因是什么？分子间力的大小对物质的物理性质有何影响？并试分析下列分子间有哪几种作用力存在：

(1) HCl；(2) He；(3) $H_2O$ 和 Ar 分子之间；(4) $H_2O$；

(5) 苯和 $CCl_4$ 分子之间。

11. 什么叫做氢键？氢键与一般分子间力有何区别？不同氢键与化学键有何区别？哪些分子间易形成氢键？形成氢键对物质的性质有哪些影响？

12. 比较下列各组中两种物质的熔点高低，简单说明原因。

（1）$NH_3$、$PH_3$；（2）$PH_3$、$SbH_3$；（3）$Br_2$、$ICl$。

13. 请解释下列现象：

（1）为何 $HCl$、$HBr$、$HI$ 的熔沸点依次升高，而 $HF$ 的熔沸点却高于 $HCl$ 的？

（2）为什么 $[Cr(H_2O)_6]^{3+}$ 中的 $H_2O$ 逐步被 $NH_3$ 取代后，溶液的颜色发生变化？

# 第 **5** 章

# 元素及其性质递变规律

元素化学是研究元素所组成的单质和化合物的制备、性质及其变化规律的一门学科，它是各门化学学科的基础。迄今为止，已发现天然存在的元素有 92 种，人工合成的元素约为 20 余种。研究元素及其单质、化合物的制备、性质以及变化规律对认识生命的起源，促进工农业生产和提高人类生活水平有着巨大的影响。因此学习元素化学具有重要的现实意义。

本章将分别介绍 s 区、p 区、d 区、ds 区和 f 区元素的通性及性质递变规律，部分金属和非金属元素及其主要化合物的性质以及它们的主要用途。

## 5.1 元素概述

### 5.1.1 元素的存在状态和分布

元素在自然界中的存在形式主要有两大类：单质和化合物。较活泼的金属和非金属元素在自然界主要以化合物形式存在，只有不太活泼的元素以单质形式存在。

金属元素中以自然金属产出的主要是铂系元素和金，其次是自然银及少量自然铜，还有砷、锑、铋等。砷、锑往往以金属互化物 SbAs（砷锑矿）的形式出现。比较活泼的金属元素铁、钴、镍呈单质形式仅见于铁陨石中，而在地壳中往往成类质同晶混入其他自然金属中，如粗铂矿、镍铂矿及自然铂中。

绝大多数元素中活泼的和较活泼的都主要以化合物形式产出，如氧化物、硫化物、卤化物，以及硝酸盐、硫酸盐、碳酸盐、硅酸盐、硅铝酸盐、磷酸盐、硼酸盐等含氧酸盐。其中以硅酸盐最复杂，分布量最大，构成了地壳的主体。

元素在地壳中的含量称为丰度，一般以质量分数来表示。美国地球化学家克拉克（F. W. Clarke，1847—1931）根据大陆地壳的 5159 个岩石、矿物、土壤和天然水的样品分析数据，于 1889 年第一次算出元素在地壳中的平均含量的数值，即元素的丰度。为了纪念这个创举，又把丰度称为克拉克值。地壳中含量居前十位的元素分别为 O（48.6%）、Si（26.3%）、Al（7.73%）、Fe（4.75%）、Ca（3.45%）、Na（2.74%）、K（2.47%）、Mg（2.00%）、H（0.76%）、Ti（0.42%），其中氧含量接近半数，硅居于第二位。所以，氧和硅是地壳中最多和最常见的元素，也是地壳组成中最重要的矿物——硅酸盐矿物的两元素。

海洋也是元素资源的巨大宝库。海水的成分是很复杂的，因此海水中化学元素的含量差别很大。按组分含量的不同可把海水中的化学元素分为常量元素和微量元素或痕量元素。如表 5-1 所示，氯、钠、镁、钙、钾、锶、硫、碳、溴、氟、硼等元素为常量元素，占海水中溶解盐类的 99.8%～99.9%，它们在海水中的含量基本不变。此外，海水中还含有 U、Zn、Cu、Mn 等 50 余种含量低于 1mg·$dm^{-3}$ 的微量元素或痕量元素。它们在海水中的含量非常低，仅占海水总含盐量的 0.1%，但其种类却比常量元素多得多，大多与其他元素结合成无机盐的形式存在于海水中。由于海水的总体积（约 $1.4×10^9 km^3$）十分巨大，虽然这些元素的百分含量极低，但在海水中的总含量却十分惊人。因此，海洋是一个巨大的物资库。

**表 5-1　海水中元素含量（未计水和溶解气体量）**

| 元素 | 质量分数/% | 元素 | 质量分数/% |
|---|---|---|---|
| Cl | 1.8980 | Br | 0.0065 |
| Na | 1.0561 | Sr | 0.0013 |
| Mg | 0.1272 | B | 0.00046 |
| S | 0.0884 | Si | 0.0004 |
| Ca | 0.0400 | C | 0.0003 |
| K | 0.0380 | F | 0.00014 |

大气也是元素的重要自然资源。在当前的生产与生活中，人们每年要从大气中分离使用 $O_2$、$N_2$、稀有气体等物资达数以万吨计。大气的主要成分列于表 5-2 中。

**表 5-2　大气的主要成分（未计入水蒸气的量）**

| 气体 | 体积分数/% | 气体 | 体积分数/% |
|---|---|---|---|
| $N_2$ | 78.09 | $CH_4$ | 0.00022 |
| $O_2$ | 20.95 | Kr | 0.00011 |
| Ar | 0.934 | $N_2O$ | 0.0001 |
| $CO_2$ | 0.0314 | $H_2$ | 0.00005 |
| Ne | 0.00182 | Xe | 0.0000087 |
| He | 0.00052 | $O_3$ | 0.000001 |

## 5.1.2　元素的分类

按照不同的研究目的，元素的分类常见的有三种：

（1）金属与非金属

根据元素的物理、化学性质进行分类，分为金属与非金属。

在目前已发现的 118 种元素中，已知非金属元素有 22 种，其他元素都是金属元素。金属元素和非金属元素的物理、化学性质有明显的区别，但也有些元素，如 B、Si、Ge、As 等，兼有金属和非金属的性质。

在元素周期表中，除氢外，非金属元素都位于元素周期表的右上角位置。如表 5-3 所示，若以 B-Si-As-Te-At，画一条对角线，处于对角线左下方元素的单质均为金属，包括 s 区、ds 区、d 区、f 区及部分 p 区元素；处于对角线右上方元素的单质为非金属，仅为 p 区的部分元素；处于对角线上的元素称为准金属，其性质介于金属和非金属之间，大多数准金属可作半导体。

**表 5-3　金属与非金属的分界**

| ⅢA | ⅣA | ⅤA | ⅥA | ⅦA | 0 |
|---|---|---|---|---|---|
| B | C | N | O | F | Ne |
| Al | Si | P | S | Cl | Ar |
| Ga | Ge | As | Se | Br | Kr |
| In | Sn | Sb | Te | I | Xe |
| Tl | Pb | Bi | Po | At | Rn |

（2）普通元素和稀有元素

根据元素在自然界中的分布及应用情况，将元素分为普通元素和稀有元素。

稀有元素一般指在自然界中含量少，或被人们发现的较晚，或对它们研究的较少，或提炼它们比较困难，以致在工业上应用也较晚的元素。稀有元素的名称具有一定的相对性，有些元素（如稀土元素）蕴含量并不少。稀有金属约占周期表元素的 2/3。前四周期元素（Li、Be、Ga、Ge、稀有气体除外）、ds 区元素为普通元素，其余为稀有元素。

稀有金属元素根据性质的不同可以分为以下六类。

① 稀有轻金属：Li、Rb、Cs、Fr、Be 等。

② 难熔稀有金属：Ti、Zr、Hf、Ta、W、Mo、V、Re、Tc 等。

③ 稀有分散元素：在自然界中不独立成矿而以杂质状态分散存在于其他元素的矿物中的元素，包括 Re、Ga、In、Tl、Ge、Se、Te 等。

④ 稀土元素：La、Ce、Pr、Nd、Pm、Sm、Eu、Gd、Tb、Dy、Ho、Er、Tm、Yb、Lu 等。

⑤ 稀有贵金属：Pt、Ir、Os、Ru、Rh、Pd 等。

⑥ 放射性稀有金属：Po、Ra 及锕系元素等。

（3）生命元素与非生命元素

在 92 种天然元素中，根据元素的生物效应不同，又分为有生物活性的生命元素和非生命元素。生命元素又可根据在生命体中的含量及作用再进行细分，可分为必需元素、有毒元素、有益元素和不确定元素。生命元素有 60 多种，其中有 20

多种为生命所必需的元素。

必需元素遵循 Arnon 提出的三条原则：①若无该元素存在，则生物不能生长或不能完成其生活周期；②该元素在生物体内的作用不能由其他元素完全替代；③该元素具有一定的生物功能或对生物功能有直接的影响，并参与其代谢过程。已经发现的必需元素有 H、Na、K、Mg、Ca、V、Cr、Mn、Mo、Fe、Co、Ni、Cu、Zn、B、C、N、O、P、F、Si、S、Cl、Se、Br、I 共 26 种。

有毒元素是生物体内除了必需元素外，经常发现的一些对机体有害且不是机体固有的元素，如 Cd，Pb，Hg，Al，Be，Ga，In，Ti，As，Sb，Bi，Te 等。这些元素在人体中的存在和剧增，与现代工业污染有很大的关系。

某些元素的存在对生命是有益的，但没有这些元素生命也可存在，如 Ge 等，这样的元素被称为有益元素。

除以上三类元素外，目前生命体内还发现有 20 ～ 30 种元素，这些元素一般含量较微、种类不定，其生物效应尚不清楚，因此人们暂将其称为不确定元素。

# 5.2　s 区元素

## 5.2.1　s 区元素的电子构型和理化性质

周期表中第 1 列和第 2 列为 s 区元素，它们的价层电子构型分别为 $ns^1$ 和 $ns^2$。其中第 1 列包括氢（H）和碱金属锂（Li）、钠（Na）、钾（K）、铷（Rb）、铯（Cs）、钫（Fr），即第一主族（ⅠA）；第 2 列包括碱土金属铍（Be）、镁（Mg）、钙（Ca）、锶（Sr）、钡（Ba）、镭（Ra），即第二主族（ⅡA）。碱金属和碱土金属的基本性质见表 5-4。这两族元素在化学反应中参与成键的只是 s 电子，所以化学性质比较简单。最为突出的是其氧化物和氢氧化物的碱性。其中 Fr 和 Ra 为放射性元素。

**表 5-4　碱金属和碱土金属的基本性质**

| 性质 | 锂(Li) | 钠(Na) | 钾(K) | 铷(Rb) | 铯(Cs) | 铍(Be) | 镁(Mg) | 钙(Ca) | 锶(Sr) | 钡(Ba) |
|---|---|---|---|---|---|---|---|---|---|---|
| 原子序数 | 3 | 11 | 19 | 37 | 55 | 4 | 12 | 20 | 38 | 56 |
| 价层电子构型 | $2s^1$ | $3s^1$ | $4s^1$ | $5s^1$ | $6s^1$ | $2s^2$ | $3s^2$ | $4s^2$ | $5s^2$ | $6s^2$ |
| 熔点/℃ | 180 | 97 | 63 | 39 | 28 | 1278 | 649 | 839 | 769 | 727 |
| 沸点/℃ | 1347 | 883 | 774 | 688 | 678 | 2970 | 1090 | 1484 | 1384 | 1640 |
| 原子半径/pm | 123 | 154 | 203 | 216 | 235 | 89 | 136 | 174 | 191 | 198 |
| 电负性 | 0.98 | 0.93 | 0.82 | 0.82 | 0.79 | 1.57 | 1.31 | 1.00 | 0.95 | 0.89 |
| 密度/g·cm$^{-3}$ | 0.534 | 0.971 | 0.86 | 1.532 | 1.873 | 1.85 | 1.74 | 1.55 | 2.54 | 3.5 |

ⅠA族的金属单质具有软、轻、熔点较低的特点，这是由于这些金属原子半径大而价电子只有 1 个，所形成的金属键相对较弱之故。例如金属钠和钾可以用小

刀切割；金属锂、钠、钾的密度都比水小，它们和水作用时是浮在水面上的；它们的熔点都比较低，其中金属铯的熔点为 28℃，低于人的体温。ⅡA 族金属有 2 个价电子，所形成的金属键要强一些，其单质的熔点就要比碱金属高得多，例如钡的熔点为 727℃，但和常见金属铜、铁相比，还是比较低的。

碱金属、碱土金属可以与氧、卤素、氢、水和酸等多种物质发生反应，同一族元素随原子序数增大作用更强烈。新切开的金属钠表面呈银灰色光泽，但很快就被氧化为淡黄色的氧化钠，所以 Na、K、Cs 等必须储存在煤油或石蜡油中，使用时用小刀切削去表面氧化膜，用多少取多少，剩余的一定要放回原处，切忌随便丢弃。存有金属钠的地方，一旦有火灾发生，绝不能用水灭火，这样只能加大火势，这种情况需用沙子灭火。

### 5.2.2　s 区元素的化合物

（1）过氧化物和超氧化物

在一定条件下，ⅠA、ⅡA 族金属皆可生成过氧化物（Be、Mg 除外）。Na 在加压氧气中燃烧可以进一步形成超氧化钠（$NaO_2$），K、Rb、Cs 在空气中燃烧就可以形成超氧化物（$MO_2$）。过氧化物和超氧化物都是强氧化剂，与 $H_2O$ 或 $CO_2$ 反应可放出氧气，可用作供氧剂。例如：

$$Na_2O_2 + 2H_2O \Longrightarrow 2NaOH + H_2O_2，\ H_2O_2 \Longrightarrow H_2O + 1/2O_2$$

$$2Na_2O_2 + 2CO_2 \Longrightarrow 2Na_2CO_3 + O_2$$

$$2KO_2 + 2H_2O \Longrightarrow 2KOH + H_2O_2 + O_2，\ H_2O_2 \Longrightarrow H_2O + 1/2O_2$$

$$4KO_2 + 2CO_2 \Longrightarrow 2K_2CO_3 + 3O_2$$

$M_2O_2$ 兼有碱性和氧化性，是很好的熔矿剂，适用于加热分解含 As、Sb、Si、P、V、Cr、Mn、W、U、Ni 等元素的矿石。

（2）氢氧化物

碱金属和碱土金属的氢氧化物都是白色固体。它们在空气中易吸水而潮解，故固体 NaOH 和 $Ca(OH)_2$ 常用作干燥剂。

碱金属的氢氧化物在水中都是易溶的（其中 LiOH 的溶解度稍小些），溶解时还放出大量的热。碱土金属的氢氧化物的溶解度则较小，其中 $Be(OH)_2$ 和 $Mg(OH)_2$ 是难溶的氢氧化物。

碱金属、碱土金属的氢氧化物中，除 $Be(OH)_2$ 为两性氢氧化物外，其他氢氧化物都是强碱或中强碱。

（3）氢化物

活泼金属 Li、Na、Mg 等能与 $H_2$ 形成氢化物，其中 H 为 −1 价：

$$2Na + H_2 \Longrightarrow 2NaH$$

$$Mg + H_2 \Longrightarrow MgH_2$$

此类氢化物性质类似盐，大多数不稳定，受热易分解，是很好的还原剂和制氢试剂，$H^-$ 是极强的碱，可以从 $H_2O$ 和 $NH_3$ 中夺取 $H^+$，如：

$$CaH_2 + 2H_2O \rightleftharpoons Ca(OH)_2 + 2H_2$$

$$H^- + NH_3 \rightleftharpoons H_2 + NH_2^-$$

利用上述性质可以除去有机试剂中的微量水分。$H^-$ 也可以在氟化物中取代 $F^-$：

$$6H^- + 2BF_3 \rightleftharpoons B_2H_6 + 6F^-$$

LiH 和 $AlCl_3$ 反应生成 $LiAlH_4$，NaH 和 $B_2H_6$ 反应生成 $NaBH_4$，它们都是化学中很有用的还原剂。

（4）几种重要的盐

氯化镁常以 $MgCl_2 \cdot 6H_2O$ 形式存在，其为无色晶体，味苦，易吸水，加热到 530℃ 以上，分解为 MgO 和 HCl 气体：

$$MgCl_2 \cdot 6H_2O \rightleftharpoons MgO + 2HCl + 5H_2O$$

欲得到无水 $MgCl_2$，必须在干燥的 HCl 气流中加热 $MgCl_2 \cdot 6H_2O$，使其脱水。无水 $MgCl_2$ 是制取金属镁的原料。纺织工业中用 $MgCl_2$ 来保持棉纱的湿度而使其柔软。从海水中制得不纯 $MgCl_2 \cdot 6H_2O$ 的盐卤块，工业上常用于制造 $MgCO_3$ 和其他镁的化合物。

二水硫酸钙（$CaSO_4 \cdot 2H_2O$）俗称生石膏，在加热到 160～200℃ 时，失去 3/4 结晶水而变成熟石膏：

$$2CaSO_4 \cdot 2H_2O \rightleftharpoons (CaSO_4)_2 \cdot H_2O + 3H_2O$$

熟石膏与水混合成糊状后，很快凝固和硬化，重新变成 $CaSO_4 \cdot 2H_2O$。由于这种性质二水硫酸钙可以铸造模型和雕塑，在外科上用作石膏绷带。

硫酸钡（$BaSO_4$）俗称重晶石，是制备其他钡类化合物的原料。例如，将 $BaSO_4$ 还原为可溶性的 BaS，然后制备其他钡盐：

$$BaSO_4 + 4C \rightleftharpoons BaS + 4CO$$

$$BaS + 2HCl \rightleftharpoons BaCl_2 + H_2S$$

$$BaS + CO_2 + H_2O \rightleftharpoons BaCO_3 + H_2S$$

$BaSO_4$ 是唯一无毒钡盐，由于它不溶于胃酸，不会使人中毒。同时它能强烈吸收 X 射线，可在医学上用于胃肠 X 射线透视造影。重晶石也可做白色涂料，在橡胶、造纸工业中作白色填料。

碳酸锂具有神奇的医学功能，可用于治疗狂躁型抑郁症。碳酸锂可由含锂的矿物得到：

$$2LiAlSi_2O_6 + Na_2CO_3 \rightleftharpoons Li_2CO_3 + 2NaAlSi_2O_6$$

在上述反应系统中不断通入 $CO_2$，使难溶的 $Li_2CO_3$ 转化为可溶的 $LiHCO_3$，从而与难溶的硅酸盐分离：

$$Li_2CO_3 + CO_2 + H_2O \rightleftharpoons 2LiHCO_3$$

碳酸锂是制取其他锂化合物的原料。例如，用碳酸锂和氢氧化钙反应可制取 LiOH：

$$Li_2CO_3 + Ca(OH)_2 \Longrightarrow 2LiOH + CaCO_3$$

碳酸钠俗称纯碱或苏打，通常是含 10 个结晶水的白色晶体（$Na_2CO_3 \cdot 10H_2O$），在空气中易风化而逐渐碎裂为疏松的粉末，易溶于水，其水溶液有较强的碱性，大量用于玻璃、搪瓷、肥皂、造纸、纺织、洗涤剂的生产和有色金属的冶炼中，它还是制备其他钠盐或碳酸盐的原料。工业上常用氨碱法生产碳酸钠：

$$NaCl + NH_3 + CO_2 + H_2O \Longrightarrow NaHCO_3 \downarrow + NH_4Cl$$

$$2NaHCO_3 \Longrightarrow Na_2CO_3 + H_2O \uparrow + CO_2 \uparrow$$

碳酸氢钠俗称小苏打，白色粉末，可溶于水，但溶解度不大，其水溶液呈弱碱性，主要用于医药和食品工业中。

### 5.2.3　盐类的溶解性

关于物质溶解性的问题，是一个复杂而又耐人寻味的问题，长期以来，吸引了不少科学工作者为之研究、探讨。众所周知，离子晶体易溶解在强极性溶剂，而几乎不溶于非极性溶剂，像这种著名的"相似者互溶"的经验规律，就是人们在总结、研究了许许多多的物质的溶解性之后而提出来的。但是，盐类溶解性问题将涉及许多微观和宏观特性，为简单起见，这里只讨论典型的离子型盐类的溶解度问题，即由具有 8 电子构型的金属离子所生成盐的溶解度。

关于离子型盐类的溶解度，虽然还没有一个完整的规律性，但仍然发现一些经验规律：离子的电荷小、半径大的盐往往是易溶的（如碱金属的氟化物比碱土金属的氟化物溶解度大）；阴离子的半径比较大时，盐的溶解度常随金属的原子序数的增大而减小，相反，阴离子的半径比较小时，盐的溶解度常随金属的原子序数的增大而增大（如表 5-5、表 5-6 所示）。由于 $F^-$、$OH^-$ 半径较小，其盐的溶解度按 Li→Cs、Be→Ba 的顺序基本增大，而 $I^-$、$SO_4^{2-}$、$CrO_4^{2-}$ 半径较大，按 Li→Cs、Be→Ba 的顺序基本减小。此外，一般来讲，盐中正负离子半径相差较大时，其溶解度较大；相反，盐中正负离子半径相近时，其溶解度较小。

**表 5-5　碱金属氟化物、碘化物的溶解度**　　单位：$mol \cdot L^{-1}$

| 名称 | $Li^+$ | $Na^+$ | $K^+$ | $Rb^+$ | $Cs^+$ |
|---|---|---|---|---|---|
| $F^-$ | 0.1 | 1.1 | 15.9 | 12.5 | 24.2 |
| $I^-$ | 12.2 | 11.8 | 8.6 | 7.2 | 2.8 |

**表 5-6　碱土金属某些难溶化合物的溶度积**　　单位：$mol \cdot L^{-1}$

| 名称 | $OH^-$ | $F^-$ | $SO_4^{2-}$ | $CrO_4^{2-}$ |
|---|---|---|---|---|
| $Be^{2+}$ | $1.6 \times 10^{-26}$ | — | — | — |
| $Mg^{2+}$ | $8.9 \times 10^{-12}$ | $8 \times 10^{-8}$ | — | — |
| $Ca^{2+}$ | $1.3 \times 10^{-6}$ | $1.7 \times 10^{-10}$ | $2.4 \times 10^{-5}$ | $7.1 \times 10^{-4}$ |
| $Sr^{2+}$ | $3.2 \times 10^{-4}$ | $8 \times 10^{-10}$ | $8 \times 10^{-7}$ | $3.6 \times 10^{-5}$ |
| $Ba^{2+}$ | $5 \times 10^{-3}$ | $2.4 \times 10^{-5}$ | $1 \times 10^{-10}$ | $8.5 \times 10^{-11}$ |

### 5.2.4　锂、铍的特殊性与周期表中的斜线关系

ⅠA 族的 Li 与 Na、K、Rb、Cs 之间，ⅡA 族的 Be 与 Mg、Ca、Sr、Ba 之间，元素及其化合物性质的差别比较大。例如，金属 Li 与 Na、K、Rb、Cs 相比，单质硬度大、熔点高，难形成过氧化物，能与 $N_2$ 化合；锂的化合物的共价性比同族其他元素化合物的共价性显著，LiF、$Li_2CO_3$、$Li_3PO_4$ 难溶于水。Li 的这些性质与同族元素相比显得有点特殊，而与其右下角的 Mg 更相近。Be 也有类似的情况，它的氧化物、氢氧化物为两性，无水 $BeCl_2$ 是共价化合物，易发生聚合，这些性质与 Mg、Ca、Sr、Ba 化合物不同，而与其右下方的元素 Al 相似，在周期表中，有数对处于相邻两个族的对角斜线上的元素，它们的性质十分相似，如 Li 与 Mg，Be 与 Al，B 与 Si 等。这种相似性，我们称之为斜线关系或对角线关系。

（1）Li 和 Mg 两元素的类似性

① 锂、镁在过量的氧气中燃烧时并不生成过氧化物，而生成正常氧化物；

② 锂和镁都能与氮气直接化合生成氮化物，与水反应均较缓慢；

③ 锂和镁的氢氧化物都是中强碱，溶解度都不大，在加热时可分别分解为 $Li_2O$ 和 MgO；

④ 锂和镁的某些盐类如氟化物、碳酸盐、磷酸盐均难溶于水；

⑤ 锂和镁的碳酸盐在加热下均能分解为相应的氧化物和二氧化碳；

⑥ 锂、镁的氯化物均能溶于有机溶剂中，表现出共价特征。

（2）Be 和 Al 两元素的类似性

① 标准电极电势相近：$\varphi_{Be^{2+}/Be} = -1.7V$，$\varphi_{Al^{3+}/Al} = -1.67V$；

② 均为两性金属，既溶于酸又溶于强碱；

③ BeO 和 $Al_2O_3$ 都有高熔点，高硬度；

④ 氢氧化物均呈两性；

⑤ $BeCl_2$ 和 $AlCl_3$ 是缺电子的共价型化合物，在蒸气中以缔合分子的状态存在；

⑥ 金属铍和铝都能被浓硝酸钝化；

⑦ 盐都水解且高价阴离子的盐难溶。

（3）B 和 Si 两元素的类似性

① 两者在单质状态下都显有某些金属性；

② 在自然界都不以单质存在，而是以氧的化合物存在；

③ B—O 键和 Si—O 键都有很高的稳定性；

④ 氢化物均多种多样，都具有挥发性，且可自燃，能水解；

⑤ 卤化物彻底水解，它们都是路易斯酸；

⑥ 都生成多酸和多酸盐，有类似的结构特征，正硼酸和正硅酸都是弱酸；

⑦ 氧化物与某些金属氧化物共熔，可生成含氧酸盐。

# 5.3　p 区元素

## 5.3.1　p 区元素概述

p 区元素包括ⅢA 至ⅧA 六个主族，目前共有 31 个元素，是元素周期表中唯一包含金属和非金属的一个区。因此，该区元素具有十分丰富的性质。p 区元素的价层电子层构型为 $ns^2np^{1\sim6}$。在同一周期中，因 p 轨道上电子数不同而呈现出不同的性质，如 13 号元素是 Al，为金属元素，易失去电子，表现为较强的还原性；而 17 号元素是 Cl，为典型的非金属元素，易得到电子，表现出很强的氧化性。在同一族元素中，原子半径从上至下逐渐增大，而有效核电荷只是略有增加。因此，金属性逐渐增强，非金属性逐渐减弱。p 区元素由于其电子构型的特殊性，因而既包含有金属固体、非金属固体，也有非金属液体及非金属气体（双原子分子）。因此，它们的物理性质差异很大。一般地，同周期元素中，熔、沸点从左到右逐渐减小，同族元素中，熔、沸点从上到下逐渐增大。

p 区非金属元素（稀有气体除外），在单质状态以非极性共价键结合。当非金属元素的原子半径较小，成单价电子数较小时，可形成独立的双原子分子，如 $Cl_2$、$O_2$、$N_2$ 等；而当非金属元素的原子半径较大，成键电子较多时，则形成多原子的巨形分子，如 C、Si、B 等。p 区金属元素由于其电负性相对 s 区元素要大，所以其金属性比碱金属和碱土金属要弱，某些元素甚至表现出两性，如 Si、Al 等。

## 5.3.2　卤素

（1）卤素概述

周期表ⅧA 族的元素又称为卤素，共涉及氟（F）、氯（Cl）、溴（Br）、碘（I）、砹（At）五个元素，其中 At 是放射性元素。卤素英文 halogen 的意思是"成盐"，人们最熟悉的食盐，其主要成分就是氯化钠。盐是人类赖以生存的营养成分，F、Cl、Br、I 四个元素均为生命必需元素，其主要性质见表 5-7。

由表 5-7 可见，卤素的物理性质随原子序数的增加呈现规律性变化。单质熔点、沸点逐渐升高，这是因为分子间色散力逐渐增大的缘故；电负性是随原子序数的增大而减小；单质的颜色逐渐加深，这是由于不同的卤素单质对光线的选择吸收所致。

**表 5-7**　卤素的性质

| 性　　质 | 氟(F) | 氯(Cl) | 溴(Br) | 碘(I) |
|---|---|---|---|---|
| 原子序数 | 9 | 17 | 35 | 53 |
| 价层电子构型 | $2s^22p^5$ | $3s^23p^5$ | $4s^24p^5$ | $5s^25p^5$ |
| 常温下状态 | 浅黄色气体 | 黄绿色气体 | 红棕色液体 | 紫黑色固体 |
| 单质熔点/℃ | −219.62 | −100.98 | −7.2 | 113.5 |

| 性　　　质 | 氟(F) | 氯(Cl) | 溴(Br) | 碘(I) |
|---|---|---|---|---|
| 单质沸点/℃ | −118.14 | −34.5 | 58.78 | 184.35 |
| 原子半径/pm | 58 | 99 | 114.2 | 133.3 |
| 电负性 | 3.98 | 3.16 | 2.96 | 2.66 |
| 常见氧化值 | −1 | −1,+1,+3,+5,+7 | −1,+1,+3,+5,+7 | −1,+1,+3,+5,+7 |

卤素的单质都是以双原子分子存在的，以 X$_2$ 表示，通常指 F$_2$、Cl$_2$、Br$_2$、I$_2$ 这四种。卤素单质均有刺激性气味，能刺激眼、鼻、气管的黏膜。吸入较多的卤素蒸气会中毒，甚至引起死亡，故使用卤素时要特别小心。

卤素的价层电子构型为 $ns^2np^5$，它们容易得到一个电子形成 X$^−$，即卤素单质 X$_2$ 具有强的得电子能力，是强氧化剂，氧化性按照 F$_2$、Cl$_2$、Br$_2$、I$_2$ 的顺序减弱。

（2）卤素单质

卤素单质是很活泼的非金属元素，具有强氧化性，能与大多数元素直接化合。F$_2$ 是最活泼的非金属，除氮、氧和某些稀有气体外，F$_2$ 能与所有金属和非金属直接化合，而且反应通常十分激烈，有时伴随着燃烧和爆炸。在室温或不太高的温度下，F$_2$ 可以使铜、铁、镁、镍等金属钝化，生成金属氟化物保护膜。Cl$_2$ 也能与所有金属和大多数非金属元素（除氮、氧、碳和稀有气体外）直接化合，但反应不如 F$_2$ 剧烈。Br$_2$、I$_2$ 的活泼性与 Cl$_2$ 相比则更差。

卤素单质较难溶于水。常温下 1m$^3$ 水可溶解约 2.5m$^3$ 氯气，这种溶液叫氯水。在水中溴的溶解度较大，碘的溶解度最小，氟不溶于水，但它可以使水剧烈地分解放出氧气：

$$F_2 + H_2O = \frac{1}{2}O_2 + 2HF$$

碘在水中溶解度虽然小，但在碘化钾或其他碘化物溶液中溶解度却明显增大。这是由于发生了下述反应：

$$I_2 + I^- = I_3^-$$

单质 F$_2$ 是最活泼的非金属，它具有最强的氧化性，还没有找到一种氧化剂能把 F$^−$ 氧化为 F$_2$，通常制取 F$_2$ 采用电解法。电解所用的电解质是三份氟化氢钾（KHF$_2$）和二份无水氟化氢的熔融混合物（熔点为 72℃），目的是为了减轻 HF 的挥发，并且可降低电解质的熔点。电解时，在阳极生成氟气，在阴极生成氢气。阴阳两极必须严格隔离，以免 F$_2$ 和 H$_2$ 猛烈反应，整个电解槽还必须很好密闭并与空气隔绝，以免 F$_2$、O$_2$ 和 H$_2$ 起反应。电解槽材料用抗氟腐蚀的 Monel 合金（含 Cu 30%，Ni 60%～65% 的合金），电解法制 F$_2$ 的化学反应方程式可写为：

$$2HF \xrightarrow{\text{电解，300℃}} H_2 + F_2$$

由上述反应可以看出，电解所不断消耗的是 HF，而不是 KF，所以要不断加入无水 HF，以降低电解质的熔点，保证电解反应继续进行。此方法是 1886 年

H. Moisson 发明的，至今仍用于生产 $F_2$。$F_2$ 大量用来制取有机氟化物，如高效灭火剂（$CF_2ClBr$、$CBr_2F_2$ 等）、杀虫剂（$CCl_3F$）、塑料（聚四氟乙烯）等。$SF_6$ 的热稳定性好，可以作为理想的气体绝缘材料。氟碳化合物代红细胞制剂可作为血液代用品应用于临床。含有 $ZrF_4$、$BaF_2$、$NaF$ 的氟化物玻璃可用作光导纤维材料。此外，液态 $F_2$ 还是航天燃料的高能氧化剂。

电解食盐水可以得到 $Cl_2$：

$$2NaCl + 2H_2O \xrightarrow{\text{电解}} Cl_2 + H_2 + 2NaOH$$

19 世纪中叶，工业生产所需 $Cl_2$ 是利用 $O_2$ 在高温下，催化氧化 $HCl$（g）中的 $Cl^-$ 得到，该方法成本高，产量小：

$$4HCl + O_2 \xrightarrow{\triangle} 2Cl_2 + 2H_2O$$

$Cl_2$ 是一种重要的化工原料，主要用于盐酸、农药、炸药、有机染料、有机溶剂及化学试剂的制备，还用于漂白纸张、布匹等。现在实验室若需少量 $Cl_2$ 时，可用 $KMnO_4$ 或 $MnO_2$ 等氧化剂和浓盐酸反应得到：

$$4HCl + MnO_2 \xrightarrow{\triangle} Cl_2 + MnCl_2 + 2H_2O$$

人们常用 $Cl_2$ 作为氧化剂，使 $Br^-$ 和 $I^-$ 氧化成 $Br_2$ 和 $I_2$。

$$Cl_2 + 2Br^- \rightleftharpoons 2Cl^- + Br_2$$

应该注意，选 $Cl_2$ 作为氧化剂制取 $I_2$ 时，$Cl_2$ 不能过量，否则会把 $I_2$ 氧化为 $IO_3^-$：

$$5Cl_2 + I_2 + 6H_2O \rightleftharpoons 2IO_3^- + 10Cl^- + 12H^+$$

溴（$Br_2$）是在室温下唯一呈液态的非金属单质。$Br_2$ 是制取有机和无机化合物的工业原料，广泛用于医药、农药、感光材料、含溴染料、香料等方面。溴化物在医药方面可用作镇静剂，三溴片就是含 $KBr$、$NaBr$ 和 $NH_4Br$ 三种溴化物的药物。人的神经系统对溴敏感，溴能使神经麻痹，在新陈代谢过程中从肾脏排泄出去。

在室温下碘是紫黑色固体，受热容易升华，蒸气呈紫红色，碘的希腊文就是紫色的意思。人体的甲状腺里，含有相对多的碘，甲状腺分泌的甲状腺素是含碘的化合物，它与人体的发育直接相关，胎儿期如缺碘会给智力造成先天性的影响。缺碘还会患甲状腺肿大症，俗称"大脖子病"。$I_2$ 在医药上还用于制备消毒剂（碘酒）、防腐剂（碘仿 $CHI_3$）、镇痛剂等。

（3）卤化物和氢卤酸

卤素都能与氢气反应生成卤化氢。$HF$ 和 $HCl$ 通常在实验室都用浓 $H_2SO_4$ 与相应的盐作用制得，其反应如下

$$CaF_2(s) + H_2SO_2（浓） \rightleftharpoons CaSO_4 + 2HF$$

$$NaCl(s) + H_2SO_4（浓） \rightleftharpoons NaHSO_4 + HCl$$

由于浓 $H_2SO_4$ 可将溴化氢和碘化氢进一步氧化成 $Br_2$ 和 $I_2$，故溴化氢和碘化

氢不能用此法制取。通常采用非金属卤化物水解的方法制取 HBr 和 HI。PBr$_3$ 和 PI$_3$ 分别与水作用时，发生强烈水解。

卤化氢都是共价型分子，易液化，易溶于水。由于卤化氢易与空气中的水蒸气形成细小雾滴，所以能在空气中发烟。卤化氢的水溶液称为氢卤酸。其酸的强度是 HI＞HBr＞HCl（HF 为弱酸）。但氢氟酸能和玻璃、陶瓷中的主要成分二氧化硅和硅酸盐反应，即

$$SiO_2 + 4HF \Longrightarrow SiF_4 \uparrow + 2H_2O$$
$$CaSiO_3 + 6HF \Longrightarrow CaF_2 + SiF_4 \uparrow + 3H_2O$$

所以氢氟酸一般装在聚乙烯塑料瓶中。

氢卤酸蒸馏时都有恒沸现象。如蒸馏浓盐酸时，首先蒸发出含有少量水的 HCl 气体，在 101.3kPa 下，当溶液浓度降低到 20.24% 时，蒸馏出来的水分和 HCl 气体保持这个浓度比例，而溶液浓度不变，这时溶液沸点为 383K。只要压力不变，盐酸溶液的浓度和沸点都不会改变，这种盐酸称为恒沸盐酸。

盐酸是氢卤酸中最重要的一种酸。市售浓盐酸约含 36%～38% 的氯化氢，密度为 1.19g·mL$^{-1}$，浓度约为 12mol·L$^{-1}$。工业浓盐酸含 HCl 仅 32% 左右。纯净的盐酸是无色透明液体，有刺激性气味，工业盐酸因含有铁离子而显黄色。

盐酸是三大强酸之一，具有酸的通性，它可以跟活泼金属、金属氧化物、碱等反应。此外，盐酸还具有一定的还原性，它可以跟强氧化剂（如 KMnO$_4$）反应：

$$2KMnO_4 + 16HCl \Longrightarrow 2KCl + 2MnCl_2 + 8H_2O + 5Cl_2 \uparrow$$

盐酸是一种重要的工业原料和化学试剂，在工业上通常采用直接化合法，即将氯碱工业的副产品氢气和氯气，通入合成炉中，让氢气流在氯气中平静地燃烧生成氯化氢。它在医药、化工、机械、电子、冶金、纺织、皮革及食品工业中，都有着广泛的用途。例如，在食品工业上常用来制造葡萄糖、酱油、味精等；在机械热加工中，常用于钢铁制品的酸洗以除去铁锈；在化工工业中，盐酸常用于制备多种氯化物及其他各种含氯产品。

（4）卤素的含氧酸

氯、溴和碘均有四种类型的含氧酸，分子式为 HXO、HXO$_2$、HXO$_3$、HXO$_4$，其中卤素氧化值分别为 +1、+3、+5、+7。表 5-8 列出了卤素的含氧酸。

**表 5-8　卤素的含氧酸**

| 命　名 | 氯的含氧酸 | 溴的含氧酸 | 碘的含氧酸 |
|---|---|---|---|
| 次卤酸 | HClO[①] | HBrO[①] | HIO[①] |
| 亚卤酸 | HClO$_2$[①] | | |
| 卤酸 | HClO$_3$[①] | HBrO$_3$[①] | HIO$_3$ |
| 高卤酸 | HClO$_4$ | HBrO$_4$[①] | HIO$_4$，H$_5$IO$_6$ |

① 表示仅存在于溶液中。

在卤素的含氧酸根离子中，卤素原子作为中心原子，采用 sp³ 杂化轨道与氧原子成键，形成不同构型的卤素含氧酸根（图 5-1）。

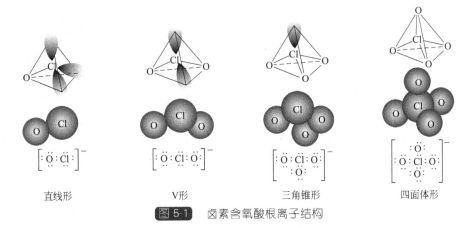

| 直线形 | V形 | 三角锥形 | 四面体形 |

**图 5-1**　卤素含氧酸根离子结构

卤素含氧酸的酸性、氧化性、热稳定性等，都随分子中氧原子数的改变而呈现规律性的变化，以氯的含氧酸为代表，其递变规律见表 5-9。

**表 5-9**　氯的含氧酸性质变化规律

| 氧化值 | 氯的含氧酸 | 热稳定性和酸强度 | 氧化性 |
|---|---|---|---|
| +1 | HClO | | |
| +3 | HClO₂ | 增大↓ | 增大↑ |
| +5 | HClO₃ | | |
| +7 | HClO₄ | | |

次卤酸都很不稳定，仅存在于水溶液中，其稳定程度依 HClO、HBrO、HIO 次序迅速减小。已知的亚卤酸仅有亚氯酸，它存在于水溶液中，酸性比次氯酸强。卤酸中氯酸和溴酸是强酸，碘酸是中强酸。卤酸的浓溶液都是强氧化剂，稳定性依 HClO₃、HBrO₃、HIO₃ 次序增大。

高氯酸是最强的无机含氧酸。高溴酸也是强酸，而高碘酸是一种弱酸。浓的 HClO₄ 是强氧化剂，与有机物质接触会引起爆炸，所以贮存时必须远离有机物，使用时也务必注意安全。在钢铁分析中常用高氯酸来溶解矿样；高氯酸也可作为制备醋酸纤维的催化剂。

### 5.3.3　氧族

（1）氧族元素概述

周期表ⅥA 族的元素包含氧（O）、硫（S）、硒（Se）、碲（Te）和钋（Po）五个元素，称为氧族，英文取名 chalcogen 的意思"成矿"，因为大多数矿石的主要成分是氧化物、硫化物或含氧酸盐。本族五种元素之中，Po 是放射性元素，它是镭的蜕变产物。Se 和 Te 是稀散元素，在自然界不仅量少并且很分散，常与硫共生。氧族元素的主要性质见表 5-10。

　　氧族元素原子的价层电子构型为 $ns^2np^4$，有获得 2 个电子达到稀有气体的稳定电子层结构的趋势，表现出较强的非金属性。随着原子序数的增加，氧族元素的非金属性依次减弱，而逐渐显示出金属性。从电负性的数值可以看出，氧族元素的非金属性不如相应的卤素那样强。

　　氧族元素单质的化学活泼按 O＞S＞Se＞Te 的顺序降低。氧和硫是比较活泼的。氧几乎与所有元素（除大多数稀有气体外）化合而生成相应的氧化物。单质硫与许多金属接触时都能发生反应。室温时汞也能与硫化合，高温下硫能与氢、氧、碳等非金属作用。只有稀有气体以及单质碘、氮、碲、金、铂和钯不能直接与硫化合。硒和碲也能与大多数元素反应而生成相应的硒化物和碲化物。除钋外，氧族元素单质不能与水和稀酸反应。浓硝酸可以将硫、硒和碲分别氧化为 $H_2SO_4$、$H_2SeO_3$ 和 $H_2TeO_3$。

**表 5-10　氧族元素的主要性质**

| 性　　质 | 氧(O) | 硫(S) | 硒(Se) | 碲(Te) | 钋(Po) |
|---|---|---|---|---|---|
| 原子序数 | 8 | 16 | 34 | 52 | 84 |
| 价层电子构型 | $2s^2 2p^4$ | $3s^2 3p^4$ | $4s^2 4p^4$ | $5s^2 5p^4$ | $6s^2 6p^4$ |
| 单质熔点/℃ | −218 | 115 | 217 | 450 | 254 |
| 单质沸点/℃ | −183 | 445 | 687 | 990 | 962 |
| 原子半径/pm | 60 | 104 | 117 | 137 | 153 |
| 电负性 | 3.44 | 2.58 | 2.55 | 2.10 | 2.0 |
| 常见氧化值 | −2,(−1) | −2,2,4,6 | −2,2,4,6 | 2,4,6 | 2,6 |

**图 5-2　臭氧分子结构**

　　（2）臭氧

　　臭氧（$O_3$）是 $O_2$ 的同素异形体。臭氧在地面附近的大气层中含量极少，而在大气层的最上层，由于太阳对大气中氧气的强烈辐射作用，形成了一层臭氧层。臭氧层能吸收太阳光的紫外辐射，成为保护地球上的生命免受太阳强辐射的天热屏障。对臭氧层的保护已成为全球性的任务。在大雷雨的天气，空气中的氧气在电火花作用下也部分地转化为臭氧。

　　臭氧分子的构型为 V 形，如图 5-2 所示，中心氧原子以 2 个 $sp^2$ 杂化轨道与另外 2 个氧原子形成 σ 键，第三个 $sp^2$ 杂化轨道为孤对电子所占有。此外，中心氧原子的未参与杂化的 p 轨道上有一对电子，两端氧原子与其平行的 p 轨道各有 1 个电子，它们之间形成垂直于分子平面的三中心四电子大 π 键。臭氧分子是反磁性的，表明其分子中没有成单电子。

　　臭氧是淡蓝色的气体，有一种鱼腥味。臭氧在 −112℃ 时凝聚为深蓝色液体，在 −193℃ 时凝结为黑紫色固体。臭氧分子为极性分子，比氧气易溶于水（0℃ 时 1L 水中可溶解 0.49L $O_3$）。与氧气相比，臭氧是非常不稳定的，在常温下缓慢分解，在 200℃以上分解较快：

$$2O_3 \Longrightarrow 3O_2 \qquad \Delta_r H_m^{\ominus} = -285 kJ \cdot mol^{-1}$$

二氧化锰的存在可加速臭氧的分解，而水蒸气则可减缓臭氧的分解。纯的臭氧容易爆炸。

臭氧的氧化性比 $O_2$ 强。臭氧能将 $I^-$ 氧化而析出单质碘：

$$O_3 + 2I^- + 2H^+ \Longrightarrow I_2 + O_2 + H_2O$$

这一反应用于测定臭氧的含量。臭氧还能氧化有机化合物，例如，臭氧氧化烯烃的反应可以用来确定不饱和烃中双键的位置。

利用臭氧的氧化性以及不容易导致二次污染这一优点，可用臭氧来净化废气和废水。臭氧可用作杀菌剂，用臭氧代替氯气作为饮用水消毒剂，其优点是杀菌快而且消毒后无味。臭氧又是一种高能燃料的氧化剂。

（3）过氧化氢

过氧化氢（$H_2O_2$）俗称双氧水。纯过氧化氢为无色或浅蓝色黏稠液体，在 0.4℃凝固，151℃沸腾，能与水任意比例混合。市售试剂为 30% 的 $H_2O_2$ 水溶液。过氧化氢在液态和固态时，分子间存在较强氢键而产生分子的缔合，这也是其沸点较高的原因。

过氧化氢在水溶液中表现为一种极弱的二元酸：

$$H_2O_2 = H^+ + HO_2^- \qquad K_{a1}^{\ominus} = 2.4 \times 10^{-12}$$
$$HO_2^- = H^+ + O_2^{2-} \qquad K_{a2}^{\ominus} = 10^{-25}$$

过氧化氢的化学性质除了其弱酸性外，主要表现为氧化还原性。$H_2O_2$ 中的氧呈 $-1$，为中间氧化值，因此 $H_2O_2$ 既可作氧化剂，也可作还原剂。凡电势在 $0.68 \sim 1.78V$ 的金属电对均可催化 $H_2O_2$ 分解。

$$2MnO_4^- + 5\ H_2O_2 + 6H^+ \Longrightarrow 2Mn^{2+} + 5O_2 + 8H_2O$$
$$Cl_2 + H_2O_2 \Longrightarrow 2HCl + O_2$$
$$H_2O_2 + 2Fe^{2+} + 2H^+ \Longrightarrow 2Fe^{3+} + 2H_2O$$

过氧化氢不稳定，易分解。过氧化氢的分解反应也是一个氧化还原反应，而且是一个歧化反应：

$$2H_2O_2 \Longrightarrow 2H_2O + O_2$$

当过氧化氢与某些物质作用时，可发生过氧键的转移反应。例如，在酸性溶液中过氧化氢能使重铬酸盐生成过氧化铬（在水相不稳定，在乙醚、戊醇等有机相稳定）。

在乙醚有机相：$Cr_2O_7^{2-} + 4H_2O_2 + 2H^+ \Longrightarrow 5H_2O + 2CrO_5$（蓝色）

在水相：$2CrO_5 + 7H_2O_2 + 6H^+ \Longrightarrow 7O_2 \uparrow + 10H_2O + 2Cr_3^+$（蓝绿色）

过氧化氢是重要的无机化工原料，也是实验室常用试剂。由于其氧化还原产物为 $O_2$ 或 $H_2O$，使用时不会引入其他杂质，所以过氧化氢是一种理想的氧化还原试剂。过氧化氢能将有色物质氧化为无色，所以可用来作漂白剂；它还具有杀菌作用，3%的溶液在医学上用作消毒剂和食品的防霉剂。90%的 $H_2O_2$ 曾作为火箭燃料的氧化剂。

（4）硫的含氧酸

硫的各种含氧酸见表5-11。

**表 5-11　硫的各种含氧酸**

| 名称 | 化学式 | 存在形式 |
|------|--------|----------|
| 次硫酸 | $H_2SO_2$ | 盐（$Na_2SO_2$） |
| 亚硫酸 | $H_2SO_3$ | 水溶液和盐（$Na_2SO_3$，$NaHSO_3$） |
| 一缩二亚硫酸 | $H_2S_2O_5$ | 盐（$Na_2S_2O_5$） |
| 连二亚硫酸 | $H_2S_2O_4$ | 盐（$Na_2S_2O_4$） |
| 硫酸 | $H_2SO_4$ | 纯酸、盐和水溶液 |
| 焦硫酸 | $H_2S_2O_7$ | 纯酸（熔点35℃）、盐 |
| 硫代硫酸 | $H_2S_2O_3$ | 盐（$Na_2S_2O_3$） |

① 亚硫酸：亚硫酸是相当强的还原剂，但由于亚硫酸中硫处于中间价态（氧化值 $+4$），所以它也能被其他更强的还原剂（如 $H_2S$ 等）还原成单质硫。

$$H_2O + SO_3^{2-} + Cl_2 \rightleftharpoons SO_4^{2-} + 2Cl^- + 2H^+$$

$$2H^+ + SO_3^{2-} + 2H_2S \rightleftharpoons 3S + 3H_2O$$

亚硫酸是二元酸，存在酸式盐和正盐。加热酸式盐 $MHSO_3$ 产生一缩二亚硫酸盐。

用锌粉还原酸式亚硫酸钠，或用钠汞齐与干燥的二氧化硫作用，可以得到连二亚硫酸钠：

$$2NaHSO_3 + Zn \rightleftharpoons Na_2S_2O_4 + Zn(OH)_2$$

$$2Na[Hg] + 2SO_2 \rightleftharpoons Na_2S_2O_4 + 2Hg$$

$Na_2S_2O_4$ 在碱性介质中是一种强还原剂，它能把有机硝基化合物还原成胺。在工业上这个化合物叫做保险粉。

连二硫酸溶液极不稳定，容易发生歧化反应：

$$2S_2O_4^{2-} + H_2O \rightleftharpoons S_2O_3^{2-} + 2HSO_3^-$$

② 硫酸：硫酸是主要的化工产品之一，它的用途极广。大约有上千种化工产品需要以硫酸为原料，硫酸主要用于化肥生产，此外还大量用于农药、燃料、医药、国防和轻工业等部门。

纯硫酸是无色油状液体，相对密度1.84，凝固点和沸点分别为10.4℃和338℃，化学上常利用其高沸点性质将挥发性酸从其盐溶液中置换出来。例如，浓 $H_2SO_4$ 与硝酸盐作用，可制得易挥发的 $HNO_3$。浓硫酸吸收 $SO_3$ 就得发烟硫酸：

$$H_2SO_4 + xSO_3 \rightleftharpoons H_2SO_4 \cdot xSO_3$$

用水稀释发烟硫酸，就可得任意浓度的硫酸。硫酸根离子（$SO_4^{2-}$）是四面体结构，中心原子硫采用 $sp^3$ 杂化，形成四个 $\sigma$ 键，其 S—O 键长为144pm，比双键的键长（149pm）短，这说明在 S—O 键中存在额外的 $d\pi$-$p\pi$ 成分。硫酸分子间存在氢键，使其晶体呈现波纹形层状结构。

　　硫酸是二元酸中酸性最强的酸，稀硫酸能完全解离为 $H^+$ 和 $HSO_4^-$，其二级解离较不完全。

$$H_2SO_4 \Longrightarrow H^+ + HSO_4^-$$

$$HSO_4^{2-} \Longrightarrow H^+ + SO_4^{2-} \qquad K_a^{\ominus} = 2.0 \times 10^{-2}$$

　　浓硫酸能和水结合为一系列的稳定水化物，因此 98% 的浓硫酸有强烈的吸水性，因此实验室常用它来作干燥剂。它与水混合时，由于形成水合物而放出大量的热，可使水局部沸腾而飞溅，所以稀释浓硫酸时，要在搅拌下将浓硫酸沿器壁慢慢倒入水中，切不可将水倒入浓硫酸中。浓硫酸还能从有机化合物中夺取水分子而具脱水性，可使有机物炭化，还原性物质氧化。这一性质常用于炸药、油漆和一些化学药品的制造中。如蔗糖与浓 $H_2SO_4$ 作用：

$$C_{12}H_{22}O_{11} \longrightarrow 12C + 11H_2O$$

　　因此，浓硫酸能严重地破坏动植物组织，如损坏衣物和烧伤皮肤，使用时应注意安全。

　　浓硫酸是很强的氧化剂，特别在加热时，能氧化很多金属和非金属。它将金属和非金属氧化为相应的氧化物，金属氧化物则与硫酸作用生成硫酸盐。浓硫酸作氧化剂时本身可被还原为 $SO_2$、S 或 $H_2S$。浓硫酸和非金属作用时，一般被还原为 $SO_2$。浓硫酸和金属作用时，其被还原程度和金属的活泼性有关，不活泼金属的还原性弱，只能将浓硫酸还原为 $SO_2$；活泼金属的还原性强，可以将浓硫酸还原为单质 S，甚至 $H_2S$。铁和铝易被浓硫酸钝化，可用来运输硫酸。不过，稀硫酸没有氧化性，金属活泼性在氢前面的金属与稀硫酸作用产生氢气。

$$Cu + 2H_2SO_4(浓) \Longrightarrow CuSO_4 + SO_2 + 2H_2O$$

$$C + 2H_2SO_4(浓) \Longrightarrow CO_2 + 2SO_2 + 2H_2O$$

$$3Zn + 4H_2SO_4(浓) \Longrightarrow 3ZnSO_4 + S + 4H_2O$$

$$4Zn + 5H_2SO_4(浓) \Longrightarrow 4ZnSO_4 + H_2S + 4H_2O$$

　　硫酸能生成两类盐即正盐和酸式盐。酸式盐和大多数正盐均溶于水，但 $PbSO_4$、$BaSO_4$、$CaSO_4$ 的溶解度较小，难溶于水。多数硫酸盐还具有生成复盐的倾向，例如摩尔盐 $(NH_4)_2SO_4 \cdot FeSO_4 \cdot 12H_2O$、铝钾矾 $K_2SO_4 \cdot Al_2(SO_4)_3 \cdot 24H_2O$ 等。许多硫酸盐有很多用途，例如 $Al_2(SO_4)_3$ 是净水剂、造纸充填剂和媒染剂；$CuSO_4 \cdot 5H_2O$ 是消毒剂和农药；$FeSO_4 \cdot 7H_2O$ 是农药和治疗贫血的药剂，也是制造蓝黑墨水的原料；$Na_2SO_4 \cdot 10H_2O$ 是重要的化学原料等。

　　③ 焦硫酸：将 $SO_3$ 溶于浓硫酸时得到焦硫酸 $H_2S_2O_7$。它是一种无色晶状固体，熔点 308K。焦硫酸具有比浓硫酸更强的氧化性，它是良好的磺化剂，用于制造某些燃料、炸药和其他有机磺酸化合物。它同水作用生成硫酸。

　　将硫酸氢钠加热能制得焦硫酸钠：

$$2NaHSO_4 \xrightarrow{加热} H_2O + Na_2S_2O_7$$

焦硫酸钠被水解后生成 $HSO_4^-$。焦硫酸盐与某些难溶的碱性、两性氧化物共熔时，生成可溶性硫酸盐：

$$Fe_2O_3 + 3K_2S_2O_7 \rightleftharpoons Fe_2(SO_4)_3 + 3K_2SO_4$$

$$Al_2O_3 + 3K_2S_2O_7 \rightleftharpoons Al_2(SO_4)_3 + 3K_2SO_4$$

④ 硫代硫酸：硫代硫酸（$H_2S_2O_3$）可以看作是硫酸分子中的一个氧原子被硫原子所取代的产物。硫代硫酸极不稳定。亚硫酸盐与硫作用生成硫代硫酸盐。例如，将硫粉和亚硫酸钠一同煮沸可制得硫代硫酸钠：

$$2Na_2SO_3 + S \xrightarrow{\text{加热}} 2Na_2S_2O_3$$

$Na_2S_2O_3 \cdot 5H_2O$ 是最重要的硫代硫酸盐，俗名海波或大苏打，它是无色晶体，无臭，有清凉带苦的味道，易溶于水，在潮湿的空气中潮解，在干燥空气中易风化。$Na_2S_2O_3$ 晶体热稳定性高，在中性或碱性水溶液中也很稳定，但在酸性溶液中易分解：

$$S_2O_3^{2-} + 2H^+ \rightleftharpoons H_2O + S\downarrow + SO_2\uparrow$$

$Na_2S_2O_3$ 具有还原性，是中等强度的还原剂，例如：

$$Na_2S_2O_3 + 4Cl_2 + 5H_2O \rightleftharpoons Na_2SO_4 + H_2SO_4 + 8HCl$$

$$2Na_2S_2O_3 + I_2 \rightleftharpoons 2NaI + Na_2S_4O_6$$

因此，$Na_2S_2O_3$ 在纺织、造纸等工业中用作除氯剂；在分析化学中用来测定碘含量。$Na_2S_2O_3$ 的应用非常广泛，除了上述应用外，在照相行业中作定影剂，在采矿业中用来从矿石中萃取银，在三废治理中用于处理含 $CN^-$ 的废水，在医药行业中用来做重金属、砷化物、氰化物的解毒剂。另外，它还应用于制革、电镀、饮水净化等方面，也是分析化学中常用的试剂。

（5）硫化氢和金属硫化物

硫化氢的分子结构与水分子相类似，是一种有毒气体。空气中如果含 0.1% 的 $H_2S$ 就会迅速引起头疼晕眩等病症。吸入大量 $H_2S$ 会造成昏迷甚至死亡。经常接触 $H_2S$ 则会引起慢性中毒。所以在制取和使用 $H_2S$ 时要注意通风。由于 $H_2S$ 的毒性，所以分析化学中常以硫代乙酰胺（$CH_3CSNH_2$）作代用品。硫代乙酰胺易溶于水，它的水溶液比较稳定，水解极慢，但水解作用随着溶液中的酸度或碱度的增加以及温度升高而加快。水解反应如下：

$$CH_3CSNH_2 + 2H_2O \rightleftharpoons CH_3COO^- + NH_4^+ + H_2S\uparrow$$

硫化氢微溶于水，其溶液称为氢硫酸。饱和的硫化氢溶液的浓度约为 $0.1mol \cdot L^{-1}$。氢硫酸是二元弱酸。硫化氢中硫的氧化数为 $-2$，所以 $H_2S$ 只具有还原性。当硫化氢溶液在空气中放置时，$H_2S$ 被空气中氧所氧化，有硫析出。

$$2H_2S + O_2 \rightleftharpoons 2S\downarrow + 2H_2O$$

$S^{2-}$ 易被氧化为单质硫，但强氧化剂可使它氧化成 $H_2SO_4$：

$$H_2S + 4Cl_2 + 4H_2O \rightleftharpoons H_2SO_4 + 8HCl$$

大多数金属硫化物难溶于水,并具有特征的颜色。一些难溶硫化物的溶度积见表 5-12。硫化物在酸中的溶解情况与其溶度积有关。如 $ZnS$、$FeS$ 可溶于稀 $HCl$ 酸,$PbS$ 不溶于稀 $HCl$ 但溶于浓 $HCl$ 酸,$CuS$ 不溶于 $HCl$ 但溶于 $HNO_3$,而 $HgS$ 不溶于一般的酸,只溶于王水。涉及的化学反应如下:

$$ZnS+2HCl \Longrightarrow ZnCl_2+H_2S \uparrow$$

$$PbS+4HCl \Longrightarrow H_2[PbCl_4]+H_2S \uparrow$$

$$3CuS+8HNO_3 \Longrightarrow 3Cu(NO_3)_2+3S \downarrow +2NO \uparrow +4H_2O$$

$$3HgS+2HNO_3+12HCl \Longrightarrow 3H_2[HgCl_4]+3S \downarrow +2NO \uparrow +4H_2O$$

**表 5-12**　一些难溶硫化物的溶度积

| 化合物 | $K_{sp}$ | 颜色 | 化合物 | $K_{sp}$ | 颜色 |
|---|---|---|---|---|---|
| $Ag_2S$ | $2\times10^{-49}$ | 黑色 | $Hg_2S$ | $1\times10^{-47}$ | 黑色 |
| $Bi_2S_3$ | $1\times10^{-87}$ | 黑色 | $HgS$ | $4\times10^{-53}$ | 红色 |
| $CdS$ | $8\times10^{-27}$ | 黄色 | $PbS$ | $1\times10^{-28}$ | 黑色 |
| $Cu_2S$ | $2\times10^{-48}$ | 黑色 | $SnS$ | $1\times10^{-25}$ | 灰色 |
| $CuS$ | $6\times10^{-36}$ | 黑色 | $NiS$ | $1\times10^{-24}$ | 黑色 |
| $FeS$ | $6\times10^{-18}$ | 黑色 | $ZnS$ | $2\times10^{-22}$ | 白色 |

### 5.3.4　氮族

(1) 氮族元素概述

周期系 V A 族的元素统称为氮族,包括氮(N)、磷(P)、砷(As)、锑(Sb)、铋(Bi)五种元素。N、P、As、Sb、Bi 由非金属性向金属性明显递变。其中氮和磷是与生物界关系密切的非金属,锑和铋是熔点比较低的金属,位于中间的砷为非金属,但带有金属性,它是与半导体材料密切相关的元素之一。氮族元素的一般性质见表 5-13。

**表 5-13**　氮族元素的一般性质

| 性　　质 | 氮(N) | 磷(P) | 砷(As) | 锑(Sb) | 铋(Bi) |
|---|---|---|---|---|---|
| 原子序数 | 7 | 15 | 33 | 51 | 83 |
| 价层电子构型 | $2s^22p^3$ | $3s^23p^3$ | $4s^24p^3$ | $5s^25p^3$ | $6s^26p^3$ |
| 单质熔点/℃ | $-210.01$ | 44.15 | 817 | 630.7 | 271.5 |
| 单质沸点/℃ | $-195.79$ | 280.3 | 615(升华) | 1587 | 1564 |
| 原子半径/pm | 70 | 110 | 121 | 141 | 155 |
| 电负性 | 3.04 | 2.19 | 2.18 | 2.05 | 2.02 |
| 常见氧化值 | 0,1,2,3,4,5,$-3$,$-2$,$-1$ | 3,5,$-3$(1) | $-3$,3,5 | ($-3$),3,5 | 3,(5) |

氮族元素的价层电子构型是 $ns^2np^3$,电负性不是很大,所以本族元素形成氧化值为正的化合物的趋势比较明显。它们与电负性较大的元素结合时,主要形成

氧化值为＋3 和＋5 的化合物。由于惰性电子对效应，氮族元素自上而下氧化值为＋3 的化合物稳定性增强，而氧化值为＋5（除氮外）的化合物稳定性减弱。铋不存在 $Bi^{5+}$，Bi（V）的化合物是强氧化剂。

具有价电子层构型为 $s^2p^{0～6}$ 的元素，其 s 电子对不易参与成键而常形成 $+(n-2)$ 氧化值的化合物，而其 $+n$ 氧化值的化合物要么不易形成，否则就是不稳定（$n$：族数）。这种化学现象是西奇维克（Sidgwick）最早认识到的，并名之为惰性电子对效应。在同一族中，诸元素 s 电子对的惰性随原子序数的增加而增强，这在第六周期里表现得特别明显。价电子层结构为的 $6s^2$ 的 ⅡB 族单质 Hg 很难被氧化；ⅢA 族的 Tl（V）化合物比 Tl（Ⅲ）化合来得稳定；ⅣA 族的 $PbCl_4$ 在 -801℃（193K）时才能稳定存在，$PbO_2$ 具有很高的氧化性；ⅤA 族的 Bi（V）化合物是著名的强氧化剂。在 Hg（0）、Tl（Ⅰ）、Pb（Ⅱ）和 Bi（Ⅲ）的化合物中都保留惰性 s 电子对。

（2）氮的氧化物

氮的氧化物常见的有五种：$N_2O$、$NO$、$N_2O_3$、$NO_2$、$N_2O_5$。氮的氧化物分子中因为所含的 N—O 键较弱，这些氧化物的稳定性都比较差，它们受热易分解或氧化。

一氧化氮含有未成对电子，具有顺磁性，但与其他具有成单电子的分子不同，气态 NO 是无色。液体和固体的一氧化氮会形成双聚的 $N_2O_2$。

一氧化氮不稳定，主要来源于大气中氮气的氧化，并且在空气中很快转变为二氧化氮产生刺激作用，氮氧化物主要损害呼吸道。但研究发现，一氧化氮（NO）广泛分布于生物体内各组织中，特别是神经组织中，它是一种新型生物信使分子，1992 年被美国 Science 杂志评选为明星分子。NO 是一种极不稳定的生物自由基，分子小，结构简单，常温下为气体，微溶于水，具有脂溶性，可快速透过生物膜扩散，生物半衰期只有 3～5s，其生成依赖于一氧化氮合成酶（nitric oxide synthese，NOS）并在心、脑血管调节、神经、免疫调节等方面有着十分重要的生物学作用。因此，受到人们的普遍重视。

二氧化氮 $NO_2$ 是红棕色气体，具有特殊的臭味并有毒。$NO_2$ 在 21.2℃ 为红棕色液体，冷却时颜色变淡，最后变为无色液体，在 -9.3℃ 形成无色晶体。经蒸气密度测定证明，此无色晶体是由于二氧化氮在冷凝时聚合成无色的 $N_2O_4$。

$$2NO_2(g) \rightleftharpoons N_2O_4(g) \qquad \Delta_rH_m^\ominus = -57.2kJ \cdot mol^{-1}$$

当温度升高到 140℃，$N_2O_4$ 分解为 $NO_2$，呈深棕色。温度超过 150℃ 以上 $NO_2$ 分解为 NO 和 $O_2$。$NO_2$ 是强氧化剂，其氧化能力比硝酸强。

$$NO_2 + H^+ + e^- \rightleftharpoons HNO_2 \qquad \varphi^\ominus = 1.07V$$

（3）氨和铵盐

氨是无色有强烈刺激性臭味的气体，比空气轻，沸点 -33℃，熔点 -77℃。氨易溶于水，常温常压下 1 体积水可溶解 700 体积氨。氨的水溶液叫氨水

$(NH_3 \cdot H_2O)$，氨水不稳定，易分解为氨与水。氨水会部分电离，相当于弱碱：

$$NH_3 \cdot H_2O \Longleftrightarrow NH_4^+ + OH^- \quad K_b^\ominus = 1.8 \times 10^{-5}$$

氨的化学性质很活泼，可与物质发生加合、氧化与取代反应，如：

加合反应：$NH_3 + HCl \Longleftrightarrow NH_4Cl$

$\qquad\qquad NH_3 + H_3PO_4 \Longleftrightarrow NH_4H_2PO_4$

氧化反应：$4NH_3 + 5O_2 \Longleftrightarrow 4NO + 6H_2O$

$\qquad\qquad 2NH_3 + 3Cl_2 \Longleftrightarrow N_2 \uparrow + 6HCl$

$\qquad\qquad 2NH_3 + 3CuO \Longleftrightarrow N_2 \uparrow + 3Cu + 3H_2O$

取代反应：$2NH_3 + 2Na \Longleftrightarrow 2NaNH_2 + H_2$

氨有广泛的用途，它是氮肥工业的基础，也是制造硝酸、铵盐、纯碱等化工产品的基本原料。氨也是有机合成（如合成纤维、塑料、染料、尿素等）常用的原料，也用于医药（如安乃近、氨基比林等）的制备。液氨还是常用的制冷剂。

氨与酸作用可得到相应的铵盐。铵盐一般是无色的晶状化合物，易溶于水，而且是强电解质，$NH_4^+$ 的半径与 $K^+$、$Rb^+$ 半径很接近，因此，有些性质如晶型、颜色、溶解度等方面很相似。铵盐加热极易分解，其分解产物因酸根性质不同而异，如由挥发性的酸组成的铵盐，一般分解为 $NH_3$ 和相应的酸：

$$NH_4HCO_3 \Longleftrightarrow NH_3 \uparrow + CO_2 \uparrow + H_2O$$

$$NH_4Cl \Longleftrightarrow NH_3 \uparrow + HCl \uparrow$$

如果酸是不挥发性的，一般分解为 $NH_3$ 和酸或酸式盐：

$$(NH_4)_2SO_4 \Longleftrightarrow NH_3 \uparrow + NH_4HSO_4$$

$$(NH_4)_3PO_4 \Longleftrightarrow 3NH_3 \uparrow + H_3PO_4$$

如果酸有氧化性，则分解出来的 $NH_3$ 会立即被氧化成氮或氮的氧化物：

$$NH_4NO_3(s) \Longleftrightarrow N_2O(g) + 2H_2O$$

$$2NH_4NO_3(s) \Longleftrightarrow 2N_2(g) + 4H_2O + O_2(g)$$

由于分解时产生大量的热和气体，故硝酸铵可用于制造炸药。

（4）硝酸和硝酸盐

硝酸是工业上重要的无机酸之一。它是制造化肥、炸药、染料、人造纤维、药剂、塑料和分离贵金属的重要化工原料。目前工业上生产普遍采用氨催化氧化法制备硝酸。将氨和空气的混合物通过灼热（800℃）的铂铑丝网，氨可以完全被氧化成 NO：

$$4NH_3 + 5O_2 \Longleftrightarrow 4NO + 6H_2O$$

生成的 NO 被 $O_2$ 氧化为 $NO_2$，后者再与水发生歧化反应生成硝酸和 NO。NO 再经过氧化、吸收可以得到质量分数为 $47\% \sim 50\%$ 左右的稀硝酸，加入硝酸镁脱水蒸馏可制得浓硝酸。

$$2NO + O_2 \Longleftrightarrow 2NO_2$$

$$3NO_2 + H_2O \Longleftrightarrow 2HNO_3 + NO$$

市售浓硝酸密度为 $1.42g/cm^3$，含 $HNO_3$ 68%～70%，浓度相当于 15mol/L。浓硝酸受光照会分解出 $NO_2$ 而呈黄色，所以常将浓硝酸放在阴暗处。

$$4HNO_3（浓）\rightleftharpoons 4NO_2 + O_2 + 2H_2O$$

纯硝酸为无色液体，熔点 $-42℃$，沸点 $83℃$，分解产生的 $NO_2$ 溶于浓硝酸中，使它的颜色呈现黄色到红色。溶有过多 $NO_2$ 的浓 $HNO_3$ 叫发烟硝酸。硝酸可以任何比例与水混合，稀硝酸较稳定。

硝酸是一种强氧化剂，其还原产物相当复杂，不仅与还原剂的本性有关，还与硝酸的浓度有关。硝酸与非金属硫、磷、碳、硼等反应时，不论浓、稀硝酸，它被还原的产物主要为 NO。

$$S + 2HNO_3 \rightleftharpoons H_2SO_4 + 2NO\uparrow$$

$$5HNO_3 + 3P + 2H_2O \rightleftharpoons 3H_3PO_4 + 5NO\uparrow$$

$$3C + 4HNO_3 \rightleftharpoons 3CO_2\uparrow + 4NO\uparrow + 2H_2O$$

硝酸与大多数金属反应时，其还原产物常较复杂，浓硝酸一般皆被还原到 $NO_2$，稀硝酸可被还原到 NO、$N_2O$ 直到 $NH_4^+$。一般说来，硝酸越稀，金属越活泼，硝酸中 N 被还原的氧化数越低。

$$Cu + 4HNO_3（浓）\rightleftharpoons Cu(NO_3)_2 + 2NO_2 + 2H_2O$$

$$3Cu + 8HNO_3（稀）\rightleftharpoons 3Cu(NO_3)_2 + 2NO + 4H_2O$$

$$Mg + 4HNO_3（浓）\rightleftharpoons Mg(NO_3)_2 + 2NO_2 + 2H_2O$$

$$4Mg + 10HNO_3（稀）\rightleftharpoons 4Mg(NO_3)_2 + N_2O + 5H_2O$$

$$4Mg + 10HNO_3（极稀）\rightleftharpoons 4Mg(NO_3)_2 + NH_4NO_3 + 3H_2O$$

冷、浓 $HNO_3$ 可使 Fe、Al、Cr 表面钝化，阻碍进一步反应。Sn、Sb、Mo、W 等和浓硝酸作用生成含水氧化物或含氧酸，如 $SnO_2 \cdot nH_2O$、$H_2MoO_4$。

实际工作中常用含有硝酸的混合物：

① 王水为 1 体积浓 $HNO_3$、3 体积浓盐酸的混合物，兼有 $HNO_3$ 的氧化性和 $Cl^-$ 的配位性特点，因此可溶解 Au、Pt 等金属。

$$Au + HNO_3 + 4HCl \rightleftharpoons HAuCl_4 + NO\uparrow + 2H_2O$$

② $HNO_3$-HF 混合物能溶解 Nb、Ta 等。

③ $HNO_3$-$H_2SO_4$ 在有机化学中作硝化试剂。

硝酸盐在常温下比较稳定，但在高温时固体硝酸盐都易分解，受热分解情况如下：

① 最活泼金属（活泼性比 Mg 强）的硝酸盐分解产生亚硝酸盐和氧气：

$$2NaNO_3 \rightleftharpoons 2NaNO_2 + O_2\uparrow$$

② 活泼性较小的金属（活泼性在 Mg 和 Cu 之间）的硝酸盐分解产生相应的金属氧化物：

$$2Pb(NO_3)_2 \rightleftharpoons 2PbO + 4NO_2\uparrow + O_2\uparrow$$

③ 活泼性更小的金属（活泼性比 Cu 差）的硝酸盐分解产生金属单质：

$$2AgNO_3 \rightleftharpoons 2Ag + 2NO_2\uparrow + O_2\uparrow$$

硝酸盐在高温时容易放出氧，所以它们和可燃性物质混合会极迅速地燃烧，根据这种性质，硝酸盐可用来制造烟火及黑火药。

（5）磷单质及其化合物

常见磷的同素异形体有白磷、红磷和黑磷。白磷是透明的蜡状固体，质软。它是由 $P_4$ 分子通过分子间作用力堆积起来的，而且 $P_4$ 分子中 P-P 键能较小，所以白磷很活泼。在空气中容易被氧化，达到 40℃ 能自燃。红磷比白磷稳定，室温下不与 $O_2$ 反应，400℃ 以上才能自燃。黑磷具有与石墨类似的层状结构，与石墨不同的是，黑磷每一层内的磷原子不在同一平面上，而是以共价键连接成网状结构。黑磷具有导电性，不溶于有机溶剂。

磷的化合物主要为三氧化二磷、五氧化二磷、磷酸及磷酸盐。三氧化二磷（$P_2O_3$ 或 $P_4O_6$）又名亚磷酸酐，白色单斜晶体，有蒜臭，有毒；相对密度 2.135（21℃）。在 23.8℃ 时熔融为无色透明极易流动的液体；沸点为 173℃，溶于乙醚、苯和二硫化碳；在直接日光即迅速氧化；在 70℃ 时可引起燃烧；由磷在有限供给空气下燃烧而成。三氧化二磷在气态或液态都是二聚分子 $P_4O_6$，其中 4 个磷原子构成一个四面体，6 个氧原子位于四面体每一棱的外侧，分别与两个磷原子形成 P—O 单键，每个磷原子与周围 3 个氧原子以 O—P 键连接形成一个四面体，其中 3 个氧原子是与另外 3 个四面体共用 P—O 键长为 165pm，键角 P—O—P 为 128°，O—P—O 为 99°，如图 5-3 所示。

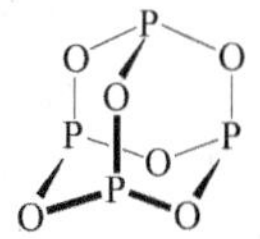

图 5-3　$P_4O_6$ 分子构型

三氧化二磷在冷水中能缓缓溶解形成亚磷酸：

$$P_4O_6+6H_2O(冷)\rightleftharpoons 4H_3PO_3$$

与热水发生猛烈作用则歧化为磷酸和膦或者单质磷：

$$P_4O_6+6H_2O(热)\rightleftharpoons 3H_3PO_4+PH_3$$

$$5P_4O_6+18H_2O(热)\rightleftharpoons 12H_3PO_4+8P$$

五氧化二磷（$P_2O_5$ 或 $P_4O_{10}$）是由磷在氧气中燃烧生成的，它在空气中易吸湿潮解，360℃ 升华，不燃烧。溶于水产生大量的热并生成磷酸，熔点为 340℃，不可用手直接触摸或食用，也不可直接闻气味。五氧化二磷溶于水时放出大量的热，先形成偏磷酸，然后变成正磷酸。五氧化二磷可用作气体和液体的干燥剂、有机合成的脱水剂、涤纶树脂的防静电剂、药品和糖的精制剂。此外，它还是制取高纯度磷酸、磷酸盐、磷化物及磷酸酯的母体原料。

纯磷酸是无色晶体，市售的磷酸是黏稠状溶液，含 $H_3PO_4$ 约 83%，相当于 14mol·$L^{-1}$。磷酸是一种三元中强酸。将磷酸加热至 210℃，两分子 $H_3PO_4$ 失去一分子 $H_2O$ 后即成焦磷酸 $H_4P_2O_7$，继续加热至 400℃，则 $H_4P_2O_7$ 又失去一分子 $H_2O$ 成偏磷酸 $HPO_3$，而 $HPO_3$ 吸收水分后又可恢复到磷酸。磷酸随其缩合程度的增加，酸性增强。磷酸盐有三种类型：磷酸正盐（如 $Na_3PO_4$）、磷酸一氢盐（如 $Na_2HPO_4$）、磷酸二氢盐（如 $NaH_2PO_4$）。磷酸根离子具有强的配位能力，能与许多金属离子形成可溶性配位化合物，例如与 $Fe^{3+}$ 可生成可溶性无色配位物 $H_3[Fe(PO_4)_2]H[Fe(HPO_4)_2]$。所有的磷酸二氢盐都能溶于水，而磷酸氢盐和磷酸正盐（$K^+$、$Na^+$、$NH_4^+$ 盐除外），一般不溶于水。

（6）砷、锑、铋

砷、锑、铋在地壳中含量不大，在自然界中，它们有时以游离状态存在，但主要是以硫化物矿存在。例如，雌黄（$As_2S_3$）、雄黄（$As_4S_4$）、砷硫铁矿（FeAsS）、辉锑矿（$Sb_2S_3$）、辉铋矿（$Bi_2S_3$）等。

单质砷、锑、铋一般是用碳还原它们的氧化物来制备，例如：

$$Bi_2O_3 + 3C \Longrightarrow 2Bi + 3CO$$

工业上将硫化物矿先煅烧成氧化物，然后用碳还原。用铁粉作还原剂可以直接把硫化物还原成单质：

$$Sb_2S_3 + 3Fe \Longrightarrow 2Sb + 3FeS$$

常温下砷、锑、铋在水和空气中都比较稳定，不和稀酸作用，但能和强氧化性酸，如热浓硫酸、硝酸和王水等反应，在高温下和许多非金属作用。

砷、锑、铋都能生成氢化物，其中较重要的是砷化氢 $AsH_3$ 或胂。砷化氢是一种无色、具有大蒜味的剧毒气体。金属砷化物水解，或用强还原剂还原砷的氧化物可制得胂：

$$Na_3As + 3H_2O \Longrightarrow AsH_3 + 3NaOH$$

$$As_2O_3 + 6Zn + 6H_2SO_4 \Longrightarrow 2AsH_3 + 6ZnSO_4 + 3H_2O$$

室温下，胂在空气中自燃：

$$2AsH_3 + 3O_2 \Longrightarrow As_2O_3 + 3H_2O$$

在缺氧条件下，胂受热分解为单质：

$$2AsH_3 \Longrightarrow 2As + 3H_2$$

这就是医学上鉴定砷的马氏试砷法的根据。检验方法是用锌、盐酸和试样混合在一起，将生成的气体导入热玻璃管。如试样中有砷的化合物存在，则因生成的胂在加热部位分解，砷积集而成亮黑色的"砷镜"（能检出 0.007mg As）。

砷、锑、铋的氧化物主要有两种形式：氧化值为 +3 的 $As_2O_3$、$Sb_2O_3$、$Bi_2O_3$ 和氧化值为 +5 的 $As_2O_5$、$Sb_2O_5$、$Bi_2O_5$（$Bi_2O_5$ 极不稳定）。砷、锑、铋的 $M_2O_3$ 是其相应亚酸的酸酐，它们的 $M_2O_5$ 则是相应正酸的酸酐。

常态下，砷、锑的 $M_2O_3$ 是双聚分子 $As_4O_6$ 和 $Sb_4O_6$，其结构与 $P_4O_6$ 相似，它们在较高温度下才解离为 $As_2O_3$ 和 $Sb_2O_3$，它们的晶体为分子晶体，而 $Bi_2O_3$ 则为离子晶体。

三氧化二砷（$As_2O_3$）俗名砒霜，为白色粉末状的剧毒物，是砷的最重要的化合物。$As_2O_3$ 微溶于水，在热水中溶解度稍大，溶解后形成亚砷酸 $H_3AsO_3$ 溶液。$As_2O_3$ 是两性偏酸的氧化物，因此它可以在碱溶液中溶解生成亚砷酸盐。$As_2O_3$ 主要用于制造杀虫剂、除草剂以及含砷药物。

三氧化二锑（$Sb_2O_3$）是不溶于水的白色固体，但可以溶于酸，也可以溶于强碱溶液。$Sb_2O_3$具有明显的两性，其酸性比$As_2O_3$弱，碱性则略强。

三氧化二铋（$Bi_2O_3$）是黄色粉末，加热变为红棕色。$Bi_2O_3$极难溶于水，溶于酸则生成相应的铋盐。$Bi_2O_3$是碱性氧化物，不溶于碱。

总之，砷、锑、铋的三氧化物的酸性依次逐渐减弱，碱性逐渐增强。

浓硝酸氧化单质砷、锑或它们的三氧化物可以生成氧化数为$+5$的$H_3MO_4$或$M_2O_5 \cdot nH_2O$：

$$3Sb + 5HNO_3 + 2H_2O \Longrightarrow 3H_3SbO_4 + 5NO$$

$$3As_2O_3 + 4HNO_3 + 7H_2O \Longrightarrow 6H_3AsO_4 + 4NO$$

将含氧酸加热脱水可制得相应的氧化物：

$$2H_3AsO_4 \xrightarrow{\text{加热}} As_2O_5 + 3H_2O$$

$$2H_3SbO_4 \xrightarrow{\text{加热}} Sb_2O_5 + 3H_2O$$

$HNO_3$只能把$Bi$氧化成$Bi(NO_3)_3$：

$$Bi + 4HNO_3 \Longrightarrow Bi(NO_3)_3 + NO + 2H_2O$$

至今还没有制得纯净的$Bi_2O_5$，但是已经制得许多氧化数为$+5$的含氧酸盐，如在碱性介质中用强氧化剂可将$Bi(III)$化合物氧化成铋酸盐：

$$Bi(OH)_3 + Cl_2 + 3NaOH \Longrightarrow NaBiO_3 + 2NaCl + 3H_2O$$

砷、锑、铋的五氧化物都是酸性氧化物，酸性依次逐渐减弱，而且都比相应的三氧化物强。

### 5.3.5　碳族

（1）碳族元素概述

周期表ⅣA族元素包括碳（C）、硅（Si）、锗（Ge）、锡（Sn）、铅（Pb）五种元素，又称为碳族元素。碳和硅在自然界分布很广，硅在地壳中的含量仅次于氧，其丰度位居第二。碳元素的化合物比其他任一元素的化合物都多，形成了一大类有机化合物，其数量已达数百万种。在碳族元素中，碳和硅是非金属元素，其余3种是金属元素，碳族元素的一般性质见表5-14。

**表 5-14　碳族元素的一般性质**

| 性　　质 | 碳(C) | 硅(Si) | 锗(Ge) | 锡(Sn) | 铅(Pb) |
|---|---|---|---|---|---|
| 原子序数 | 6 | 14 | 32 | 50 | 82 |
| 价层电子构型 | $2s^2 2p^2$ | $3s^2 3p^2$ | $4s^2 4p^2$ | $5s^2 5p^2$ | $6s^2 6p^2$ |
| 单质熔点/℃ | 3550 | 1412 | 937.3 | 232 | 327 |
| 单质沸点/℃ | 4329 | 3265 | 2830 | 2602 | 1749 |
| 原子半径/pm | 77 | 117 | 122 | 141 | 175 |
| 电负性 | 2.55 | 1.90 | 2.01 | 1.96 | 2.33 |
| 常见氧化值 | $-4, +4$ | 4 | (2),4 | 2,4 | 2,4 |

碳族元素的价层电子构型为 $ns^2np^2$，主要生成氧化值为 +4 和 +2 的化合物，碳有时生成氧化值为 −4 的化合物。碳族元素随着原子序数的增大，氧化值为 +4 的化合物的稳定性降低，惰性电子对效应表现得比较明显。例如，Pb（Ⅱ）的化合物比较稳定，而 Pb（Ⅳ）的化合物氧化性较强，稳定性差。硅和ⅢA族的硼在周期表中处于对角线位置，它们的单质和化合物的性质有相似之处。

（2）碳族元素单质

碳单质具有不同的同素异形体，典型的是金刚石和石墨。金刚石中 C 原子主要采用 $sp^3$ 杂化，相邻的 C 原子之间依靠 $sp^3$ 杂化轨道重叠而形成很强的共价键，其中 4 个价层电子都参与共价键，所以金刚石是绝缘体，硬度和熔点都很高；而石墨中 C 原子则是采取 $sp^2$ 杂化，每个 C 原子的三个 $sp^2$ 杂化轨道与相邻 C 原子的 $sp^2$ 杂化轨道形成共价键，还有一个未参与杂化的 2p 轨道上有一个电子，每个 C 原子的未杂化的 2p 轨道垂直于其他三个 $sp^2$ 杂化轨道所在的平面，所以当相邻 C 原子的 $sp^2$ 杂化轨道头碰头形成共价键时，未杂化的 2p 轨道必然肩并肩地重叠，形成一个大 π 键，每个未杂化的 2p 轨道提供 1 个电子，这些电子是可以在大 π 键内自由运动的，所以石墨质软，具有良好的导电性和解离性。此外，碳球（$C_{60}$）也是碳元素的同素异形体，它是由纯碳原子组成的球形分子，每个分子由几十个

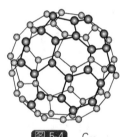

**图 5-4** $C_{60}$ 分子构型

到几百个碳原子组成，是一类分立的、能溶于多种有机溶剂的分子。碳球（$C_{60}$）中每个碳原子的成键方式相同，是球碳中最稳定的分子。每个 C 原子和周围 3 个 C 原子形成了 3 个 σ 键，剩余的轨道和电子则共同组成离域 π 键。若按价键结构式表达，每个 C 原子和周围 3 个 C 原子形成两个单键和一个双键。这样 $C_{60}$ 分子中共有 60 个单键和 30 个双键，六元环和六元环共用的边（6/6）为双键，六元环和五元环共用的边（6/5）为单键，其结构如图 5-4 所示。

单质硅是一种准金属，是半导体材料的代表。硅单质有不同的晶型，可以为单晶硅、多晶硅以及非晶硅。单晶硅是第一代半导体的代表，具有准金属的物理性质，有较弱的导电性，且其电导率随温度的升高而增加，有显著的半导电性。超纯的单晶硅是本征半导体。在超纯单晶硅中掺入微量的ⅢA元素（如硼），可提高其导电的程度而形成 p 型硅半导体；掺加微量的ⅤA族元素，如磷或砷，也可提高导电程度，形成 n 型硅半导体。它是电子集成电路中所需的主要材料。多晶硅在力学性质、光学性质和热学性质的各向异性方面远不如单晶硅明显；在电学性质方面，导电性也远不如单晶硅显著，它几乎没有导电性。非晶硅太阳能电池是 1976 年出现的新型薄膜式太阳能电池，它与单晶硅和多晶硅太阳能电池的制作方法完全不同，硅材料消耗很少，电耗更低，非常吸引人。

锗常与许多硫化物矿共生，如硫银锗矿 $4Ag_2S \cdot GeS_2$、硫铅锗矿 $2PbS \cdot GeS_2$ 等。另外，锗以 $GeO_2$ 的形式富集在烟道灰中。锗矿石用硫酸和硝酸的混合酸处理

后，转化为 $GeO_2$，然后溶解于盐酸中，生成 $GeCl_4$，经水解生成纯的 $GeO_2$。再用 $H_2$ 还原，得到金属锗。金属锗呈灰白色，比较脆硬，晶体结构也是金刚石型。高纯度的锗也是良好的半导体材料。

锡有三种同素异形体，即灰锡、白锡和脆锡，它们之间的相互转变关系如下：

$$灰锡（\alpha\text{-锡}）\underset{13.2℃}{\rightleftharpoons}白锡（\beta\text{-锡}）\underset{161℃}{\rightleftharpoons}脆锡$$

白锡是银白色的，比较软，具有延展性。低温下白锡转变为粉末状的灰锡的速率大大加快，所以，锡制品会因长期处于低温而自行毁坏。这种现象称为锡疫。

铅是很软的重金属，强度不高。铅能挡住 X 射线，可作为核反应堆的防护屏。

（3）二氧化碳和一氧化碳

$CO_2$ 为无色、无臭的气体。大气中含有约 $0.03\%$（体积分数）的 $CO_2$，它主要来自于生物的呼吸、有机化合物的燃烧、动植物的腐败分解等。同时又通过植物的光合作用、碳酸盐岩石的形成等而消耗。大气中的二氧化碳含量随季节变化，这主要是由于植物生长的季节性变化而导致的。目前，世界各国工业生产的迅速发展使空气中 $CO_2$ 浓度逐渐增加，这已被认为是造成"温室效应"的主要原因之一。

$CO_2$ 的临界温度为 31℃，很容易被液化。常温下，加压至 7.6MPa 即可使 $CO_2$ 液化。液态 $CO_2$ 汽化时从未汽化的 $CO_2$ 吸收大量的热而使这部分 $CO_2$ 变成雪花状固体，俗称"干冰"。固态 $CO_2$ 是分子晶体，它的熔点很低（$-78.5℃$）会直接升华。干冰常用作制冷剂，其冷冻温度可达 $-70\sim-80℃$；干冰还常被用于易腐食品的保存和运输中。

在二氧化碳分子中，碳原子的成键方式是 sp 杂化轨道与氧原子成键。碳原子的两个 sp 杂化轨道分别与两个氧原子生成两个 $\sigma$ 键。碳原子上两个没有参加杂化的 p 轨道与成键的 sp 杂化轨道成 90° 的直角，并且同氧原子的 p 轨道分别发生重叠，故缩短了碳氧键的间距。$CO_2$ 分子是直线形的，可写作 $O=C=O$。因为 $C=O$ 的键长介于双键和叁键之间，键能很大，所以 $CO_2$ 分子热稳定性很高，在 2000℃ 时仅有 $1.8\%$ 的 $CO_2$ 分解。

$CO_2$ 不能自燃，又不助燃。密度比空气大，可使物质与空气隔绝，所以常用作灭火剂，也可作为防腐剂和灭虫剂。$CO_2$ 比空气重，密度约为空气的 1.5 倍，可使水中溶有较大量的 $CO_2$，这是生产汽水的基础。$CO_2$ 还是一种重要的化工原料，如 $CO_2$ 与盐可制成碱，$CO_2$ 与氨可制成尿素、碳酸氢铵，$CO_2$ 也可用于制甲醇等。

CO 的特征化学性质是还原性和配位性。CO 是金属冶炼的重要还原剂：

$$FeO+CO=\!=\!=Fe+CO_2$$

在常温下 CO 可使二氯化钯溶液变黑，这个反应十分灵敏，可作为检验 CO 之用：

$$CO+PdCl_2+H_2O=\!=\!=CO_2+2HCl+Pd\downarrow$$

CO 能与许多过渡金属生成金属羰基配合物，例如 $Fe(CO)_5$、$Co_2(CO)_8$、$Ni(CO)_4$ 等，羰基配合物一般是剧毒的。CO 对动物和人类的高度毒性亦产生于它的配位作用，它能与血液中的血红素（一种 Fe 配合物）结合生成羰基配合物，是血液失去输送氧的作用，尤其因 CO 无色、无嗅，使人们在不知不觉中中毒死亡。空气中只要有 1/800 体积比的 CO 就能使人在半小时内死亡。汽车发动机排出的废气含有较大量的 CO、$NO_x$、$SO_2$ 等，造成城市空气污染。

（4）二氧化硅

硅在地壳中主要以二氧化硅和硅酸盐的形式存在。二氧化硅属原子晶体，以 $sp^3$ 杂化的硅和氧原子结合成 Si—O 四面体，Si—O 键在空间不断重复形成二氧化硅晶体。在 Si—O 四面体中 Si 位于中心，每个氧为两个硅所共用，因此它的化学式用 $SiO_2$ 表示。石英是天然的二氧化硅晶体，纯净的石英又叫水晶，是一种坚硬、脆性、难熔的无色透明固体，常用于制作光学仪器。无定形 $SiO_2$，如石英玻璃，其骨架结构也是 Si—O 四面体，只不过排列杂乱，属无定形结构。

石英在 1600℃ 熔化形成黏稠液体，当急剧冷却时，形成石英玻璃。石英玻璃具有高的透光率，膨胀系数小，能经受温度的巨变，也经常用于制造紫外灯、光学仪器和玻璃器皿。

$SiO_2$ 的结构决定了它硬度大、熔点高、不溶于水和王水，但可溶于 HF 和某些碱、含氧酸盐。二氧化硅是酸性氧化物，能与碱性物质，如 NaOH、$Na_2CO_3$、CaO 等反应：

$$SiO_2 + 2OH^- \rightleftharpoons SiO_3^- + H_2O$$
$$SiO_2 + Na_2CO_3 \rightleftharpoons CO_2 + Na_2SiO_3 \text{（俗称水玻璃或泡花碱）}$$
$$SiO_2 + CaO \rightleftharpoons CaSiO_3$$

（5）碳化硅和氮化硅

碳化硅（SiC）具有与金刚石相似的晶体结构，可以看成是金刚石晶体中半数的碳原子被硅原子所取代而形成的原子晶体，熔点高达 2827℃，硬度近于金刚石，又称金刚砂。碳化硅是砂与过量焦炭的混合物通过电炉加热而制得：

$$SiO_2 + 3C \rightleftharpoons SiC + 2CO$$

碳化硅晶体呈蓝黑色，发珠光，化学性质稳定，工业上常用作磨料或制造砂轮、磨石摩擦表面材料。

氮化硅（$Si_3N_4$）是一种重要的结构陶瓷材料，属于无机非金属材料。在 $Si_3N_4$ 中，硅原子和氮原子以共价键结合，使 $Si_3N_4$ 具有熔点高、硬度大、机械强度高、热膨胀系数低、导热性好、化学性质稳定、绝缘性能好等特点。它在 1200℃ 的工作温度下可以维持强度不降低。氮化硅可用于制作高温轴承、制造无冷却式陶瓷发动机汽车、燃气轮机的燃烧室和机械密封环等，广泛应用于现代高科技领域。工业上普遍采用高纯硅与纯氮在较高温度下非氧化气氛中反应制取 $Si_3N_4$：

$$3Si + 2N_2 \rightleftharpoons Si_3N_4$$

采用化学气相沉积法也可以得到纯度较高的 $Si_3N_4$：

$$3SiCl_4 + 2N_2 + 6H_2 \Longrightarrow Si_3N_4 + 12HCl$$

（6）锡、铅的化合物

锡、铅都能形成氧化值为 +4 和 +2 的化合物。对于ⅣA族元素来说，从碳到锗，氧化值为 +4 的化合物比氧化值为 +2 的化合物稳定。锡仍保留着碳族元素的这一规律性，因此 $Sn(Ⅳ)$ 比 $Sn(Ⅱ)$ 的化合物稳定。$Sn(Ⅱ)$ 的化合物有较强的还原性，它很容易被氧化为 $Sn(Ⅳ)$ 的化合物。而对铅来说，$Pb(Ⅱ)$ 则比 $Pb(Ⅳ)$ 的化合物稳定。$Pb(Ⅳ)$ 的化合物具有较强的氧化性，较容易还原为 $Pb(Ⅱ)$。$Pb(Ⅳ)$ 容易获得 2 个电子形成 $6s^2$ 构型的相对稳定的 $Pb(Ⅱ)$ 的化合物。

氧化亚锡（SnO）呈黑色，可用热 $Sn(Ⅱ)$ 盐溶液与碳酸钠作用得到。在空气中加热金属锡生成白色的氧化锡（$SnO_2$）。经高温灼烧过的 $SnO_2$ 不能和酸碱溶液反应，但能溶于熔融的碱生成锡酸盐。

$SnCl_2 \cdot 2H_2O$ 呈无色透明玻璃体，它在水中易水解而生成碱式盐沉淀：

$$SnCl_2 + H_2O \Longrightarrow Sn(OH)Cl \downarrow + H^+ + Cl^-$$

所以配制 $SnCl_2$ 溶液时必须先加入适量盐酸抑制水解。$SnCl_2$ 是实验室中常用的还原剂，它可被空气中的氧氧化，在溶液中须加入金属锡防止氧化：

$$Sn + Sn^{4+} \Longrightarrow 2Sn^{2+}$$

$SnCl_2$ 能将 $HgCl_2$ 还原为白色的氯化亚汞（$Hg_2Cl_2$）沉淀：

$$2HgCl_2 + Sn^{2+} + 4Cl^- \Longrightarrow Hg_2Cl_2 + SnCl_6{}^{2-}$$

过量的 $SnCl_2$ 还能将 $Hg_2Cl_2$ 还原为单质汞（这种情况下汞为黑色）：

$$Hg_2Cl_2 + Sn^{2+} + 4Cl^- \Longrightarrow 2Hg + SnCl_6{}^{2-}$$

上述反应可用来鉴定溶液中的 $Sn^{2+}$，也可以用来鉴定 $Hg(Ⅱ)$ 盐。

金属铅在空气中加热生成橙黄色的氧化铅（PbO）。PbO 大量用于制造铅蓄电池、铅玻璃和铅的化合物。

在碱性溶液中用强氧化剂氧化 PbO 可生成褐色的二氧化铅（$PbO_2$）。$PbO_2$ 是一种很强的氧化剂，它在硫酸溶液中能释放出氧气：

$$2PbO_2 + 4H_2SO_4 \Longrightarrow 2Pb(HSO_4)_2 + O_2 + 2H_2O$$

在酸性溶液中 $PbO_2$ 可以把 $Cl^-$ 氧化为 $Cl_2$，还可以把 $Mn^{2+}$ 氧化为紫红色的 $MnO_4^-$：

$$PbO_2 + 4HCl(浓) \Longrightarrow PbCl_2 + Cl_2 + 2H_2O$$

$$2Mn^{2+} + 5PbO_2 + 4H^+ \Longrightarrow 2MnO_4^- + 5Pb^{2+} + 2H_2O$$

$PbO_2$ 加热后分解为鲜红色的四氧化三铅（$Pb_3O_4$）和氧气。

### 5.3.6　硼族

（1）硼族元素概述

周期表中ⅢA族元素包括硼（B）、铝（Al）、镓（Ga）、铟（In）、铊（Tl）5

种元素，统称为硼族元素。本族除硼是非金属元素外，其他都是金属元素，而且金属性随着原子序数的增加而增加。硼和铝都是富集的矿藏，铝在地壳中的含量仅次于氧和硅，居第三位。镓、铟、铊没有单独的矿藏，以分散的形式与其他矿物共生。硼族元素的基本性质见表 5-15。

**表 5-15**　硼族元素的基本性质

| 性质 | 硼(B) | 铝(Al) | 镓(Ga) | 铟(In) | 铊(Tl) |
|---|---|---|---|---|---|
| 原子序数 | 5 | 13 | 31 | 49 | 81 |
| 价层电子构型 | $2s^2 2p^1$ | $3s^2 3p^1$ | $4s^2 4p^1$ | $5s^2 5p^1$ | $6s^2 6p^1$ |
| 单质熔点/℃ | 2076 | 660.3 | 29.7646 | 156.6 | 303.5 |
| 单质沸点/℃ | 3864 | 2518 | 2203 | 2072 | 1457 |
| 原子半径/pm | 88 | 143 | 122 | 163 | 170 |
| 电负性 | 2.04 | 1.61 | 1.81 | 1.78 | 2.04 |
| 常见氧化值 | +3 | +3 | (+1),+3 | +1,+3 | +1,(+3) |

本族元素的价层电子构型为 $ns^2 np^1$，它们的一般氧化值为 +3。同其他主族元素一样随着原子序数的递增，$ns^2$ 电子对趋于稳定，生成低氧化值（+1）的倾向随之增强。特别是 Tl 的 +1 氧化值是常见的，在 Tl(I) 的化合物中具有较强的离子键特征。

硼族元素原子的价电子轨道（$ns$ 和 $np$）数为 4，而其价电子仅有 3 个，这种价电子数小于价键轨道数的原子称为缺电子原子。它们所形成的化合物有些为缺电子化合物。在缺电子化合物中，成键电子对数小于中心原子的价键轨道数。由于有空的价键轨道的存在，所以它们有很强的接受电子对的能力，容易形成聚合型分子（如 $Al_2Cl_6$）和配位化合物（如 $HBF_4$）。在此过程中，中心原子的价键轨道杂化方式由 $sp^2$ 杂化过渡到 $sp^3$ 杂化。相应分子的空间构型由平面结构过渡到立体结构。

（2）硼、铝单质

硼单质有无定形和结晶形两种。前者呈棕黑色到黑色的粉末，后者银灰色，硬度与金刚石相近。结晶型硼单质相当稳定，不与氧、硝酸、热浓硫酸、烧碱等作用。无定形硼则比较活泼，在高温下能与 $N_2$、$O_2$、S、$X_2$ 等单质反应，也能在高温下与金属反应生成金属硼化物。硼有较高的吸收中子的能力，在核反应堆中，硼作为良好的中子吸收剂使用。单质硼常作为原料来制备一些有特殊用途的硼化合物，如金属硼化物和碳化硼（$B_4C$）等，这些化合物通常是高硬度、耐熔、高电导率和化学惰性的物质。

工业上制备单质硼一般采用浓碱溶液分解硼镁矿的方法。经热碱溶液溶出后，先得到偏硼酸钠晶体，再将其溶于水，通入 $CO_2$ 调节溶液的 pH 值，经浓缩后可得到硼砂。硼砂溶于水后经硫酸酸化可析出硼酸，在加热脱水生成 $B_2O_3$，最后用镁等活泼金属将其还原得到单质硼。制备高纯度的硼，可采用碘化硼（$BI_3$）热分解的方法。

铝具有良好的导电导热和延展性能。铝的标准电极电位为$-1.66V$，但却不能从水中置换出氢气，因为它与水接触时表面易生成一层难溶解的氢氧化铝。铝与氧气的结合能力很强，铝暴露在空气中，其表面会形成一层致密的氧化膜。

铝在冷的浓 $H_2SO_4$、浓 $HNO_3$ 中呈钝化状态，因此常用铝制品贮运浓 $H_2SO_4$、浓 $HNO_3$。但铝可与稀 HCl、稀 $H_2SO_4$ 及碱发生反应放出氢气：

$$2Al+6HCl \Longrightarrow 2AlCl_3+3H_2 \uparrow$$
$$2Al+3H_2SO_4 \Longrightarrow Al_2(SO_4)_3+3H_2 \uparrow$$
$$2Al+2NaOH+2H_2O \Longrightarrow 2NaAlO_2+3H_2 \uparrow$$

铝是强还原剂，能从金属氧化物中将金属还原出来，常用此法来制备金属单质，称为"铝热法"。如

$$2Al(s)+Cr_2O_3(s) \Longrightarrow Al_2O_3(s)+2Cr(s) \quad \Delta_f H_m^{\ominus}=-536kJ \cdot mol^{-1}$$

工业上提取铝一般分两步进行，先用碱溶液或碳酸钠处理铝土矿，从中提取出 $Al_2O_3$，然后电解 $Al_2O_3$ 得铝。

铝是一种很重要的金属材料，广泛用来作导线、结构材料和日用器皿。特别是铝合金质轻而又坚硬，大量用于制造汽车和飞机发动机及其他构件上。

（3）硼酸和硼酸盐

硼酸包括原硼酸 $H_3BO_3$、偏硼酸 $HBO_2$ 和多硼酸 $xB_2O_3 \cdot yH_2O$。原硼酸通常又简称为硼酸。

硼酸微溶于冷水，但在热水中溶解度较大。$H_3BO_3$ 是一元酸，其水溶液呈弱酸性。$H_3BO_3$ 与水的反应如下：

$$H_3BO_3+H_2O \Longrightarrow B(OH)_4^-+H^+ \quad K_a^{\ominus}=5.8 \times 10^{-10}$$

$B(OH)_4^-$ 的构型为四面体，其中硼原子采用 $sp^3$ 杂化轨道成键。$H_3BO_3$ 与水反应的特殊性是由其缺电子性质决定的。

$H_3BO_3$ 是典型的 Lewis 酸，在 $H_3BO_3$ 溶液中加入多羟基化合物，如丙三醇（甘油）、甘露醇，由于形成配合物和 $H^+$ 而使溶液酸性增强。

硼酸晶体结构为层状，具有解离性，可作润滑剂使用。大量硼酸用于搪瓷工业，有时也用作食物的防腐剂，在医药卫生方面也有广泛的用途。

最重要的硼酸盐是四硼酸钠（$Na_2B_4O_7 \cdot 10H_2O$），俗称硼砂。硼砂为无色透明晶体，在空气中容易失去部分水而风化，加热至 $380 \sim 400℃$，完全失水成为无水盐 $Na_2B_4O_7$，若加热到 $878℃$，则熔化为玻璃状物。溶化的硼砂能溶解许多金属氧化物，生成具有特征颜色的偏硼酸的复盐。例如：

$$Na_2B_4O_7+CoO \Longrightarrow 2NaBO_2 \cdot Co(BO_2)_2 （宝蓝色）$$
$$Na_2B_4O_7+NiO \Longrightarrow 2NaBO_2 \cdot Ni(BO_2)_2 （棕色）$$

硼砂的这一性质用在定性分析上鉴定某些金属离子，称为硼砂珠试验。硼砂易溶于水，水解而呈碱性，20℃时，硼砂溶液的 pH 值为 9.24。硼砂是一种用途

很广的重要化工原料，大量用在陶瓷、玻璃工业中，还作为硼肥，在农业生产上起着重要作用。硼砂是硼在自然界主要的矿石，它是制造单质硼和其他硼化物的主要原料。

（4）氧化铝

氧化铝可由氢氧化铝加热脱水而制得。在不同的温度条件下，制得的 $Al_2O_3$ 可以有不同的形态和不同的用途。一般在氧化铝前冠以希腊字母 α、β、γ 等表示不同晶型结构的 $Al_2O_3$。氧化铝是离子晶体，具有很高的熔点和硬度。

自然界存在的结晶氧化铝是 α-$Al_2O_3$，称为刚玉。而 $Al(OH)_3$ 热分解得到的 α-$Al_2O_3$ 称人造刚玉。α-$Al_2O_3$ 是一种多孔性物质，有很大的表面积，并有优异的吸附性、表面活性和热稳定性，因而常常被用作催化剂的活性成分，又称活性氧化铝。含有少量杂质的 α-$Al_2O_3$ 常呈鲜明的颜色。如红宝石就是含极微量 $Cr_2O_3$ 的 α-$Al_2O_3$，常用作制造耐磨的微型轴承（如手表中的"钻"），其单晶用于制造红宝石激光器。蓝宝石则是含铁和钛氧化物的 α-$Al_2O_3$，常用作磨料和抛光剂。

γ-$Al_2O_3$ 是在 450℃ 左右热分解 $Al(OH)_3$ 或铝铵矾得到。γ-$Al_2O_3$ 在 1000℃ 高温下转化为 α-$Al_2O_3$。α-$Al_2O_3$ 和 γ-$Al_2O_3$ 的晶体结构不同，它们的化学性质也不同。α-$Al_2O_3$ 化学性质极不活泼，除溶于熔融的碱外，与所有试剂都不反应。γ-$Al_2O_3$ 的反应活性更高，可溶于稀酸，也能溶于碱，又称为活性氧化铝。

### 5.3.7 无机酸强度的变化规律

（1）影响无机酸强度的直接因素

无机酸大致有两种：一种是中心原子与质子直接相连的氢化物（X—H）；另一种是中心原子与氧直接相连的含氧酸。这两种酸的强度大小意味着它们释放质子（$H^+$）的难易程度。

影响酸性大小的因素很多，但是，归根到底，反映在与质子直接相连的原子对它的束缚力的强弱上。这种束缚力的强弱又与该原子的电子密度的大小有着直接的关系。

电子密度是最近国外一些无机化学教科书中经常引用的一个概念，目前只给出一个定性的含意，它的大小与原子所带负电荷数以及原子体积（原子半径）有关。某原子的电子密度的大小，就其本身意义来讲，可与某金属阳离子的电场强度相类比，不过它表明某原子吸引带正电荷的原子或原子团的能力。因此，可以这么说，与质子直接相连的原子的电子密度，是决定无机酸强度的直接因素，譬如，将水合质子、水以及氢氧根加以比较，其酸性强度的次序为：$H_3O^+ > H_2O > OH^-$。如果从静电引力的角度加以考虑的话，那么这三种物质释放质子的能力依次减弱是不难理解的。因为不论物质原来的极性如何，在外界电场的作用下，它已经完全被离子化了，当它将要释放质子的一瞬间，此时质子所要摆脱的束缚力，就是与其直接相连的质子的库仑引力。因此，这个原子的电子密度的大小，就必然决定了质子被释放的难易程度。在水合质子中，因为有三个质子同时吸引一个氧原子上的电子，使其电子密度大幅度地降低，导致它对质子吸引力的减弱。容易释放出质子。在氢氧根中，只有一个质子吸引氧原子上的电子，使氧原子的电子密度降低的程度，相当于前者的 $1/3$。这就是说，在 $OH^-$ 中氧原子的电子密度比它在 $H_3O^+$ 中高得多，因此它对质子的引力也比它在 $H_3O^+$ 中强得多，以致不但不能释放质子，反而吸引质子而呈现碱性。

由此可见与质子直接相连的原子的电子密度，是决定无机酸强度的直接因素。这个原子的电子密度越低，它对质子的引力越弱，因而酸性也就越高，反之则碱性越高。下面我们就从这个观点出发，来进一步探讨无机酸强度大小的规律问题。

（2）氢化物酸性强弱的规律

在同一周期的氢化物中（如在 $NH_3$、$H_2O$、$HF$ 的系列中）由于直接同质子相连的原子的氧化数逐渐降低（因而所带的负电荷也依次减少），从而使这些原子的电子密度越来越小，所以相应氢化物的酸性依次增强。在同一族的氢化物中，由于与氢结合的原子所带电荷相同，但它们的原子半径随着原子序数的增加而增大，使这些原子的电子密度逐渐变小，因而其相应的氢化物的酸性依次增强，如 $HF<HCl<HBr<HI$，同理，$H_2O<H_2S<H_2Se<H_2Te$。Ⅴ～Ⅶ族的氢化物的 $pK_a^\ominus$ 值列于表 5-16：

**表 5-16**　第 Ⅴ、Ⅵ、Ⅶ族氢化物的 $pK_a$ 值

| 第 Ⅴ 族 | 第 Ⅵ 族 | 第 Ⅶ 族 |
|---|---|---|
| $NH_3$　35 | $H_2O$　16 | $HF$　3.2 |
| $PH_3$　27 | $H_2S$　7 | $HCl$　−7 |
| | $H_2Se$　4 | $HBr$　−9 |
| | $H_2Te$　3 | $HI$　−10 |

由表中的 $pK_a^\ominus$ 值可见，无论同一周期还是同一族中，氢化物的酸性都是随着原子序数的增加而增强的。

（3）含氧酸的酸性强弱的规律

含氧酸酸性的强度是由中心原子的电负性，原子半径以及氧化数等因素决定的。这些因素对于酸性强度的影响，是通过它们对 $X—O—H$ 键中的氧原子的电子密度的影响来实现的。

当中心原子的电负性较大，半径较小，氧化数较高时，则它同与之相连的氧原子争夺电子的能力较强，能够有效地降低氧原子上的电子密度，使 $O—H$ 键变弱，容易释放出质子，而表现出较强的酸性。

现以第三周期的高价含氧酸（$H_n XO_4$）为例说明之。在 $H_4SiO_4$、$H_3PO_4$、$H_2SO_4$ 和 $HClO_4$ 系列中，$H_4SiO_4$ 是弱酸，$H_3PO_4$ 是中等强度的酸，而 $H_2SO_4$ 和 $HClO_4$ 则是强酸。这种情况可以作如下解释：由于氧的电负性比 X 大，因此 $XO_4^{n-}$

中的负电荷偏向于氧原子一侧；为考虑问题简便起见，可近似地认为 $XO_4^{n-}$ 离子所带的 $n$ 个负电荷分布在四个氧原子上，每个氧原子的平均负电荷数为 $n/4$，在 $SiO_4^{4-}$，$PO_4^{3-}$ 和 $ClO_4^-$ 各离子中，每个氧原子的电荷数分别为 $-1$，$-3/4$ 和 $-1/4$；由于氧原子上的电子密度依次降低，将导致 $H_nXO_4$ 中的 O—H 键逐渐变弱，因而其酸性依次增强。

应该说明的是，这种计算方法是极其粗糙的。事实上在 $XO_4^{n-}$ 中，其负电荷是不可能完全集中在氧原子上的。因此上述数据并不可靠。但是，基于以上理由，在 X—O—H 键中的氧原子的电子密度逐渐减小，从而引起酸性依次增强的趋势是确定无疑的。这是因为：从 $SiO_4^-$ 到 $ClO_4^-$ 内中心离子氧化数从 $+4 \rightarrow +7$ 依次增高，离子半径按 $Si^{4+}$（42pm）、$P^{5+}$（35pm）、$S^{6+}$（30pm）、$Cl^{7+}$（27pm）顺序逐渐减小，电负性依次递增[Si(1.9)、P(2.1)、Cl(3.1)]导致 X—O 键中电子向氧原子偏移程度逐渐减弱，加之酸根内中心离子对 O—H 基团上 $H^+$ 排斥力增大，使 O—H 键逐渐减弱，因而酸性依次增强。这个结论对同一周期同种类型的含氧酸都是适用的，即在同一周期中随着中心原子的原子序数的增加，其酸性依次增强。

那么，在同一族中同种类型的含氧酸，其酸性变化的规律如何呢？现以 HClO、HBrO 和 HIO 为例说明。在 $XO^-$ 中由于 X 原子的电负性 Cl→I 依次减弱，所以 $XO^-$ 中的氧原子的电子密度逐渐增高，致使 O—H 键逐渐增强，因此其酸性强弱的次序为 HClO＞HBrO＞HIO。这个结论对其他各族的同种类型的含氧酸也是适用的，即在同一族中同种类型的含氧酸的强度，随着原子序数的增加而减弱。

最后，讨论一下同一元素不同氧化数的含氧酸的酸性强弱的问题。现以 HClO、$HClO_3$ 和 $HClO_4$ 为例说明。在这些酸中随着中心原子的氧化数的增加，与它相结合的氧原子的个数也增加，受这些电负性较大的氧原子的影响，氯原子的电子密度更进一步降低。以致使氯所带有的正电荷也进一步升高。这样一来，氯原子反过来对所有氧原子的外层电子的吸引力也随之增加，于是每个氧原子的电子密度也相应地降低了。这就是说，在氯的一系列的含氧酸中，中心原子氯的氧化数越高，与它相结合的氧原子的电子密度越低，O-H 键越弱，因而酸性也就越强。这个结论适用于比较一切中心原子相同但其氧化数不同的含氧酸的酸性强弱，如 $H_2SO_4＞H_2SO_3$、$HNO_3＞HNO_2$ 等等。

# 5.4　d 区元素

## 5.4.1　d 区元素概述

d 区元素包括ⅢB～ⅦB、Ⅷ、ⅠB～ⅡB族所有元素，又称过渡系列元素，共 25 种元素（不包括镧系元素和锕系元素）。四、五、六周期分别称为第一、第二、第三过渡系列。第一过渡系元素的基本性质列于表 5-17 中。

表 5-17　第一过渡系元素的基本性质

| 元　　素 | Sc | Ti | V | Cr | Mn | Fe | Co | Ni |
|---|---|---|---|---|---|---|---|---|
| 价电子 | $3d^14s^2$ | $3d^24s^2$ | $3d^34s^2$ | $3d^54s^1$ | $3d^54s^2$ | $3d^64s^2$ | $3d^74s^2$ | $3d^84s^2$ |
| 原子半径/pm | 161 | 145 | 132 | 125 | 124 | 124 | 125 | 125 |
| 离子半径/pm | — | 94 | 86 | 88 | 80 | 74 | 72 | 69 |
| 第一电离势/kJ·mol$^{-1}$ | 631 | 656 | 650 | 653 | 717 | 762 | 758 | 737 |
| 密度/g·cm$^{-3}$ | 3.2 | 4.5 | 6.0 | 7.1 | 7.4 | 7.9 | 8.7 | 8.9 |
| 熔点/K | 1673 | 1950 | 2190 | 2176 | 1517 | 1812 | 1768 | 1728 |
| 沸点/K | 2750 | 3550 | 3650 | 2915 | 2314 | 3160 | 3150 | 3110 |

　　d 区元素的价电子构型一般为 $(n-1)d^{1\sim8}ns^{1\sim2}$，与其他区元素相比，其最大特点是具有未充满的 d 轨道（Pd 除外）。而其最外层只有 1～2 个电子，较易失去，因此，d 区元素均为金属元素。由于 $(n-1)d$ 轨道和 $ns$ 轨道的能量相近，d 电子可部分或全部参与化学反应。从而使得 d 区元素具有以下方面特性。

　　d 区元素的 d 电子可参与成键，使成键价电子数较多，单质的金属键很强，因此 d 区元素的金属单质一般质地坚硬，色泽光亮，是电和热的良导体，有较高的熔点、沸点。在所有元素中，铬的硬度最大（9），钨的熔点最高（3410℃），锇的密度最大（22.61g·cm$^{-3}$），铼的沸点最高（5687℃）。它们具有金属的一般物理性质，但化学性质与主族元素有显著的不同。如ⅢA族金属都是优良还原剂，而ⅢB族金属的还原性就不太明显。

　　由于镧系收缩的影响造成第二、第三过渡系列的同族元素半径相等或相近。因此过渡元素按族而言有效核电荷作用显著，电离能一般呈增大趋势，金属的活泼性降低，如Ⅷ族第一过渡系列 Fe、Co、Ni 易被腐蚀，第三过渡系列的 Os、Ir、Pt 却极为稳定。

　　d 区元素因其特殊的电子构型，不仅 $ns$ 电子可作为价电子，$(n-1)d$ 电子也可部分或全部作为价电子，因此，该区元素常具有多种氧化值，一般从＋2 到和元素所在族数相同的最高氧化值。如 Mn 常见的氧化值有＋2、＋3、＋4、＋6 和＋7，在某些配合物中还可呈现低氧化值的＋1 和 0，特殊情况下甚至可以有负氧化值，如 K[Mn(CO)$_5$] 中 Mn 的氧化值为－1。从 Sc 到 Mn，和族数相同的氧化值的氧化性增加，如 KMnO$_4$ 是强氧化剂，而 Sc$^{3+}$ 却无氧化性。

　　过渡金属由于有空的 $(n-1)d$ 轨道，同时其原子或离子的半径又较主族元素小，不仅具有接受电子对的空轨道，同时还具有较强的吸引配位体的能力，使它们更易形成配位键，产生多种多样的配位化合物。例如，它们易形成氨配合物、氰基配合物、草酸基配合物等。除此之外，多数元素的中性原子能形成羰基配合物，如 Fe(CO)$_5$、Ni(CO)$_4$ 等，这是该区元素的一大特性。

　　d 区元素的许多水合离子、配离子常呈现颜色，这主要是由于电子发生 d-d 跃迁所致。具有 d$^0$ 和 d$^{10}$ 构型的离子，不可能发生 d-d 跃迁，因而是无色的，而具有其他d电子构型的离子一般具有一定的颜色。部分d区元素水合离子的颜色列于表5-18中。

**表 5-18　一些 d 区元素水合离子的颜色**

| 离子中未成对 d 电子 | 水合离子的颜色 | | |
|---|---|---|---|
| 0 | $Sc^{3+}$（无色） | $La^{3+}$（无色） | $Ti^{4+}$（无色） |
| 1 | $Ti^{3+}$（紫红色） | $V^{4+}$（蓝色） | |
| 2 | $Ni^{2+}$（绿色） | $V^{3+}$（绿色） | |
| 3 | $Cr^{3+}$（紫色） | $Co^{2+}$（桃红） | $V^{2+}$（紫色） |
| 4 | $Fe^{2+}$（淡绿色） | $Cr^{2+}$（蓝色） | |
| 5 | $Mn^{2+}$（淡红色） | $Fe^{3+}$（淡紫色） | |

### 5.4.2　钛副族

周期表ⅣB族（钛副族）包括钛（Ti）、锆（Zr）、铪（Hf）三种元素。钛族元素的基本性质见表5-19，其价层电子结构为 $(n-1)d^2ns^2$，由于d轨道在全空（$d^0$）的情况下，原子的结构比较稳定，所以除了最外层两个s电子参加成键以外，次外层的两个d电子也容易参加成键，因此钛、锆、铪的最稳定氧化值是+4，其次是+3，而+2氧化值则比较少见。

**表 5-19　钛族元素的基本性质**

| 性　　质 | 钛(Ti) | 锆(Zr) | 铪(Hf) |
|---|---|---|---|
| 原子序数 | 22 | 40 | 72 |
| 价层电子构型 | $3d^24s^2$ | $4d^25s^2$ | $5d^26s^2$ |
| 熔点/℃ | 1660 | 1852 | 2227 |
| 沸点/℃ | 3287 | 4377 | 4602 |
| 原子半径/pm | 136 | 145 | 144 |
| 电负性 | 1.54 | 1.33 | 1.30 |
| 密度/g·cm$^{-3}$ | 4.54 | 6.506 | 13.31 |
| 常见氧化值 | +4,+3 | +4 | +4 |

钛在地壳中的丰度为0.63%，在所有元素中排第10位。钛主要矿物有金红石（$TiO_2$）、钛铁矿（$FeTiO$）和钒钛铁矿。钛的资源虽然丰富，但钛与氧、氯、氮、氢有很大的亲和力，使炼制纯金属钛很难。钛的熔点1680℃，沸点3260℃，密度为4.5g·cm$^{-3}$。金属钛为银白色，外观似钢，属于高熔点的轻金属。钛比铁轻，比强度是铁的2倍多，铝的5倍。钛或钛合金广泛应用于制造航天飞机、火箭、导弹、潜艇、轮船和化工设备，也大量应用于石油化工、纺织、冶金机电设备等方面。钛还能承受超低温，用于制备盛放液氮和液氧等的器皿。此外，钛具有生物相容性，用于接骨和人工关节，故被誉为"生物金属"。钛或钛合金还具有特殊的记忆功能、超导功能和储氢功能等。

工业上大规模生产钛一般采用 $TiCl_4$ 的金属热还原法。首先将 $TiO_2$ 或天然金红石与炭粉混合加热至 $1000\sim1100K$，进行氯化处理制备 $TiCl_4$。然后用金属镁或钠在 1070K，氩气氛中还原得到钛。

锆和铪是稀有金属，锆分散地存在与自然界中，在地壳中的含量为 0.0162%，主要矿物为斜锆石（$ZrO_2$）和锆英石（$ZrSO_4$）。铪常与锆共生，锆英石中平均约含 2%铪，最高含铪 7%。由于镧系收缩，铪的离子半径与锆接近，因此它们的化学性质极相似，造成锆和铪分离上的困难。可利用锆和铪的含氟配合物的溶解度差别来分离锆、铪。例如在 293K，1000g $0.125mol \cdot L^{-1}$ 的 HF 溶液中可溶解 1.86g $K_2ZrF_6$、3.74g $K_2HfF_6$。但这种分离方法需要很长时间，手续较烦琐。目前主要应用溶剂萃取和离子交换等方法分离锆和铪。

锆和铪都是活泼金属，但它们的致密金属在空气中是稳定的。在高温下，锆和铪与空气反应生成氧化物保护膜，并且氧可在锆中溶解，在真空中加热也不能除去，铪的亲氧能力更强，高温下可以夺取 MgO、BeO 坩埚中的氧，所以它们只能在金属坩埚中熔融。在高温下，它们可以与碳及其含碳气体化合物（CO、$CH_4$ 等）作用生成高硬、高熔点的碳化物（ZrC、HfC）；与硼作用可以生成硼化物（$ZrB_2$、$HfB_2$）；吸收氮气形成固溶体和氮化物。这些碳化物、硼化物和氮化物都是重要的陶瓷材料。

锆和铪主要用于原子能工业。锆用作核反应堆中核燃料的包套材料。铪具有特别强的热中子吸收能力，主要用于军舰和潜艇原子反应堆的控制棒。锆合金强度高，宜作反应堆结构材料。铪合金难熔，具有抗氧化性，用作火喷嘴、发动机和宇宙飞行器等。锆不与人体的血液、骨骼及组织发生作用，已用作外科和牙科医疗器械，并能强化和代替骨骼。它们还可用于化工设备和电子管的吸气剂等。

$TiO_2$ 俗称钛白或钛白粉，是钛的重要化合物，也是一种优良的白色颜料。它具有折射率高、着色力和遮盖力强、化学稳定性好等优点，是制备高级涂料和白色橡胶的重要原料；是造纸和人造纤维工业的消光剂；也是陶瓷工业特别是功能陶瓷如 $BaTiO_3$ 的重要原料。

自然界中 $TiO_2$ 有三种晶型：金红石型、锐钛矿型和板钛矿型。其中最重要的是金红石型 $TiO_2$，由于含有少量的铁、铌、钽、钒等杂质而呈现红色或黄色。金红石的硬度高，化学稳定性好。

$TiO_2$ 是白色粉末，不溶于水和稀酸，但溶于氢氟酸和热的浓硫酸中。

$$TiO_2 + 6HF \Longrightarrow H_2[TiF_6] + 2H_2O$$
$$TiO_2 + H_2SO_4 \Longrightarrow TiOSO_4 + H_2O$$

工业上制备二氧化钛是利用浓硫酸处理钛铁矿，得到硫酸氧钛后用热水水解得到难溶于水的二氧化钛水合物 $TiO_2 \cdot nH_2O$，在 300℃下加热 $TiO_2 \cdot nH_2O$ 可得到白色粉末状的 $TiO_2$。纳米 $TiO_2$ 有极好的光催化性能，在有机污水处理领域有广阔的应用前景。

### 5.4.3 钒副族

周期表 VB 族（钒副族）包括钒（V）、铌（Nb）、钽（Ta）三种元素。钒族元素单质的基本性质见表 5-20，其价层电子结构为 $(n-1)d^3ns^2$，5 个价电子都可以参加成键，因此最高氧化值为 +5，相当于 $d^0$ 的结构。+5 是钒族元素最稳定的一种氧化值。钒族元素的其他氧化值还有 +3、+2，在某些配位化合物中，还可以呈低氧化值 +1、0 和 -1。

**表 5-20** 钒族元素单质的基本性质

| 性　　质 | 钒(V) | 铌(Nb) | 钽(Ta) |
|---|---|---|---|
| 原子序数 | 23 | 41 | 73 |
| 价层电子构型 | $3d^34s^2$ | $4d^35s^2$ | $5d^36s^2$ |
| 熔点/℃ | 1890 | 2468 | 2996 |
| 沸点/℃ | 3380 | 4742 | 5425 |
| 原子半径/pm | 122 | 134 | 134 |
| 电负性 | 1.63 | 1.60 | 1.50 |
| 密度/g·cm$^{-3}$ | 6.11 | 8.57 | 16.654 |
| 常见氧化值 | +2,+3,+4,+5 | +3,+5 | +5 |

钒在地壳中的丰度为 0.0136%，在所有元素中排第 23 位。但它的分布广且分散，海水中含量仅 $2\times10^{-9}\%\sim35\times10^{-9}\%$。钒的主要矿物为绿硫钒（$VS_2$ 或 $V_2S_5$）、铅钒矿 [$Pb_5(VO_4)_3Cl$] 等。由于镧系收缩的影响，铌和钽性质相似，在自然界共生，其矿物可用通式 $Fe(MO_3)_2$ 表示。钒、铌、钽均属于稀有金属。

钒是银灰色有延展性的金属，但不纯时硬而脆。钒有金属"维生素"之称。含钒百分之几的钢，具有高强度、高弹性、抗磨损和抗冲击性能，广泛应用于汽车工业和飞机制造业。

钒是活泼金属，但由于容易呈钝态，因而在室温下化学活泼性较低。块状钒在常温下能抗空气、海水、苛性碱、硫酸、盐酸的腐蚀，但溶于氢氟酸、浓硫酸、硝酸和王水中。在高温时，钒能与大多数非金属化合。常用金属（如钙）热还原 $V_2O_5$ 得到纯金属钒。钒主要用来制造钒钢。钢中加了钒，可使钢质紧密，韧性、弹性和强度提高，并有很高的耐磨损性和抗撞击性。钒有多种氧化值（如 +5、+4、+3、+2），其离子色彩丰富，如 $V^{2+}$ 呈紫色，$V^{3+}$ 呈绿色，$VO^{2-}$ 呈蓝色，$VO_2^+$、$VO_3^-$ 呈黄色；酸根极易聚合，形成 $V_2O_7^{4-}$、$V_3O_9^{3-}$、$V_{10}O_{28}^{6-}$；pH 下降，聚合度增加，颜色从无色→黄色→深红色，酸度足够大时为 $VO_2^+$。

铌和钽都是钢灰色金属，具有最强的抗腐蚀能力，能抵抗浓热的盐酸、硫酸、硝酸和王水。铌和钽只能溶于氢氟酸或氢氟酸与硝酸的热混合液中，在熔融碱中被氧化为铌酸盐或钽酸盐。铌酸盐或钽酸盐进一步转化为其氧化物，再由金属热还原得到铌或钽。

铌和钽最重要的性质是具有吸收氧、氮和氢等气体的能力，如 1g 铌在常温下可吸收 100mL 的氢气。另外，它们对人的肌肉和细胞无任何不良影响，而且细胞可在其上生长发育。如钽片可以弥补头盖骨的损伤，钽丝可以缝合神经和肌腱，钽条可代替骨头，所以在医学方面有重要应用。目前，钽主要用于制备固体电解质电容器，在计算机、雷达、导弹和彩电等电子线路中发挥重要作用。

$V_2O_5$ 是钒的重要化合物，显橙黄色或砖红色，无臭，无味，有毒。它大约在923K 熔融，冷却时结成橙色正交晶系的针状晶体。它的结晶热很大，当迅速结晶时会因灼热而发光。$V_2O_5$ 微溶于水，每 100g 水能溶解 0.07g $V_2O_5$，溶液呈淡黄色。

将偏钒酸铵加热至 700K 可制得 $V_2O_5$：

$$2NH_4VO_3 \xrightarrow{\text{加热}} V_2O_5 + 2NH_3 + H_2O$$

$V_2O_5$ 是两性偏酸的氧化物，它比 $TiO_2$ 具有较强的酸性、较弱的碱性以及较强的氧化性，它主要显酸性，易溶于碱，溶于强碱性溶液生成正钒酸盐。

$$V_2O_5 + 6NaOH == 2Na_3VO_4 + 3H_2O$$

由于 $V_2O_5$ 也有微弱的碱性，所以它还能溶解在强酸中，在强酸性溶液中（pH<1）能生成淡黄色的 $VO_2^+$。

$V_2O_5$ 是一个较强的氧化剂，溶于盐酸能发生下列氧化还原反应：

$$V_2O_5 + 6HCl == 2VOCl_2 + Cl_2 + 3H_2O$$

五氧化二钒是接触法制取硫酸的催化剂，在它的催化作用下，二氧化硫被氧化为三氧化硫。把 $V_2O_5$ 加入玻璃中可防止紫外线透过，它也是许多有机反应的催化剂。

### 5.4.4　铬副族

周期表ⅥB族包括铬（Cr）、钼（Mo）、钨（W）3 种元素，称为铬副族。铬族元素的基本性质见表 5-21。铬、钼、钨的价层电子构型分别是 $3d^5 4s^1$、$4d^5 5s^1$、$5d^4 6s^2$。这三种元素原子中的 6 个价电子都可以参与成键，因此，它们的最高氧化值都是 +6。和所有 d 区元素一样，它们的 d 电子也可以部分参与成键，从而表现出具有多种氧化值。铬族元素的最高氧化值（+6）按铬、钼、钨的顺序稳定性增强。在酸性溶液中，铬（Ⅵ）具有强氧化性，钼（Ⅵ）的氧化性很弱，钨（Ⅵ）的氧化性更弱。钼（Ⅵ）和钨（Ⅵ）只有与强还原剂反应时才能被还原。在酸性溶液中，铬以 +3 氧化值最稳定，而钨则以 +6 氧化值最稳定。由于镧系收缩，在铬族元素中，钼和钨的性质非常相似。

**表 5-21**　铬族元素的基本性质

| 性　质 | 铬（Cr） | 钼（Mo） | 钨（W） |
| --- | --- | --- | --- |
| 原子序数 | 24 | 42 | 74 |

续表

| 性　　质 | 铬（Cr） | 钼（Mo） | 钨（W） |
|---|---|---|---|
| 价层电子构型 | $3d^5 4s^1$ | $4d^5 5s^1$ | $5d^4 6s^2$ |
| 熔点/℃ | 1857 | 2617 | 3410 |
| 沸点/℃ | 2672 | 4612 | 5660 |
| 原子半径/pm | 118 | 130 | 130 |
| 电负性 | 1.66 | 2.16 | 2.36 |
| 密度/g·cm$^{-3}$ | 7.2 | 10.22 | 19.3 |
| 常见氧化值 | +3，+6 | +5，+6 | +5，+6 |

铬在地壳中的丰度为 0.01%，最重要的铬矿是铬铁矿 $[Fe(CrO_2)_2]$。钼和钨在地壳中丰度较低，在我国的蕴藏极为丰富，我国的钼矿主要有辉钼矿（$MoS_2$），钨矿主要有黑钨矿 $[(Fe^{II}、Mn^{II})WO_4]$ 和白钨矿（$CaWO_4$）。

铬金属呈银白色，质极硬，耐腐蚀。粉末状的钼和钨是深灰色的，致密块状的钼和钨是银白色并带有金属光泽。铬族元素的原子可以提供 6 个价电子形成较强的金属键，因此它们的熔点、沸点是同周期中最高的一族。钨的熔点是金属中最高的。钼和钨的硬度也很大。由于具有这些优良的特性，钼丝、钨丝在氢气或真空中作为加热元件，钼、钨和其他金属制成的合金在军工生产和高速工具钢中应用很广。

金属铬在酸中一般表面被钝化，所以铬有很强的抗腐蚀性。由于光泽度好，抗腐蚀性强，常将铬镀在其他金属表面上。铬同铁、镍能组成各种性能的抗腐蚀的不锈钢，在化工设备的制造中占重要地位。与铬相比，钼和钨的化学性质较稳定，在钼和钨的表面上也容易形成一层钝态的薄膜。在常温下，钼和钨对于空气和水都是稳定的。钼和稀酸、浓盐酸都不起作用，但与浓硝酸、热浓硫酸以及王水作用。除王水外，在盐酸、硫酸和硝酸中，不管是浓的或稀的、冷的或热的，钨都不溶解。

铬的重要氧化物有 $Cr_2O_3$。$Cr_2O_3$ 呈绿色，微溶于水，是两性氧化物，能溶于酸或碱：

$$Cr_2O_3 + 3H_2SO_4 \rightleftharpoons Cr_2(SO_4)_3 + 3H_2O$$
$$Cr_2O_3 + 2NaOH + 3H_2O \rightleftharpoons 2Na[Cr(OH)_4]$$

$Cr_2O_3$ 是制备其他铬化合物的原料，也常作为绿色颜料而广泛应用于陶瓷、玻璃、印刷等工业。

$Cr(OH)_3$ 是两性氢氧化物，易溶于酸形成蓝紫色的水合铬离子 $[Cr(H_2O)_6]^{3+}$，溶于碱生成亮绿色的配离子 $[Cr(OH)_4]^-$：

$$Cr(OH)_3 + 3H^+ \rightleftharpoons Cr^{3+} + 3H_2O$$
$$Cr(OH)_3 + OH^- \rightleftharpoons [Cr(OH)_4]^-$$

在碱性溶液中，$[Cr(OH)_4]^-$ 有较强的还原性。例如，可用 $H_2O_2$ 将其氧化成

黄色的 $CrO_4^{2-}$：

$$2[Cr(OH)_4]^- + 3H_2O_2 + 2OH^- \rightleftharpoons 2CrO_4^{2-} + 8H_2O$$

在酸性溶液中，$Cr^{3+}$ 比较稳定，需用很强的氧化剂如过硫酸盐，才能将其氧化为橙红色的 $Cr_2O_7^{2-}$：

$$2Cr^{3+} + 3S_2O_8^{2-} + 7H_2O \rightleftharpoons Cr_2O_7^{2-} + 6SO_4^{2-} + 14H^+$$

重铬酸钾是铬的重要盐类，为橙红色晶体，俗称红钾矾。重铬酸钾不含结晶水，低温时溶解度小，易提纯，所以常用作定量分析中的基准物质。重铬酸钾在酸性溶液中有强氧化性，是分析化学中常用的氧化剂之一，如：

$$Cr_2O_7^{2-} + 6Fe^{2+} + 14H^+ \rightleftharpoons 2Cr^{3+} + 5Fe^{3+} + 7H_2O$$

$$Cr_2O_7^{2-} + 6I^- + 14H^+ \rightleftharpoons 2Cr^{3+} + 3I_2 + 7H_2O$$

用重铬酸钾与浓硫酸可配成铬酸洗液，该洗液具有强氧化性，是玻璃器皿的高效洗涤剂，多次使用后，转变为绿色（$Cr^{3+}$）而失效。

重铬酸钾不仅是常用的化学试剂，在工业上还大量用于鞣革、印染、电镀和医药等方面。

### 5.4.5 锰副族

周期表ⅦB族（锰副族）包括锰（Mn）、锝（Tc）、铼（Re）3 种元素。锰族元素的基本性质见表 5-22，其价层电子构型为 $(n-1)d^5ns^2$，其中 Tc 为 $4d^6 5s^1$。这些元素的价电子层中的 7 个电子都可以参加成键，所以最高氧化值为 +7。同其他副族元素性质递变的规律一样，从 Mn 到 Re 高氧化值趋向于稳定，$Re_2O_7$ 和 $Tc_2O_7$ 性质相似，比 $Mn_2O_7$ 稳定得多。低氧化值的稳定性恰好相反，锰以 $Mn^{2+}$ 为最稳定，而 Tc(Ⅱ) 和 Re(Ⅱ) 只在少数配位化合物中稳定，并不存在简单的离子。

**表 5-22　锰族元素的基本性质**

| 性　　质 | 锰(Mn) | 锝(Tc) | 铼(Re) |
|---|---|---|---|
| 原子序数 | 25 | 43 | 75 |
| 价层电子构型 | $3d^5 4s^2$ | $4d^6 5s^1$ | $5d^5 6s^2$ |
| 熔点/℃ | 1244 | 2172 | 3180 |
| 沸点/℃ | 1962 | 4877 | 5627 |
| 原子半径/pm | 117 | 127 | 128 |
| 电负性 | 1.55 | 1.9 | 1.9 |
| 密度/g·cm$^{-3}$ | $\alpha 7.44$ | 11.50 | 21.02 |
|  | $\beta 7.29$ |  |  |
|  | $\gamma 7.21$ |  |  |
| 常见氧化值 | +2,+3,+4,+6,+7 | +4,+6,+7 | +3,+4,+6,+7 |

锰的主要矿石是软锰矿（$MnO_2$），其他矿石还有黑锰矿（$Mn_3O_4$）、水锰矿（$Mn_2O_3 \cdot H_2O$）以及褐锰矿（$3Mn_2O_3 \cdot MnSiO_3$），此外，在深海中还发现了大

量的锰矿。在自然界中虽然已发现了锝，但主要还是由人工核反应来制得。铼是一种非常稀少、通常与钼伴生的元素。

金属锰外形似铁，粉末状的锰是灰色，致密的块状锰是银白色。铼的外表与铂相同，纯铼相当软，有良好的延展性。在形成金属键时锰族元素也可以提供较多的单电子（仅次于铬族）构成较强的金属键，因此也是难溶金属。

锰在空气中或加热时燃烧生成 $Mn_3O_4$（类似 $Fe_3O_4$，是 $MnO \cdot Mn_2O_3$ 的混合氧化物）。铼燃烧生成 $Re_2O_7$。金属锰与热水以及非氧化性稀酸反应生成 $Mn(\text{II})$ 并放出氢气。高温下，锰能够同卤素、氧、氮、硫、硼、碳、硅、磷等直接化合。锝和铼是比较稳定的金属，不溶于盐酸而溶于浓硝酸，生成高锝酸（$HTcO_4$）和高铼酸（$HReO_4$）。

锰主要用于钢铁工业中生产锰合金钢，锰的合金有广泛的用途。锰矿和铁矿的混合物在高炉里用焦炭还原，可制造锰铁（60%～90% Mn）和镜铁（15%～22% Mn），在钢铁工业中它是去氧剂和去硫剂。锰可以替代镍制造不锈钢。在镁和铝的合金中加入锰，其抗腐蚀性和机械性能均有所改进。

锰（VII）的化合物中，最为重要的是高锰酸钾（$KMnO_4$，俗称灰锰氧），为紫黑色晶体，有金属光泽。其热稳定性差，将固体加热到 200℃ 以上，会分解放出氧气，这是实验室制取氧气的方法之一。

$$2KMnO_4 \Longrightarrow K_2MnO_4 + MnO_2 + O_2 \uparrow$$

高锰酸钾为紫黑色固体，易溶于水，呈现 $MnO_4^-$ 的特征颜色即紫红色。在酸性溶液中会缓慢分解，析出棕色的 $MnO_2$，并有氧气放出：

$$4MnO_4^- + 4H^+ \Longrightarrow 4MnO_2 + 2H_2O + 3O_2 \uparrow$$

在中性或弱碱性溶液中 $MnO_4^-$ 也会分解，只是这种分解速率更为缓慢，光线对分解起催化作用，所以配制好的 $KMnO_4$ 溶液必须保存在棕色试剂瓶中。

高锰酸钾具有氧化性，其氧化能力随介质的酸碱性减弱而减弱，其还原产物也因介质的酸碱性不同而变化，如 $KMnO_4$ 与 $Na_2SO_3$ 的反应：

$$2MnO_4^- + 5SO_3^{2-} + 16H^+ \Longrightarrow 2Mn^{2+} + 5SO_4^{2-} + 8H_2O（酸性介质）$$

$$2MnO_4^- + 3SO_3^{2-} + H_2O \Longrightarrow 2MnO_2 \downarrow + 3SO_4^{2-} + 2OH^-（中性介质）$$

$$2MnO_4^- + SO_3^{2-} + 2OH^- \Longrightarrow 2MnO_4^{2-} + SO_4^{2-} + H_2O（强碱性介质）$$

在酸性介质中 $KMnO_4$ 的氧化能力很强，它本身有很深的紫红色，而它的还原产物 $Mn^{2+}$ 几近无色（浓 $Mn^{2+}$ 溶液呈淡红色），所以在定量分析中用它来测定还原性物质时，不需要另外添加指示剂，因此 $KMnO_4$ 滴定法广泛应用于分析化学中的定量分析，如 $Fe^{2+}$、$C_2O_4^{2-}$、$H_2O_2$、$SO_3^{2-}$ 等的定量分析：

$$MnO_4^- + 8H^+ + 5Fe^{2+} \Longrightarrow Mn^{2+} + 5Fe^{3+} + 4H_2O$$

$$2MnO_4^- + 6H^+ + 5H_2O_2 \Longrightarrow 2Mn^{2+} + 5O_2 \uparrow + 8H_2O$$

高锰酸钾在化学工业中用于生产维生素 C、糖精等，在轻化工业用于纤维、油脂的漂白和脱色，医疗上用作杀菌消毒剂和防腐剂。在日常生活中可用于饮食用具、器皿、蔬菜、水果等消毒。

### 5.4.6 Ⅷ族元素

Ⅷ族包括 9 种元素，即铁（Fe）、钴（Co）、镍（Ni）；钌（Ru）、铑（Rh）、钯（Pd）；锇（Os）、铱（Ir）、铂（Pt）。位于第一过渡系列的Ⅷ族元素铁、钴、镍性质相似，称为铁系元素；而位于第二和第三过渡系列的 6 种Ⅷ族元素称为铂系元素。由于镧系收缩的缘故，钌、铑、钯与锇、铱、铂较相似而与铁、钴、镍差别较显著。铂系元素和金、银一起称为贵金属。

（1）铁系

铁系元素以铁分布最广，在地壳中含量居第四位，在金属中仅次于铝。铁的主要矿石有赤铁矿（$Fe_2O_3$）、磁铁矿（$Fe_3O_4$）、黄铁矿（$FeS_2$）和菱铁矿（$FeCO_3$）等。钴和镍的常见矿物是辉钴矿（CoAsS）和镍黄铁矿（NiS·FeS）。

铁系元素的基本性质见表 5-23。铁、钴、镍三种元素原子的价层电子结构分别为 $3d^64s^2$、$3d^74s^2$、$3d^84s^2$，它们的原子半径十分接近，在最外层的 4s 轨道上都有两个电子，只是次外层的 3d 轨道上的电子数不同，分别为 6、7、8，所以他们的性质很相似。第一过渡系列元素原子的电子填充过渡到Ⅷ族时，3d 电子已超过 5 个，在一般情况下，它们的价电子全部参加成键的可能性逐渐减小，因而铁系元素不再呈现与族数相当的最高氧化值。与其他过渡元素一样，铁、钴、镍的高氧化值比低氧化值化合物有较强的氧化性。

**表 5-23　铁系元素的基本性质**

| 性　　质 | 铁(Fe) | 钴(Co) | 镍(Ni) |
|---|---|---|---|
| 原子序数 | 26 | 27 | 28 |
| 价层电子构型 | $3d^64s^2$ | $3d^74s^2$ | $3d^84s^2$ |
| 熔点/℃ | 1535 | 1495 | 1453 |
| 沸点/℃ | 2750 | 2870 | 2732 |
| 原子半径/pm | 117 | 116 | 115 |
| 电负性 | 1.83 | 1.88 | 1.91 |
| 密度/g·cm⁻³ | 7.874 | 8.90 | 8.902 |
| 常见氧化值 | +2,+3,+6 | +2,+3,+4 | +2,+4 |

在一般条件下，铁的常见氧化值是 +2 和 +3，与很强的氧化剂作用，铁可以生成不稳定的 +6 氧化值的化合物（高铁酸盐）。钴和镍的最高氧化值为 +4，其他氧化值有 +3 和 +2。在一般条件下，钴和镍的常见氧化值是 +2。钴的 +3 氧化值在一般化合物中是不稳定的，而镍的 +3 氧化值则更少见。

单质铁、钴、镍都是具有金属光泽的银白色金属，钴略带灰色。它们都表现有铁磁性，所以它们的合金是很好的磁性材料。铁系元素的熔点随原子序数的增加而降低，这可能是因为 3d 轨道中成单电子数按 Fe、Co、Ni 的顺序逐渐减少，金属键逐渐减弱的缘故。

铁、钴、镍是中等活泼金属，都能溶于稀酸，通常形成水合离子 $[M(H_2O)_6]^{2+}$，但钴、镍溶得很缓慢。冷的浓硝酸能使铁、钴、镍的表面钝化。铁、钴、镍都不易与碱作用。铁能被热的浓碱液所侵蚀，而钴和镍在碱性溶液中的稳定性比铁高，故熔碱时最好使用镍制坩埚。铁、钴、镍都能与 CO 形成羰基配合物，例如 $[Fe(CO)_5]$、$[Co_2(CO)_8]$ 和 $[Ni(CO)_4]$ 等。这些羰基配合物热稳定较差，利用它们的热分解反应可以得到高纯度的金属。

铁是最重要的基本结构材料，铁合金用途广泛，纯铁在工业上用途甚少。化学纯的铁是用氢气还原纯氧化铁来制取，也可由羰基合铁热分解来得到纯铁。钴和镍主要用于制造合金。如钴、铬、钨的合金具有很高的硬度，可作切削刀具或钻头。某些特种钢中含有镍，如不锈钢含 9% 的镍和 18% 的铬。镍粉可作氢化时的催化剂。铁、钴、镍的重要化合物见表 5-24。

**表 5-24    铁、钴、镍的重要化合物**

| 化合物 | 颜色和状态 | 密度 $/g \cdot cm^{-3}$ | 熔点 $/\mathbb{C}$ | 受热时的变化 | 溶解度 $/g \cdot 100g\ H_2O$ |
|---|---|---|---|---|---|
| 氯化铁 $FeCl_3$ | 黑褐色层状晶体 | 2.898 | 304 | 317℃ 沸腾，部分分解，100℃ 时已显著挥发，见光还原为 $FeCl_2$。$FeCl_3 \cdot 6H_2O$ 37℃ 熔化，100℃ 挥发，250℃ 分解出 $Fe_2O_3$ 等 | 91.8，也能溶于乙醇、甘油、乙醚和丙酮中 |
| 硝酸铁 $Fe(NO_3)_3 \cdot 9H_2O$ | 淡紫色晶体 | 1.684 | 47 | 50℃ 时失去一部分 $HNO_3$，高温下分解为 $Fe_2O_3$（125℃ 沸腾） | 138 |
| 氯化亚铁 $FeCl_2 \cdot 4H_2O$ | 透明淡蓝色晶体 | 1.937 | | $FeCl_2 \cdot 4H_2O$ 在空气中部分氧化变为草绿色 | 64.5（10℃），溶于乙醇，不溶于乙醚 |
| 硫酸亚铁 $FeSO_4 \cdot 7H_2O$ | 淡绿色晶体 | 1.89 | | 在空气中风化变为白色粉末，加热至 73℃ 时变白，90℃ 时熔融，250℃ 时开始分解，失去 $SO_3$ | 26.5，能溶于甘油，不溶于乙醇，水溶液易被氧化 |
| 硫酸亚铁铵（Mohr 盐） $(NH_4)_2Fe(SO_4)_2 \cdot 6H_2O$ | 绿色晶体 | 1.864 | | 100℃ 左右失去结晶水 | 26.9（20℃），在潮湿空气中和水溶液中较稳定 |
| 氯化钴 $CoCl_2 \cdot 7H_2O$ | 粉红色晶体 | 1.924 | 735（无水） | 30～35℃ 开始风化，无水 $CoCl_2$ 为蓝色粉末，能风化 | 50.4，能溶于丙酮和乙醇中 |

续表

| 化合物 | 颜色和状态 | 密度 /g·cm$^{-3}$ | 熔点 /℃ | 受热时的变化 | 溶解度 /g·100g H$_2$O |
|---|---|---|---|---|---|
| 硫酸钴 CoSO$_4$·7H$_2$O | 淡紫色晶体 | 2.03 | | 加热时失去结晶水，灼热时不易分解 | 36.21，易溶于甲醇，无水 CoSO$_4$ 极难溶于水 |
| 氯化镍 NiCl$_2$·6H$_2$O | 草绿色晶体 | 3.51（无水） | 1009（无水） | 在干空气中易风化，在潮湿空气中易潮解，在真空中加热升华不分解 | 64.2，溶于乙醇 |
| 硫酸镍 NiSO$_4$·7H$_2$O | 暗绿色晶体 | 1.98 | | 灼烧时得无水粉末，无水 NiSO$_4$ 呈亮黄色，在空气中吸水 | 32（10℃），不溶于乙醇和乙醚中 |
| 硝酸镍 Ni(NO$_3$)$_2$·6H$_2$O | 青绿色晶体 | 2.05 | 56.7 | 57℃时溶于其结晶水中，进一步加热失去结晶水，灼烧时得 Ni$_2$O$_3$ | 96.3，能溶于乙醇，在空气中易风化或潮解 |

氯化钴 CoCl$_2$·6H$_2$O 在受热脱水过程中，伴随有颜色的变化：

$$CoCl_2 \cdot 6H_2O \underset{}{\overset{52.25℃}{\rightleftharpoons}} CoCl_2 \cdot 2H_2O \overset{90℃}{\rightleftharpoons} CoCl_2 \cdot H_2O \overset{120℃}{\rightleftharpoons} CoCl_2$$
　（粉红色）　　　　　（紫红色）　　　　（蓝紫色）　　　　（蓝色）

根据氯化钴的这一特性，常用它来显示某种物质的含水情况。例如，干燥剂无色硅胶用 CoCl$_2$ 溶液浸泡后，再烘干使其呈蓝色。当蓝色硅胶吸水后，逐渐变为粉红色，表示硅胶吸水已达饱和，必须烘干至蓝色出现，方可再使用。

（2）铂系

铂系元素都是稀有金属，它们在地壳中的丰度（％）分别为：钌（10$^{-8}$）、铑（1.5×10$^{-8}$）、钯（1.5×10$^{-6}$）、锇（10$^{-7}$）、铱（10$^{-7}$）和铂（10$^{-6}$）。钌、铑、钯的密度约为 12 g·cm$^{-3}$，称为轻铂系元素；锇、铱、铂密度约为 22 g·cm$^{-3}$，称为重铂系元素。它们在自然界几乎完全以单质状态存在，高度分散于各种矿石中，并共生在一起。例如在原铂矿中常有锇、铱存在，通常以铂为主要成分，但也有铂和钯含量近乎相等的原铂矿。铂系元素的基本性质见表 5-25。铂系金属除锇呈蓝灰色外，其余均呈银白色。它们熔点、沸点高，密度大，钌、锇硬而脆，其余韧性、延展性好。特别是纯铂，可塑性极高，可冷轧成厚度 2.5μm 的箔。

**表 5-25　铂系元素的基本性质**

| 性　　质 | 钌（Ru） | 铑（Rh） | 钯（Pd） | 锇（Os） | 铱（Ir） | 铂（Pt） |
|---|---|---|---|---|---|---|
| 原子序数 | 44 | 45 | 46 | 76 | 77 | 78 |
| 价层电子构型 | 4d$^7$5s$^1$ | 4d$^8$5s$^1$ | 4d$^{10}$ | 5d$^6$6s$^2$ | 5d$^7$6s$^2$ | 5d$^9$6s$^1$ |
| 熔点/℃ | 2310 | 1966 | 1552 | 3045 | 2410 | 1772 |
| 沸点/℃ | 3900 | 3727 | 3140 | 5027 | 4130 | 3827 |
| 原子半径/pm | 125 | 125 | 128 | 126 | 129 | 130 |
| 电负性 | 2.2 | 2.28 | 2.2 | 2.2 | 2.2 | 2.28 |

续表

| 性　　质 | 钌（Ru） | 铑（Rh） | 钯（Pd） | 锇（Os） | 铱（Ir） | 铂（Pt） |
|---|---|---|---|---|---|---|
| 密度/g·cm$^{-3}$ | 12.41 | 12.41 | 12.02 | 22.57 | 22.42 | 21.45 |
| 常见氧化值 | +2，+4，+6，+7，+8 | +3，+4 | +2，+4 | +2，+3，+4，+6，+8 | +3，+4，+6 | +2，+4 |

铂系金属原子的价电子构型与原子核外电子排布规律不完全一致。这是因为4d 和 5s 及 5d 和 6s 能级差与 3d 和 4s 相比更小，更易发生能级交错现象，导致铂系元素的原子最外层电子从 $ns$ 进入 $(n-1)$d 的趋势更强，而且这种趋势随原子序数的增大而增强。

铂系金属呈化学惰性，在常温下不与氧、氟、氮等非金属反应，具有极高的抗腐蚀性能。Ru、Rh、Ir 和块状的 Os 不溶于王水。Pd 和 Pt 相对较活泼，可溶于王水，Pd 可溶于浓硝酸和浓硫酸中。在有氧化剂如 $KNO_3$、$KClO_3$ 等存在时，铂系金属与碱共熔可转化成可溶性化合物。

$$3Pt+4HNO_3+18HCl \Longrightarrow 3H_2[PtCl_6]+4NO\uparrow+8H_2O$$

铂系金属容易生成配合物，水溶液中几乎全是配合物的化学。Pd（Ⅱ）、Pt（Ⅱ）、Rh（Ⅰ）、Ir（Ⅰ）等 $d^8$ 型离子与强场配体常常生成反磁性的平面正方形配合物。这些正方形配合物配位不饱和，在适当条件下，可在 $z$ 轴方向进入某些配体使配位数和氧化值发生改变，并使分子活化，实现均相催化。所以，它们都是优良的催化剂。铂系金属除作催化剂外，用途很广。铂可作蒸发皿、坩埚和电极；铂及铂铑合金可制造测量高温的热电偶，铂铱合金可制造金笔的笔尖和国际标准米尺。

# 5.5　ds 区元素

ds 区元素包括ⅠB、ⅡB 族元素，该区元素处于 d 区和 p 区之间，主要指铜族（Cu、Ag、Au）和锌族（Zn、Cd、Hg）六种元素。ds 区元素的价电子构型为 $(n-1)d^{10}ns^{1\sim2}$，最外层电子构型与 s 区相同，失去 s 电子后都能呈现 +1 或 +2 氧化值。因此在某些性质方面，ⅠB 和ⅠA、ⅡB 和ⅡA 族元素又有一些相似之处，但毕竟ⅠB 和ⅡB 族元素的次外层比ⅠA 和ⅡA 族元素多出了 10 个 d 电子，因此又有一些显著的差异。例如 NaCl 和 AgCl，前者易溶于水而后者难溶，MgO 和 ZnO 虽然都难溶于水但前者显碱性而后者显两性。

## 5.5.1　铜族

铜族元素以铜在自然界分布最广，在地壳中含量居第 22 位。铜以辉铜矿（$Cu_2S$）、孔雀石 $[Cu_2(OH)_2CO_3]$ 等形式存在；而银以辉银矿（$Ag_2S$）、金以碲金矿（$AuTe_2$）的形式存在。此外，它们也以单质形式存在，其中以金最为突出。铜族元素的基本性质列于表 5-26。铜最常见的氧化值是 +2，银是 +1，金是 +3。

表 5-26　铜族元素的基本性质

| 性　　质 | 铜（Cu） | 银（Ag） | 金（Au） |
|---|---|---|---|
| 原子序数 | 29 | 47 | 79 |
| 价层电子构型 | $3d^{10}4s^1$ | $4d^{10}5s^1$ | $5d^{10}6s^1$ |
| 熔点/℃ | 1083 | 926 | 1064 |
| 沸点/℃ | 2567 | 2212 | 2807 |
| 原子半径/pm | 117 | 134 | 134 |
| 电负性 | 1.90 | 1.93 | 2.54 |
| 密度/g·cm$^{-3}$ | 8.92 | 10.5 | 19.3 |
| 常见氧化值 | $+1, +2$ | $+1$ | $+1, +3$ |

与同周期的碱金属相比，铜族元素的原子半径较小，这是由于铜族元素的核电荷增大，同时次外层为 18 个电子，它对核电荷的屏蔽效应小于次外层为 8 个电子的碱金属，使铜族元素的有效核电荷较大，对最外层 s 电子的吸引力比碱金属较强所造成的。这也说明了铜族不如碱金属活泼。铜族元素有 +1、+2、+3 三种氧化值，而碱金属只有 +1 一种。由于铜族元素的 $ns$ 电子和次外层的 $(n-1)d$ 电子能量相差不大，与其他元素化合时，不仅 $ns$ 电子能参加成键，$(n-1)d$ 电子也依反应条件的不同，可以部分参加成键，因此表现出几种氧化值。

铜和金是仅有的所有金属中呈现特殊颜色的两种金属。铜族元素的密度、熔点、沸点、硬度均比相应的碱金属高，后三者可能与 d 电子参与成键相关。铜族元素的导电性和传热性在所有金属中都是最好的，银占首位，铜次之。

铜在干燥的空气中很稳定，在潮湿的空气中表面生成绿色碱式碳酸铜（俗称"铜绿"）；高温时能与氧、硫、卤素直接化合。铜不溶于非氧化性稀酸，但能与 $HNO_3$ 及热的浓 $H_2SO_4$ 作用。银在空气中稳定，但银与含硫化氢的空气接触时，表面因生成一层 $Ag_2S$ 而发暗，这是导致银币和银首饰变暗的原因。金是铜族元素中最稳定的，在常温下它几乎不与任何其他物质反应，只有强氧化性的"王水"才能溶解它。因此，金是最好的金属货币。

铜族元素主要化合物有卤化银、硝酸银及硫酸铜。卤化银的溶解度按 AgCl、AgBr、AgI 的顺序减少，这是由于 $Ag^+$ 有极强的极化作用。极化率从 $Cl^-$ 到 $I^-$ 依次增大。从离子极化观点来看，相互的极化作用的增强会导致键型的改变，即随着 AgCl、AgBr、AgI 的顺序，逐步由离子键为主的 AgCl 变为共价键占优势的 AgI，所以在水中的溶解度逐步变小。卤化银都有感光分解的性质，可用于照相术。照相底片上涂有含 AgBr 胶体粒子的明胶凝胶，胶粒中的 AgBr 在光的作用下分解成"银核"（银原子）。将感光后的底片用有机还原剂（显影剂）处理使含有银粒的 AgBr 离子被还原为金属而变成黑色，最后在定影液（主要含有 $Na_2S_2O_3$）作用下，使底片上未感光的 AgBr 形成 $[Ag(S_2O_3)_2]^{3-}$ 而溶解除去。

硝酸银，最重要的可溶性银盐，无色透明的斜方结晶或白色的结晶，有苦味。晶体熔点为 208℃，在 440℃时分解。

$$2AgNO_3 \longrightarrow 2Ag + 2NO_2 \uparrow + O_2 \uparrow$$

若受日光照射或有微量有机物存在时，也逐渐分解，因此，硝酸银晶体或溶液都应装在棕色玻璃瓶内。

工业上用 Ag 溶于中等浓度（约 65%）的硝酸中，所得的硝酸银溶液，经减压蒸发至出现晶膜，冷却，便得 $AgNO_3$ 无色透明斜方晶体。

$$3Ag + 4HNO_3（稀）\longrightarrow 3AgNO_3 + NO \uparrow + 2H_2O$$

$AgNO_3$ 是一种氧化剂，即使室温下，许多有机物都能将它还原成黑色的银粉。例如硝酸银遇到蛋白质即生成黑色的蛋白银，所以皮肤或布与它接触后都会变黑。在硝酸银的氨溶液中，加入有机还原剂如醛类、糖类或某些酸类，可以把银缓慢地还原出来生成银镜。这个反应常用来检验某些有机物，也用于制镜工业。在医药上常用 10% 的 $AgNO_3$ 作为消毒剂或腐蚀剂。$AgNO_3$ 和某些试剂反应，得到难溶的化合物，如白色 $Ag_2CO_3$、黄色 $Ag_3PO_4$、浅黄色 $Ag_4Fe(CN)_6$、橘黄色 $Ag_3Fe(CN)_6$、砖红色 $Ag_2CrO_4$。

硫酸铜为天蓝色粒状晶体，水溶液呈酸性，属保护性无机杀菌剂，对人畜比较安全。一般为五水合物 $CuSO_4 \cdot 5H_2O$，俗名胆矾，是蓝色斜方晶体，其水溶液也呈蓝色，故也有蓝矾之称。硫酸铜也是电解精炼铜时的电解液。

$CuSO_4 \cdot 5H_2O$ 俗称胆矾，可用铜屑或氧化铜溶于硫酸中制得。它在不同温度下可逐步失水。

$$CuSO_4 \cdot 5H_2O(378K) \longrightarrow CuSO_4 \cdot 3H_2O(386K) \longrightarrow CuSO_4 \cdot H_2O(533K)$$
$$\longrightarrow CuSO_4(923K) \longrightarrow CuO$$

无水硫酸铜为白色粉末，不溶于乙醇和乙醚，吸水性很强，吸水后呈蓝色，利用这一性质可检验乙醇和乙醚等有机溶剂中的微量水，并可作干燥剂。

为防止水解，配制铜盐溶液时，常加入少量相应的酸：

$$2CuSO_4 + H_2O \longrightarrow [Cu_2(OH)SO_4]^+ + HSO_4^-$$

硫酸铜与 $H_2S$ 反应得到黑色的硫化铜沉淀，可以用于检验硫酸铜的存在。

$$CuSO_4 + H_2S \longrightarrow CuS（黑色沉淀）+ H_2SO_4$$

硫酸铜是制备其他铜化合物的重要原料，在电镀、电池、印染、染色、木材保存、颜料、杀虫剂等工业中都大量使用硫酸铜。硫酸铜是制备其他铜化合物的重要原料。在农业上将硫酸铜同石灰乳混合可得"波尔多"溶液，用于防治或消灭植物的多种病虫害，加入储水池中可以防止藻类生长。

### 5.5.2　锌族

锌族元素包括锌、镉、汞 3 种元素，是周期表ⅡB族元素。它们的主要性质见表 5-27。

**表 5-27**　锌族元素的性质

| 性质 | 锌（Zn） | 镉（Cd） | 汞（Hg） |
|---|---|---|---|
| 原子序数 | 30 | 48 | 80 |
| 价层电子构型 | $3d^{10}4s^2$ | $4d^{10}5s^2$ | $5d^{10}6s^2$ |
| 熔点/℃ | 420 | 321 | $-39$ |
| 沸点/℃ | 907 | 765 | 357 |
| 原子半径/pm | 125 | 148 | 144 |
| 电负性 | 1.65 | 1.69 | 2.00 |
| 常见氧化值 | $+2$ | $+2$ | $+1,+2$ |

　　锌族元素价层电子结构为 $(n-1)d^{10}ns^2$，其最外层比铜族元素多一个电子，所以锌族元素的性质不同于铜族元素；同时其次外层为全满的 $d^{10}$ 结构，故也不同于碱土金属。锌族元素的氧化值一般为 $+2$，只有汞具有 $+1$ 氧化值的化合物，但以双聚离子 $Hg_2^{2+}$ 形式存在，如 $Hg_2Cl_2$。

　　锌族元素的化学活泼性比碱土金属要低得多，依 Zn、Cd、Hg 顺序依次降低。锌与铝相似，具有两性，既可溶于酸，也可溶于碱中。在潮湿的空气中，锌表面易生成一层致密的碱式碳酸锌而起保护作用。锌还可与氧、硫、卤素等在加热时直接化合。

　　汞俗称水银，是室温下唯一的液态金属。在 $0\sim200℃$ 之间，汞的膨胀系数随温度升高而均匀地改变，并且不润湿玻璃，在制造温度计时常利用汞的这一性质。另外常用汞填充在气压计中。在电弧作用下汞的蒸气能导电，并发出富有紫外线的光，因此汞被用在日光灯的制造上。

　　汞常温下很稳定，加热至 $300℃$ 时才能与氧作用，生成红色的 HgO。汞与硫在常温下混合研磨可生成无毒的 HgS。汞还可与卤素在加热时直接化合成卤化汞。汞不溶于盐酸或稀硫酸，但能溶于热的浓硫酸和硝酸中。汞还能溶解多种金属，如金、银、锡、钠、钾等形成汞的合金，叫汞齐，如钠汞齐、锡汞齐等。

　　锌族元素的重要化合物有氯化锌、氯化汞、氯化亚汞。

　　无水氯化锌为白色粒状结晶或粉末，易吸湿潮解，熔点约 $290℃$，沸点 $732℃$，是无机盐工业的重要产品之一。由于它的吸水性很强，在有机化学中常用作去水剂和催化剂。氯化锌在水中的溶解度非常大，在不同的温度下，其溶解度可以达到 333g（$10℃$）、432g（$25℃$）和 614g（$100℃$）。

　　$ZnCl_2$ 可通过 Zn 或 ZnO 与盐酸反应而制得。但是，由于 $ZnCl_2$ 的水解而试图通过蒸发 $ZnCl_2$ 溶液无法制备无水 $ZnCl_2$，一般在干燥 HCl 气流中加热脱水来制备。

　　氯化锌易溶于水，溶于甲醇、乙醇、甘油、丙酮、乙醚，不溶于液氨。其浓溶液由于生成配合酸（羟基二氯合锌酸）而具有显著的酸性，具有溶解金属氧化物和纤维素的特性。

$$ZnCl_2 \cdot H_2O \Longrightarrow H[ZnCl_2(OH)]$$

$$2H[ZnCl_2(OH)]+FeO \Longrightarrow H_2O+Fe[ZnCl_2(OH)]_2$$

焊接金属时用的"熟镪水"就是氯化锌的浓溶液。焊接时它不损害金属表面，而且水分热蒸发后，熔化的盐覆盖在金属表面，使之不再氧化。$ZnCl_2$水溶液还可用作木材防腐剂，浓的$ZnCl_2$水溶液能溶解淀粉、丝绸和纤维素，因此不能用纸过滤氯化锌。熔融氯化锌有很好的导电性能。此外，氯化锌在石油、印染、橡胶、电镀等行业都有广泛的应用。

$HgCl_2$俗称升汞，针状晶体，熔点$276\,℃$，沸点$302\,℃$。常温时微量挥发，$100\,℃$时挥发变得十分明显，在约$300\,℃$时仍然持续挥发。$HgCl_2$是典型的共价化合物，剧毒，溶于水、醇、醚和乙酸。氯化汞可用于木材和解剖标本的保存、皮革鞣制和钢铁镂蚀，是分析化学的重要试剂，还可做消毒剂和防腐剂。

以过量的氯气与汞反应，可制得氯化汞：

$$Hg+Cl_2 \Longrightarrow HgCl_2$$

用$HgO$溶于盐酸，或利用其升华特性而通过$HgSO_4$和$NaCl$的混合物加热都可以制备$HgCl_2$。

氯化汞与氢氧化钠作用生成黄色沉淀。氯化汞溶液中加过量的氨水，得白色氯化氨基汞$Hg(NH_2)Cl$沉淀：

$$HgCl_2+2NH_3 \Longrightarrow Hg(NH_2)Cl \downarrow +NH_4Cl$$

$Hg(NH_2)Cl$加热不熔，而是分解为$Hg_2Cl_2$、$NH_3$和$N_2$，被称为不熔性白色沉淀。若氯化汞溶液中含大量的氯化铵，加入氨水，则得到氯化二氨合汞$Hg(NH_3)_2Cl_2$白色结晶沉淀，这种沉淀受热熔化而不分解，故被称为可熔性白色沉淀。

在酸性溶液中，$HgCl_2$是个较强的氧化剂，例如可以被还原剂$SnCl_2$还原成氯化亚汞的白色沉淀或单质汞，此反应常用来检验$Hg^+$或$Sn^{2+}$。

氯化亚汞是不溶于水的白色固体，无毒，因味略甜，俗称甘汞，医药上用作轻泻剂、利尿剂。由于$Hg(Ⅰ)$无成对电子，因此$Hg_2Cl_2$有抗磁性。$Hg_2Cl_2$常用来制作甘汞电极。

$Hg^{2+}$在水溶液中可以稳定存在，歧化趋势很小，因此，常利用$Hg^{2+}$与$Hg$反应制备亚汞盐，如

$$Hg(NO_3)_2+Hg \Longrightarrow Hg_2(NO_3)_2$$
$$HgCl_2+Hg \Longrightarrow Hg_2Cl_2$$

$Hg_2Cl_2$加热或见光易分解，需储存在棕色瓶中。

# 5.6　f区元素

周期表中有两个系列的内过渡元素，即第6周期的镧系和第7周期的锕系。镧系包括从镧（原子序数57）到镥（原子序数71）的15种元素；锕系包括从锕（原子序数89）到铹（原子序数103）的15种元素。镧系和锕系元素都属于f区元素。

其中锕系元素属于放射性元素。

### 5.6.1　镧系元素

（1）镧系元素概述

镧系元素（用 Ln 表示）的化学性质十分相似而又不完全相同。包括镧系元素以及与镧系元素在化学性质上相近的钪（Sc）、钇（Y），共 17 种元素总称为稀土元素（用 RE 表示）。按照稀土元素的电子层结构以及由此反映的物理、化学性质，将 La、Ce、Pr、Nd、Pm、Sm、Eu 称为铈组稀土（轻稀土）；Gd、Tb、Dy、Ho、Er、Tm、Yb、Lu、Sc、Y 称为钇组稀土（重稀土）。

虽然稀土元素在地壳中的丰度很大，但是由于稀土元素在地壳中的分布比较分散，性质彼此又十分相似，因此，提取和分离比较困难，使得人们对它的系统研究开始得比较晚。

稀土在自然界存在的形态有两种方式。一种是诸如独居石（磷酸铈镧矿，Ce 和 La 等的磷酸盐）、氟碳铈矿（Ce 和 La 等的氟碳酸盐）等以矿物相组成的形态，目前已知以稀土为主的矿物约有 70 多种，稀土为非主要组分的矿物还有 200 多种。

另一类型稀土矿是 20 世纪 70 年代在我国南方地区（赣南、粤西北、湖南、闽西及广西少数地区）发现和确定的我国独特的花岗岩风化壳离子吸附型稀土矿。该类矿床中稀土含量低，但易开采，经简单处理，可容易获得含量高的稀土氧化物。经多方鉴定，该矿有 90% 以上稀土不呈稀土矿物，而是呈阳离子状态附着于高岭石类黏土矿物上，其物理化学特性符合交换吸附规律，因而被称为离子吸附型稀土矿，后经正式定名为淋积型稀土矿。

稀土资源在许多经济发达国家被当作战略资源来对待，又因与材料密切相关，故被人们称为新材料的"宝库"，是国内外专家尤其是材料专家最为关注的一种资源，被发达国家有关政府列为发展信息、生物、新材料、新能源、空间、海洋等高新技术产业的关键资源。随着稀土资源的开发利用，将引起一场新的技术革命，我国高新技术产业在稀土资源的利用上也正逐渐崭露头角。

镧系元素的基本性质见表 5-28，其基态价层电子构型可以用 $4f^{0\sim14}5d^{0\sim1}6s^2$ 来表示。镧系元素 4f 与 5d 电子数之和为 $1\sim14$，其中 57 号 La（$4f^0$）、63 号 Eu（$4f^7$）、64 号 Gd（$4f^7$）、70 号 Yb（$4f^{14}$）处于全空、半满和全满的稳定状态。镧系元素形成 $Ln^{3+}$ 时，外层的 5d 和 $6s^2$ 电子都已电离。镧系元素单质及其离子的物理和化学性质十分相似，但镧系元素随核电荷增加和 4f 电子数目不同所引起的半径变化，使它们的性质略有差异，成为镧系元素得以区分和分离的基础。

**表 5-28　镧系元素的基本性质**

| 元　素 | 电子构型 | 原子半径 $r$/pm | 离子半径 $r$/pm | 熔点 $T$/℃ | 常见氧化值 |
|---|---|---|---|---|---|
| 镧（La） | $5d^16s^2$ | 188 | 106 | 920 | +3 |
| 铈（Ce） | $4f^15d^16s^2$ | 182 | 103 | 798 | +3，+4 |

续表

| 元　素 | 电子构型 | 原子半径 r/pm | 离子半径 r/pm | 熔点 T/℃ | 常见氧化值 |
|---|---|---|---|---|---|
| 镨（Pr） | $4f^3 6s^2$ | 183 | 101 | 931 | +3，+4 |
| 钕（Nd） | $4f^4 6s^2$ | 182 | 100 | 1010 | +3 |
| 钷（Pm） | $4f^5 6s^2$ | 180 | 98 | 1080 | +3 |
| 钐（Sm） | $4f^6 6s^2$ | 180 | 96 | 1072 | +2，+3 |
| 铕（Eu） | $4f^7 6s^2$ | 204 | 95 | 822 | +2，+3 |
| 钆（Gd） | $4f^7 5d^1 6s^2$ | 180 | 94 | 1311 | +3 |
| 铽（Tb） | $4f^9 6s^2$ | 178 | 92 | 1360 | +3，+4 |
| 镝（Dy） | $4f^{10} 6s^2$ | 177 | 91 | 1409 | +3 |
| 钬（Ho） | $4f^{11} 6s^2$ | 177 | 89 | 1470 | +3 |
| 铒（Er） | $4f^{12} 6s^2$ | 176 | 88 | 1522 | +3 |
| 铥（Tm） | $4f^{13} 6s^2$ | 175 | 87 | 1545 | +3 |
| 镱（Yb） | $4f^{14} 6s^2$ | 194 | 86 | 824 | +2，+3 |
| 镥（Lu） | $4f^{14} 5d^1 6s^2$ | 173 | 85 | 1656 | +3 |

镧系元素的特征氧化值为+3。根据洪特规则，当 d 或 f 轨道处于全空、全满或半满时，其原子或离子有特殊的稳定性。因此 Ce、Tb 失去 4 个电子时，4f 轨道分别处于全空和半满，+4 氧化值较稳定。Pr 和 Dy 失去 4 个电子时，4f 轨道接近全空和半满，所以也可存在+4 氧化值。同理，Eu 和 Yb 失去 2 个电子时，4f 轨道分别处于半满和全满，可以形成较稳定的+2 氧化值的化合物；Sm 和 Tm 的+2氧化值化合物稳定性较差。这也表明电子构型是影响其稳定存在的重要因素，但也不能忽略其他因素对稳定性的影响。

（2）镧系收缩

从 Sc 经 Y 到 La，原子半径和 $Ln^{3+}$ 半径逐渐增大，但从 La 到 Lu 则逐渐减小。这种镧系元素的原子半径和离子半径随原子序数的增加而逐渐减小的现象称为镧系收缩。这是因为镧系元素中每增加一个质子，相应的一个电子进入 4f 轨道，而 4f 电子对原子核的屏蔽作用与内层电子相比较小，有效核电荷增加较大，核对最外层电子的吸引力增强缓慢。但在原子半径总的收缩趋势中，Eu 和 Yb 出现反常现象，这是因为 Eu 和 Yb 的电子构型具有半充满 $4f^7$ 和全充满 $4f^{14}$ 的稳定结构，对原子核有较大的屏蔽作用。

镧系收缩有以下两个特点：

① 镧系内原子半径呈缓慢减小的趋势，多数相邻元素原子半径之差只有 1pm 左右。这是因为 4f 轨道比 6s 和 5s、5p 轨道对核电荷有较大的屏蔽作用，因此随着原子序数的增加，最外层电子受核的吸引只是缓慢增加，从而导致原子半径缓慢缩小的趋势。

② 随着原子序数的增加，镧系元素的原子半径虽然只是缓慢地变小，但是经过从 La 到 Yb 的 14 种元素的原子半径递减的积累却减小了约 14pm 之多，从而造

成了镧系后边的 Hf、Ta、W 原子半径和同族的 Zr、Nb、Mo 的原子半径极为接近的事实。

在镧系收缩中，离子半径的收缩要比原子半径收缩显著得多，这是因为离子比金属原子少一层电子，镧系金属原子失去最外层的 6s 电子以后，4f 轨道则处于次外层，这种状态的 4f 轨道比原子中的 4f 轨道对核电荷的屏蔽作用小，从而使得离子半径的收缩效果比原子半径明显。

镧系收缩是无机化学中一个重要现象。因为镧系收缩，使 $Y^{3+}$ 的离子半径与 $Tb^{3+}$、$Dy^{3+}$ 的离子半径相近，导致钇在矿物中与镧系金属共生；其次镧系收缩也使镧系后面的金属元素 Zr 与 Hf、Nb 与 Ta、Mo 与 W 的半径几乎相等，造成这三对元素性质非常相似，形成共生元素对，给分离工作带来很大困难。

（3）镧系离子的颜色

表 5-29 列出了 $Ln^{3+}$ 在水溶液中的颜色。镧系元素的三价离子大多具有颜色，这主要是这些元素吸收可见光后使 4f 电子发生跃迁结果。从表 5-29 可以看出，除 4f 轨道处于全空、半空和全满的 $La^{3+}$、$Gd^{3+}$、$Lu^{3+}$ 为无色外，其他离子（不包括 $Ce^{3+}$ 和 $Yb^{3+}$）都具有一定颜色。

**表 5-29　$Ln^{3+}$ 水溶液中离子的颜色**

| 离子 | 4f 电子数 | 颜色 | 未成对电子数 | 颜色 | 4f 电子数 | 离子 |
|---|---|---|---|---|---|---|
| $La^{3+}$ | 0 | 无色 | 0 | 无色 | 14 | $Lu^{3+}$ |
| $Ce^{3+}$ | 1 | 无色 | 1 | 无色 | 13 | $Yb^{3+}$ |
| $Pr^{3+}$ | 2 | 黄绿色 | 2 | 浅绿色 | 12 | $Tm^{3+}$ |
| $Nd^{3+}$ | 3 | 红紫色 | 3 | 淡红色 | 11 | $Er^{3+}$ |
| $Pm^{3+}$ | 4 | 粉红色 | 4 | 淡黄色 | 10 | $Ho^{3+}$ |
| $Sm^{3+}$ | 5 | 淡黄色 | 5 | 浅黄绿色 | 9 | $Dy^{3+}$ |
| $Eu^{3+}$ | 6 | 浅粉红色 | 6 | 微淡粉红色 | 8 | $Tb^{3+}$ |
| $Gd^{3+}$ | 7 | 无色 | 7 | 无色 | 7 | $Gd^{3+}$ |

（4）镧系元素的重要化合物

① $Ln(Ⅲ)$ 的氧化物和氢氧化物：$Ln(OH)_3$ 的溶度积比碱土金属氢氧化物的溶度积小得多。用氨水即可从盐类溶液中沉淀出 $Ln(OH)_3$，温度升高时溶解度降低，在 200 ℃左右分解脱水生成 $LnO(OH)$。$Ln(OH)_3$ 具有碱性，其碱性随 $Ln^{3+}$ 离子半径的减小而逐渐减弱，胶状的 $Ln(OH)_3$ 能在空气中吸收二氧化碳生成碳酸盐。$Ce(OH)_3$ 在空气中不稳定，易被逐渐氧化变成黄色的 $Ce(OH)_4$。镧系元素的氢氧化物、草酸盐或硝酸盐等经加热分解可生成相应的 $Ln_2O_3$。对 Ce、Pr、Tb 则只能得到 $CeO_2$、$Pr_6O_{11}$ 和 $Tb_4O_7$。这三种氧化物经过还原后才能得到氧化值为 +3 的氧化物。$Ln_2O_3$ 的标准摩尔生成焓一般都小于 $-1800kJ \cdot mol^{-1}$，比 $Al_2O_3$ 的生成焓更小，所以稀土元素与氧作用生成氧化物时会放出大量的热。

② $Ln(Ⅱ)$ 和 $Ln(Ⅳ)$ 的化合物：Ce、Pr 和 Tb 都能生成氧化值为 +4 的化合

物。$Ce^{4+}$ 在水溶液中或在固相中都可存在。在空气中加热铈的含氧酸盐或氢氧化物可得到黄色的 $CeO_2$，$CeO_2$ 是强氧化剂。

$$CeO_2(s)+4H^++e^- \Longrightarrow Ce^{3+}+2H_2O$$

$CeO_2$ 可将浓 HCl 氧化成 $Cl_2$，将 $Mn^{2+}$ 氧化成 $MnO_4^-$。$CeO_2$ 的热稳定性也很好，在 800 ℃ 时不分解，温度再高可失去部分氧，在 $Ce^{4+}$ 的溶液中加入 NaOH 溶液时将析出黄色胶状的 $CeO_2 \cdot nH_2O$ 沉淀，它能溶于酸。$Ce^{4+}$ 易发生配位反应，如在 $H_2SO_4$ 中可生成 $CeSO_4^{2+}$、$Ce(SO_4)_2$ 和 $Ce(SO_4)_3^{2-}$ 等，在浓度较大的 $HClO_4$ 溶液中才可保存较高浓度的 $Ce^{4+}$，因为 $ClO_4^-$ 的配位能力很弱，溶液中主要存在下列水解平衡：

$$Ce^{4+}+H_2O \Longrightarrow Ce(OH)^{3+}+H^+$$

$$2Ce(OH)^{3+} \Longrightarrow CeOCe^{6+}+H_2O$$

当 $HClO_4$ 浓度很大时，可抑制水解反应的进行。在氧化值为 +2 的离子中，只有 $Eu^{2+}$ 能在固态化合物中稳定存在。$Yb^{2+}$ 和 $Sm^{2+}$ 的还原能力较大，在水溶液中易被氧化。若溶液中存在 $Eu^{3+}$、$Yb^{3+}$ 和 $Sm^{3+}$ 三种离子，可用 Zn 作还原剂使 $Eu^{3+}$ 被还原；要把 $Yb^{3+}$ 和 $Sm^{3+}$ 还原为低氧化值的离子，只能用钠汞齐强还原剂。$Ln^{2+}$ 与碱土金属相似，尤其与 $Ba^{2+}$ 相似，如都能形成溶解度较小的硫酸盐。

随着生产的发展，镧系元素的应用逐渐被重视和推广。如在炼钢工业中加入镧系元素时，它能与 O、S 等结合以改变钢的性能。在炼铁中镧系元素可作为球化剂以改进铸铁的力学性能和耐磨性能。在玻璃工业中用含 $CeO_2$ 等的氧化物来抛光，可提高玻璃表面和显像管等产品的质量，且减少抛光粉的使用量。$Pr_2O_3$ 能使玻璃呈鲜红色，加入 $Nd_2O_3$ 可使玻璃呈绿色。Y 和 Eu 的硫氧化物用作彩色显像管的红色荧光粉。Nd、Y 为重要的激光材料，Sm 和 Co 的合金是重要的磁性材料，Sm、Eu、Gd 等可作核反应堆的控制材料。现在约 30% 的镧系元素作为催化剂用于化学工业上，如 $LnCl_3$ 和 Ce 的磷酸盐用于石油裂化，可提高产量降低成本。另外在储氧材料和超导材料中，镧系元素也得到了重要的应用。

### 5.6.2　锕系元素

（1）锕系元素概述

锕系元素都是放射性元素。其中位于铀后面的元素，即 93 号的 Np 至 102 号的 No 被称为"超铀元素"。锕系元素的研究与原子能工业的发展有着密切的关系。除了人们所熟悉的铀、钍和钚大量用作核反应堆的燃料外，诸如 $^{138}Pu$、$^{244}Cm$ 和 $^{252}Cf$ 在空间技术、气象学、生物学直至医学方面都有实际的和潜在的应用价值。

90 号元素 Th 的电子构型为 $6d^27s^2$，没有 5f 电子。89，91，92，93 和 96 号元素都具有 $5f^{n-1}6d^17s^2$ 电子构型，其余元素都属于 $5f^n7s^2$ 电子构型。与镧系元素相比，同样把一个外数第三层的 f 元素激发到次外层的 d 轨道上去，在前半部分（$n=7$ 以前）锕系元素所需能量要少，表明这些锕系元素的 f 电子较容易被激发，成键的可能性更大一些，更容易表现为高氧化态；在 $n=7$ 以后的锕系元素则相反，因此它们的低氧化值化合物更稳定。由 Ac 到 Am 的前半部分，锕系元素最稳定的氧化值由 $+3$ 上升到 U 的 $+6$，随后又下降到 Am 的 $+3$。Cm 以后的稳定氧化值为 $+3$ 价，唯有 No 在水溶液中最稳定的氧化态为 $+2$。

同镧系元素类似，锕系元素相同氧化值的离子半径随着原子序数的增加而逐步缩小，且减小缓慢，从 90 号的 Th 到 98 号的 Cf 共减少了约 10pm，称为锕系收缩。

(2) 锕系重要元素及化合物

① 钍及其化合物：钍主要存在于硅酸盐钍矿、独居石等矿中，在 1000℃ 的高温下通过金属钙还原 $ThO_2$ 而制得金属钍。钍（Ⅳ）的氢氧化物、氟化物、碘酸盐、草酸盐和磷酸盐等都是难溶性的盐，除氢氧化物外，钍的后四种盐类即使在 $6mol \cdot L^{-1}$ 的强酸中也不易于溶解。钍的硫酸盐、硝酸盐和氯化物都易溶于水，从水溶液中结晶可得到含水晶体。

钍也可以形成 $MThCl_5$、$M_2ThCl_6$、$M_3ThCl_7$ 等配合物，也可与 EDTA 等形成螯合物。

② 铀及其化合物：沥青铀矿经酸或碱处理后用沉淀法、溶剂萃取法或离子交换法可得到 $UO_2(NO_3)_2$，再经过还原可得 $UO_2$。$UO_2$ 在 HF 中加热得到 $UF_4$，用 Mg 还原 $UF_4$ 可得 U 和 $MgF_2$。铀与各种非金属的反应列于图 5-5。

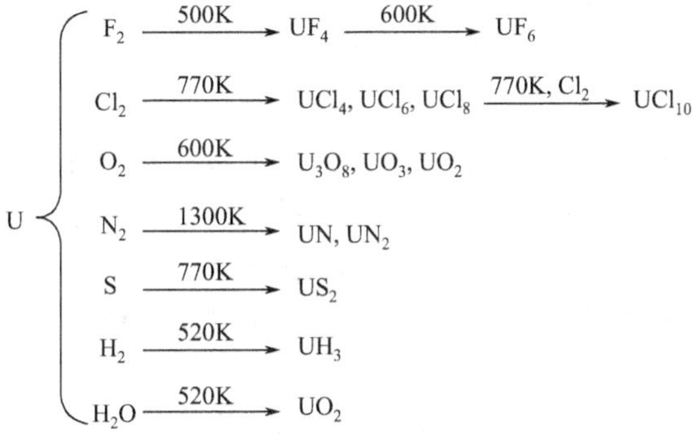

$$U \begin{cases} F_2 \xrightarrow{500K} UF_4 \xrightarrow{600K} UF_6 \\ Cl_2 \xrightarrow{770K} UCl_4, UCl_6, UCl_8 \xrightarrow{770K, Cl_2} UCl_{10} \\ O_2 \xrightarrow{600K} U_3O_8, UO_3, UO_2 \\ N_2 \xrightarrow{1300K} UN, UN_2 \\ S \xrightarrow{770K} US_2 \\ H_2 \xrightarrow{520K} UH_3 \\ H_2O \xrightarrow{520K} UO_2 \end{cases}$$

图 5-5　铀与各种非金属的反应

在氟化物 $UF_3$、$UF_4$、$UF_5$ 和 $UF_6$ 中以 $UF_6$ 最为重要，该物质为易挥发性物质，可以用低氧化值的氟化物经氟化而制得。利用 $^{235}UF_6$ 和 $^{238}UF_6$ 扩散速率的不同，可以使两者分离而进一步制得 U-235 核燃料。

铀黄作为黄色颜料被广泛应用于瓷釉或玻璃工业中。醋酸铀酰能与碱金属钠离子加合形成配合物被用来鉴定微量钠离子。

# 习 题

1. 完成并配平化学反应方程式。

(1) 将氟通入溴酸钠碱性溶液中；

(2) 氯酸钾受热分解；

(3) 氢氧化钠与氯水反应；

(4) $SO_2$通入酸化的高锰酸钾溶液中；

(5) 浓硫酸与溴化钾反应；

(6) $I_2$与过量双氧水反应；

(7) 硫代硫酸钠溶液加入氯水中；

(8) 氨气通过热的氧化铜；

(9) 铜与稀硝酸、浓硝酸的反应；

(10) $H_2S$通入酸化的重铬酸钾溶液中；

(11) 碘溶解于KI溶液中；

(12) 白磷与热水反应；

(13) 浓 NaOH 瓶口常有白色固体生成；

(14) 铜在潮湿的空气中生成铜绿；

(15) 银器在含 $H_2S$ 的空气中变黑；

(16) 铝和热浓的 NaOH 溶液作用，放出气体。

2. 举例说明铍与铝的相似性。

3. 氟的电子亲和能比氯小，但 $F_2$却比 $Cl_2$活泼，请解释原因。

4. 卤素的氧化性有何递变规律？与原子结构有什么关系？

5. 讨论 $Cl_2$、$Br_2$、$I_2$与 NaOH 溶液作用的产物及条件。

6. 从分子结构角度解释为什么 $O_3$比 $O_2$的氧化能力强？

7. 给出 $SO_2$、$SO_3$、$O_3$分子中离域大 π 键类型，并指出形成离域大 π 键的条件。

8. 已知 $O_2F_2$结构与 $H_2O_2$相似，但 $O_2F_2$中 O—O 键长 121pm，$H_2O_2$中 O—O 键长 148pm，请给出 $O_2F_2$的结构，并解释两个化合物中 O—O 键长不同的原因。

9. 为什么氮族元素中 P、As、Sb 都可形成稳定的五氯化物，而 N 和 Bi 却不能形成五氯化物？

10. 在与金属反应时，为什么浓 $HNO_3$被还原的产物主要是 $NO_2$，而稀硝酸被还原的产物主要是 NO？

11. 在酸性溶液中，按氧化能力由大到小排列下列离子，并简要说明。

$NO_3^-$，$PO_4^{3-}$，$AsO_4^{3-}$，$SbO_4^{3-}$，$BiO_3^-$

12. $H_3BO_3$ 是三元酸吗？其酸性强弱如何？硼酸在水中呈酸性是与一般的酸一样给出质子吗？造成这种特殊性的原因是什么？

13. 画出 $BF_3$、$BF_4^-$、$[AlF_6]^{3-}$、$(AlCl_3)_2$ 的几何构型，并说明中心原子杂化类型各是什么？

14. 根据下列数据，计算铝和镓按 $M(S) \rightleftharpoons M^{3+}(aq) + 3e^-$ 反应时的能量变化，并作出哪一元素具有较强的还原性的判断。

| | Al | Ga |
| --- | --- | --- |
| 升华热/kJ·mol$^{-1}$ | 326 | 277 |
| 第一至第三电离势/kJ·mol$^{-1}$ | 5140 | 5520 |
| 离子水合热/kJ·mol$^{-1}$ | −4700 | −4713 |

15. 将无色钠盐溶于水得无色溶液 A，用 pH 试纸检验知 A 显酸性。向 A 中滴加 $KMnO_4$ 溶液，则紫红色褪去，说明 A 被氧化为 B，向 B 中加入 $BaCl_2$ 溶液得不溶于强酸的白色沉淀 C。向 A 中加入稀盐酸有无色气体 D 放出，将 D 通入 $KMnO_4$ 溶液则又得到无色的 B。向含有淀粉的 $KIO_3$ 溶液中滴加少许 A 则溶液立即变蓝，说明有 E 生成，A 过量时蓝色消失，得到无色溶液 F。给出 A、B、C、D、E、F 的分子式或离子式。

16. 氯化物 A 为无色液体。将 A 加入水中加热后冷却有白色固体 B 生成。向 A 的水溶液中通入 $H_2S$ 有黄色沉淀 C 生成，C 不溶于盐酸而易溶于氢氧化钠溶液。向 B 中加入稀盐酸和锌粉有气体 D 生成，D 与硝酸银作用得黑色沉淀 E 和物质 B。请给出 A、B、C、D、E 所代表的物质。

17. 某金属的硝酸盐 A 为无色晶体，将 A 加入水中后过滤得白色沉淀 B 和清液 C，取其清液 C 与饱和 $H_2S$ 溶液作用产生黑色沉淀 D，D 不溶于氢氧化钠溶液，可溶于盐酸中。向 C 中滴加氢氧化钠溶液有白色沉淀 E 生成，E 不溶于过量的氢氧化钠溶液。向氯化亚锡的强碱性溶液中滴加 C，有黑色沉淀 F 生成。请给出 A、B、C、D、E、F 的化学式。

18. 化合物 A 为白色固体，A 在水中溶解度较小，但易溶于氢氧化钠溶液和浓盐酸。A 溶于浓盐酸得溶液 B，向 B 中通入 $H_2S$ 得黄色沉淀 C，C 不溶于盐酸，易溶于氢氧化钠溶液。C 溶于硫化钠溶液得无色溶液 D，若将 C 溶于 $Na_2S_2$ 溶液则得无色溶液 E。向 B 中滴加溴水，则溴被还原，而 B 转为无色溶液 F，向所得 F 的酸性溶液中加入淀粉碘化钾溶液，则溶液变成蓝色。请给出 A、B、C、D、E、F 所代表的物质。

19. 解释下列事实：Ge(Ⅳ)、Sn(Ⅳ)、Pb(Ⅳ) 的稳定性依次降低。

20. 比较碱金属元素与铜族元素，碱土金属元素与锌族元素的异同点。

21. 试从结构上分析碳的三种同素异形体——金刚石、石墨与 $C_{60}$ 在性质上的差异。

22. 今有一瓶白色固体，可能含有 $SnCl_2$、$SnCl_4$、$PbCl_2$、$PbSO_4$ 等化合物，

从下列实验现象判断哪几种物质确实存在，并用反应式表示实验现象。

（1）白色固体用水处理得一乳浊液 A 和不溶固体 B；

（2）乳浊液 A 加入适量 HCl 则乳浊状基本消失，滴加碘-淀粉溶液可褪色；

（3）固体 B 易溶于 HCl，通 $H_2S$ 得黑色沉淀，此沉淀与 $H_2O_2$ 反应后，又生成白色沉淀。

23. 选用适当的电极反应的标准电势，说明下列反应中哪个能进行，并计算能进行的反应的 $\Delta G^{\ominus}$ 和平衡常数。

（1）$PbO_2 + 4H^+ + Sn^{2+} \longrightarrow Pb^{2+} + Sn^{4+} + 2H_2O$

（2）$Sn^{4+} + Pb^{2+} + 2H_2O \longrightarrow Sn^{2+} + PbO_2 + 4H^+$

24. 在 $0.2mol \cdot L^{-1}$ 的 $Ca^{2+}$ 盐溶液中加入等浓度等体积的 $Na_2CO_3$ 溶液，将得到什么产物？若以 $0.2mol \cdot L^{-1}$ 的 $Cu^{2+}$ 盐代替 $Ca^{2+}$ 盐，产物是什么？再以 $0.2mol \cdot L^{-1}$ 的 $Al^{3+}$ 盐代替 $Ca^{2+}$ 盐，产物又是什么？用计算结果说明。

25. 已知五瓶透明溶液：$Ba(NO_3)_2$、KCl、$FeCl_3$、$Na_2CO_3$、$Na_2SO_4$，除了可利用这五种溶液外，不用任何其他试剂或试纸，将这五种溶液一一鉴别出来。

26. 比较下列各组物质的性质的大小或高低顺序，并解释。

（1）$SiO_2$、NaCl、干冰、$FeCl_3$ 的熔点；

（2）金刚石、石墨、硅的导电性；

（3）SiC、BaO、干冰的硬度。

27. 渗铝剂 $AlCl_3$ 与还原剂 $SnCl_2$ 的晶体均易潮解，试用化学方程式表示发生的反应。要配置澄清的 $SnCl_2$ 溶液，应采取什么措施？

28. 下列反应都可以产生氢气：（1）金属与酸；（2）金属与碱；（3）金属与水；（4）非金属单质与水蒸气；（5）非金属与碱。试各举一例，写出相应的化学方程式。

29. 无水 $CaCl_2$、$P_2O_5$、NaOH、$H_2SO_4$ 是常用干燥剂，若要干燥 $NH_3$，应选用哪种干燥剂？为什么？

30. 完成并配平下列反应方程式。

（1）$KI + KIO_3 + H_2SO_4 (稀) \longrightarrow$　　（2）$MnO_2 + HBr \longrightarrow$

（3）$Ca(OH)_2 + Br_2 (常温) \longrightarrow$　　（4）$Br_2 + Cl_2(g) + H_2O \longrightarrow$

（5）$BrO_3^- + Br^- + H^+ \longrightarrow$　　（6）$NaBrO_3 + F_2 + NaOH \longrightarrow$

31. 简述铂系金属的主要物理性质和用途。

32. 锌、镉、汞同为 ⅡB 族，锌和镉为活泼金属，可作为工程材料，而汞在常温下为液体，表现出化学惰性，如何解释？

33. 什么叫"镧系收缩"？讨论出现这种现象的原因和它对第 6 周期中镧系后面各个元素的性质所产生的影响。

34. $CaH_2$ 与冰反应释放出 $H_2$，因此 $CaH_2$ 用作高寒山区野外作业时的生氢剂。试计算 $1.00g\ CaH_2$ 与冰反应最多可制得 0℃，100 kPa 下 $H_2$ 的体积。

35. 铝矾土中常含有氧化铁杂质，将铝矾土和氢氧化钠共熔（$Na[Al(OH)_4]$为生成物之一），用水溶解熔块后过滤。在滤液中通入二氧化碳后生成沉淀。再次过滤后将沉淀灼烧，便得到较纯的氧化铝。试写出有关反应方程式，并指出杂质铁是在哪一步除去的。

36. 合成 CuCl 通常采用 $SO_2$ 还原 $CuSO_4$ 的方法，其工艺流程如下：

$$\underset{CuSO_4+NaCl}{\overset{合成}{\longrightarrow}} \underset{通入SO_2}{\overset{还原}{\longrightarrow}} \underset{大量水}{\overset{冲洗}{\longrightarrow}} \overset{洗涤}{\longrightarrow} \overset{干燥}{\longrightarrow}$$

已知：$Cu^{2+} \xrightarrow{\ 0.1607V\ } Cu^+ \xrightarrow{\ 0.5180V\ } Cu$

$SO_4^{2-} \xrightarrow{\ 0.17V\ } H_2SO_3 \xrightarrow{\ 0.45V\ } S \xrightarrow{\ 0.14V\ } H_2S$

$K_{sp}^{\ominus} = 1.2 \times 10^{-6}$

（1）通过计算说明，为什么合成反应中一定要加入 NaCl？

（2）为了加快氯化亚铜的合成速度，温度高一点好（70~80℃），还是低一点好（30~40℃）？请提出你的观点，并加以分析。

（3）写出合成中的总反应（离子方程式），如何判断反应已经完全？

（4）合成反应结束后，为什么要迅速洗涤和干燥？

# 附 录

## 1 标准热力学函数 ($p^{\ominus}=100\text{kPa}$，$T=298.15\text{K}$)

| 物质(状态) | $\Delta_f H_m^{\ominus}$ /(kJ·mol$^{-1}$) | $\Delta_f G_m^{\ominus}$ /(kJ·mol$^{-1}$) | $S_m^{\ominus}$ /(J·mol$^{-1}$·K$^{-1}$) |
|---|---|---|---|
| Ag(s) | 0 | 0 | 42.50 |
| Ag$^+$(aq) | 105.58 | 77.117 | 72.68 |
| AgBr(s) | −100.37 | −96.9 | 170.10 |
| AgCl(s) | −127.068 | −109.79 | 96.20 |
| AgI(s) | −61.68 | −66.19 | 115.50 |
| AgNO$_3$(s) | −124.39 | −33.41 | 140.92 |
| Ag$_2$O(s) | −30.05 | −11.20 | 121.30 |
| Ag$_2$CO$_3$(s) | −505.8 | −436.8 | 167.40 |
| Al$_2$O$_3$(s,$\alpha$-刚玉) | −1675.7 | −1582.3 | 50.92 |
| Ag$_2$S(s,$\alpha$-斜方) | −32.59 | −40.69 | 144.01 |
| Al$_2$(SO$_4$)$_3$(s) | −3440.84 | −3099.94 | 239.30 |
| AsH$_3$(g) | 66.44 | 68.93 | 222.78 |
| As$_4$O$_6$(s) | −1313.94 | −1152.43 | 214.20 |
| As$_2$S$_3$(s) | −169.0 | −168.6 | 163.60 |
| B(s) | 0 | 0 | 5.86 |
| B$_2$O$_3$(s) | −1272.77 | −1193.65 | 53.97 |
| B$_2$H$_6$(g) | 35.6 | 86.7 | 232.11 |
| BF$_3$(g) | −1137.0 | −1120.33 | 254.12 |
| BCl$_3$(g) | −403.76 | −388.72 | 290.10 |
| BaCO$_3$(s) | −1216.3 | −1137.6 | 112.10 |
| BaO(s) | −553.5 | −525.1 | 70.42 |
| BaCl$_2$(s) | −858.6 | −810.4 | 123.68 |
| BaS(s) | −460.0 | −456.0 | 78.20 |
| Br$_2$(l) | 0 | 0 | 152.23 |
| Br$_2$(g) | 30.91 | 3.11 | 245.46 |
| Be(s) | 0 | 0 | 9.50 |
| BeO(s) | −609.6 | −580.3 | 14.14 |
| BeCl$_2$(s,$\alpha$) | −490.4 | −445.6 | 82.68 |
| Be(OH)$_2$(s,$\alpha$) | −902.5 | −815.0 | 51.90 |
| C(s,石墨) | 0 | 0 | 5.74 |
| C(s,金刚石) | 1.90 | 2.90 | 2.38 |
| CCl$_4$(l) | −135.44 | −65.21 | 216.40 |
| CO(g) | −110.53 | −137.17 | 197.67 |

| 物质(状态) | $\Delta_f H_m^\ominus /(kJ \cdot mol^{-1})$ | $\Delta_f G_m^\ominus /(kJ \cdot mol^{-1})$ | $S_m^\ominus /(J \cdot mol^{-1} \cdot K^{-1})$ |
|---|---|---|---|
| $CO_2(g)$ | $-393.51$ | $-394.36$ | 213.74 |
| $CaCO_3(s,方解石)$ | $-1206.92$ | $-1128.79$ | 92.90 |
| $CaO(s)$ | $-635.09$ | $-604.03$ | 39.75 |
| $Ca(OH)_2(s)$ | $-986.09$ | $-898.49$ | 83.39 |
| $CaS(s)$ | $-482.4$ | $-477.4$ | 56.50 |
| $CaSO_4(s, \alpha)$ | $-1425.24$ | $-1313.42$ | 108.40 |
| $CaSO_4 \cdot 2H_2O(s,生石膏)$ | $-2022.63$ | $-1797.28$ | 194.10 |
| $Cd(s)$ | 0 | 0 | 51.76 |
| $Cd(OH)_2(s)$ | $-560.7$ | $-473.6$ | 96 |
| $CdS(s)$ | $-161.9$ | $-156.5$ | 64.90 |
| $Cl_2(g)$ | 0 | 0 | 223.07 |
| $Co(s,\alpha)$ | 0 | 0 | 30.04 |
| $CoCl_2(s)$ | $-312.5$ | $-269.8$ | 109.16 |
| $Co(NH_3)_6^{2+}(aq)$ | $-584.9$ | $-157.0$ | 146 |
| $Co(OH)_2(s,桃红)$ | $-539.7$ | $-454.3$ | 79.00 |
| $Cr(s)$ | 0 | 0 | 23.77 |
| $Cr_2O_3(s)$ | $-1139.7$ | $-1058.1$ | 81.20 |
| $Cr_2O_7^{2-}(aq)$ | $-1490.3$ | $-1301.1$ | 261.90 |
| $Cu(s)$ | 0 | 0 | 33.15 |
| $CuO(s)$ | $-220.1$ | $-175.7$ | 108.07 |
| $Cu_2O(s)$ | $-157.3$ | $-129.7$ | 42.63 |
| $CuS(s)$ | $-168.6$ | $-146.0$ | 93.14 |
| $CuSO_4(s)$ | $-771.36$ | $-661.8$ | 109 |
| $F_2(g)$ | 0 | 0 | 202.78 |
| $Fe(s)$ | 0 | 0 | 27.28 |
| $Fe_2O_3(s)$ | $-824.2$ | $-742.2$ | 87.40 |
| $Fe_3O_4(s)$ | $-1118.4$ | $-1015.4$ | 146.40 |
| $Fe(OH)_2(s)$ | $-569.0$ | $-486.5$ | 88 |
| $Fe(OH)_3(s)$ | $-823.0$ | $-696.5$ | 106.70 |
| $FeS_2(s)$ | $-178.2$ | $-166.9$ | 52.93 |
| $FeSO_4 \cdot 7H_2O(s)$ | $-3014.57$ | $-2509.87$ | 409.20 |
| $H_2(g)$ | 0 | 0 | 130.68 |
| $H^+(aq)$ | 0 | 0 | 0 |
| $HCl(g)$ | $-92.31$ | $-95.30$ | 186.80 |
| $HF(g)$ | $-271.1$ | $-273.2$ | 173.78 |
| $HBr(g)$ | $-36.40$ | $-53.45$ | 198.70 |
| $HI(g)$ | 26.48 | 1.70 | 206.55 |

| 物质(状态) | $\Delta_f H_m^{\ominus}$ /(kJ・mol$^{-1}$) | $\Delta_f G_m^{\ominus}$ /(kJ・mol$^{-1}$) | $S_m^{\ominus}$ /(J・mol$^{-1}$・K$^{-1}$) |
|---|---|---|---|
| $H_2S(g)$ | −20.63 | −33.56 | 205.79 |
| $HNO_3(l)$ | −174.10 | −80.71 | 155.60 |
| $H_3PO_4(s)$ | −1279.0 | −1119.1 | 110.50 |
| $H_2SO_4(l)$ | −831.99 | −609.0 | 156.90 |
| $H_2O(g)$ | −241.82 | −228.57 | 188.83 |
| $H_2O(l)$ | −285.83 | −237.13 | 69.91 |
| $H_2O_2(l)$ | −187.78 | −120.35 | 109.60 |
| $H_2O_2(g)$ | −136.31 | −105.57 | 232.70 |
| $Hg(l)$ | 0 | 0 | 76.02 |
| $Hg(g)$ | 61.32 | 31.82 | 174.96 |
| $Hg_2Cl_2(s)$ | −265.22 | −210.74 | 192.50 |
| $HgI_2(s)$ | −105.4 | −101.7 | 180 |
| $HgO(s)$ | −90.83 | −58.54 | 70.29 |
| $HgS(s)$ | −53.6 | −47.7 | 88.30 |
| $I_2(s)$ | 0 | 0 | 116.13 |
| $I_2(g)$ | 62.44 | 19.33 | 260.69 |
| $K(s)$ | 0 | 0 | 64.18 |
| $KBr(s)$ | −393.80 | −380.66 | 95.90 |
| $KCl(s)$ | −436.75 | −409.14 | 82.59 |
| $KClO_3(s)$ | −397.73 | −296.25 | 143.10 |
| $KClO_4(s)$ | −432.75 | −303.09 | 151.00 |
| $KCN(s)$ | −113.0 | −101.86 | 128.49 |
| $K_2CO_3(s)$ | −1151.02 | −1063.5 | 155.52 |
| $K_2CrO_4(s)$ | −1403.7 | −1259.7 | 200.12 |
| $K_2Cr_2O_7(s)$ | −2061.5 | −1881.8 | 291.20 |
| $KMnO_4(s)$ | −837.2 | −737.6 | 171.71 |
| $KNO_3(s)$ | −494.63 | −394.86 | 133.05 |
| $KO_2(s)$ | −284.93 | −239.4 | 116.70 |
| $K_2O_2(s)$ | −494.1 | −425.1 | 102.10 |
| $KOH(s)$ | −424.76 | −379.08 | 78.90 |
| $K_2SO_4(s)$ | −1437.79 | −1321.37 | 175.56 |
| $Li(s)$ | 0 | 0 | 29.12 |
| $Li_2CO_3(s)$ | −1215.9 | −1132.06 | 90.37 |
| $LiF(s)$ | −615.97 | −587.71 | 35.65 |
| $LiH(s)$ | −90.54 | −68.05 | 20.01 |
| $Li_2O(s)$ | −597.94 | −561.18 | 37.57 |
| $Li_2SO_4(s)$ | −1436.49 | −1321.70 | 115.1 |

| 物质(状态) | $\Delta_f H_m^{\ominus}$ /(kJ·mol$^{-1}$) | $\Delta_f G_m^{\ominus}$ /(kJ·mol$^{-1}$) | $S_m^{\ominus}$ /(J·mol$^{-1}$·K$^{-1}$) |
|---|---|---|---|
| Mg(s) | 0 | 0 | 32.68 |
| MgCl$_2$(s) | −641.32 | −591.79 | 89.62 |
| MgCO$_3$(s) | −1095.8 | −1012.1 | 65.70 |
| MgSO$_4$(s) | −1284.9 | −1170.6 | 91.60 |
| MgO(s) | −606.70 | −569.43 | 26.94 |
| Mg(OH)$_2$(s) | −924.54 | −833.51 | 63.18 |
| Mn(s) | 0 | 0 | 32.01 |
| MnCl$_2$(s) | −481.29 | −440.59 | 118.24 |
| MnO$_2$(s) | −520.03 | −466.14 | 53.05 |
| MnS(s) | −214.2 | −218.4 | 78.20 |
| MnSO$_4$(s) | −1065.25 | −957.36 | 112.10 |
| N$_2$(g) | 0 | 0 | 191.61 |
| NH$_3$(g) | −46.11 | −16.45 | 192.45 |
| N$_2$H$_4$(l) | 50.63 | 149.34 | 121.21 |
| N$_2$H$_4$(g) | 95.40 | 159.35 | 238.47 |
| NH$_4$Cl(s) | −314.43 | −202.87 | 94.60 |
| NH$_4$HCO$_3$(s) | −849.4 | −665.9120.9 | 120.90 |
| (NH$_4$)$_2$CO$_3$(s) | −333.51 | −197.33 | 104.60 |
| NH$_4$NO$_3$(s) | −365.56 | −183.87 | 151.08 |
| NO(g) | 90.25 | 86.55 | 210.76 |
| NO$_2$(g) | 33.18 | 51.31 | 240.06 |
| N$_2$O$_4$(l) | −19.50 | 97.54 | 209.20 |
| N$_2$O$_4$(g) | 9.16 | 97.89 | 304.29 |
| N$_2$O$_5$(s) | −43.1 | 113.9 | 178.20 |
| N$_2$O$_5$(g) | 11.3 | 115.1 | 355.70 |
| NOCl(g) | 51.71 | 66.08 | 261.69 |
| Na(s) | 0 | 0 | 51.21 |
| NaBr(s) | −361.06 | −348.98 | 86.82 |
| NaCl(s) | −411.15 | −384.14 | 72.13 |
| Na$_2$CO$_3$(s) | −1130.68 | −1044.44 | 134.98 |
| NaHCO$_3$(s) | −950.81 | −851.0 | 101.70 |
| NaF(s) | −573.65 | −543.49 | 51.46 |
| NaI(s) | −287.78 | −286.06 | 98.53 |
| NaNO$_3$(s) | −467.85 | −367.0 | 116.52 |
| Na$_2$O(s) | −414.22 | −375.46 | 75.06 |
| Na$_2$O$_2$(s) | −510.87 | −447.7 | 95.00 |
| NaOH(s) | −425.61 | −379.49 | 64.45 |

| 物质（状态） | $\Delta_f H_m^\ominus /(kJ \cdot mol^{-1})$ | $\Delta_f G_m^\ominus /(kJ \cdot mol^{-1})$ | $S_m^\ominus /(J \cdot mol^{-1} \cdot K^{-1})$ |
|---|---|---|---|
| $Na_3PO_4(s)$ | −1917.4 | −1788.80 | 173.80 |
| $Na_2S(s)$ | −364.8 | −349.8 | 83.70 |
| $Na_2SO_4(s)$ | −1387.08 | −1270.16 | 149.58 |
| $Na_2SO_3(s)$ | −1100.8 | −1012.5 | 145.94 |
| $Na_2SiF_6(s)$ | −2909.6 | −2754.20 | 207.10 |
| $Ni(s)$ | 0 | 0 | 29.87 |
| $NiCl_2(s)$ | −305.33 | −259.03 | 97.65 |
| $NiO(s)$ | −239.7 | −211.7 | 37.99 |
| $Ni(OH)_2(s)$ | −529.7 | −447.2 | 88 |
| $NiSO_4(s)$ | −872.91 | −759.7 | 92.00 |
| $NiS(s)$ | −82.0 | −79.5 | 52.97 |
| $O_2(g)$ | 0 | 0 | 205.14 |
| $O_3(g)$ | 142.7 | 163.2 | 238.90 |
| $OF_2(g)$ | 24.7 | 41.9 | 247.43 |
| $P(s,白磷)$ | 0 | 0 | 41.09 |
| $P(s,红磷)$ | −17.6 | −121.1 | 22.80 |
| $PH_3(g)$ | 5.4 | 13.4 | 210.23 |
| $P_4O_{10}(s)$ | −2984.0 | −2697.7 | 228.86 |
| $Pb(s)$ | 0 | 0 | 64.81 |
| $PbCl_2(s)$ | −359.41 | −314.10 | 136.00 |
| $PbCO_3(s)$ | −699.1 | −625.5 | 131.00 |
| $PbI_2(s)$ | −175.48 | −173.64 | 174.85 |
| $PbO_2(s)$ | −277.4 | −217.33 | 68.60 |
| $PbS(s)$ | −100.4 | −98.7 | 91.20 |
| $PbSO_4(s)$ | −919.94 | −813.14 | 148.57 |
| $S(s)$ | 0 | 0 | 31.80 |
| $SO_2(g)$ | −296.83 | −300.19 | 248.22 |
| $SO_3(g)$ | −395.72 | −371.06 | 256.76 |
| $SbCl_3(s)$ | −382.11 | −323.67 | 184.10 |
| $Sb_2S_3(s)$ | −174.9 | −173.6 | 182.0 |
| $Si(s)$ | 0 | 0 | 18.83 |
| $SiC(s,\beta\text{-立方})$ | −65.3 | −62.8 | 16.61 |
| $SiCl_4(l)$ | −680.7 | −619.84 | 239.70 |
| $SiCl_4(g)$ | −657.01 | −616.98 | 330.73 |
| $SiF_4(g)$ | −1614.9 | −1572.65 | 282.49 |
| $SiO_2(s,\alpha\text{-石英})$ | −910.49 | −856.64 | 41.84 |
| $Sn(s,白色)$ | 0 | 0 | 51.55 |

| 物质(状态) | $\Delta_f H_m^\ominus$ /(kJ·mol$^{-1}$) | $\Delta_f G_m^\ominus$ /(kJ·mol$^{-1}$) | $S_m^\ominus$ /(J·mol$^{-1}$·K$^{-1}$) |
|---|---|---|---|
| Sn(s,灰色) | -2.09 | 0.13 | 44.14 |
| Sn(OH)$_2$(s) | -561.1 | -491.6 | 155.00 |
| SnO$_2$(s) | -580.7 | -519.7 | 52.30 |
| SnCl$_4$(l) | -511.3 | -440.1 | 258.60 |
| SnS(s) | -100 | -98.3 | 77.00 |
| Sr(s) | 0 | 0 | 52.30 |
| SrCl$_2$(s,$\alpha$) | -828.9 | -781.1 | 114.85 |
| SrO(s) | -592.0 | -561.9 | 54.50 |
| SrCO$_3$(s) | -1220.1 | -1140.1 | 97.10 |
| SrSO$_4$(s) | -1453.1 | -1340.9 | 117.00 |
| Ti(s) | 0 | 0 | 30.63 |
| TiCl$_3$(s) | -720.9 | -653.5 | 139.70 |
| TiO$_2$(s,锐钛矿) | -939.7 | -884.5 | 49.92 |
| TiO$_2$(s,金红石) | -944.7 | -889.5 | 50.33 |
| Zn(s) | 0 | 0 | 41.63 |
| ZnCl$_2$(s) | -415.05 | -396.40 | 111.46 |
| Zn(OH)$_2$(s,$\beta$) | -641.91 | -553.52 | 81.20 |
| ZnS(s,闪锌矿) | -205.98 | -201.29 | 57.70 |
| ZnSO$_4$(s) | -982.8 | -871.5 | 110.50 |
| CH$_4$(g) | -74.8 | -50.72 | 186.26 |
| C$_2$H$_2$(g) | 226.73 | 209.20 | 200.94 |
| C$_2$H$_4$(g) | 52.26 | 68.15 | 219.56 |
| C$_2$H$_6$(g) | -84.68 | -32.82 | 229.60 |
| C$_6$H$_6$(l) | 48.99 | 124.35 | 173.26 |
| C$_6$H$_6$(g) | 82.93 | 129.66 | 269.20 |
| C$_2$H$_5$OH(l) | -277.69 | -174.78 | 160.07 |

## 2 常温下（18～25℃），一些弱电解质在水中的解离常数

| 酸 | $K_a$ | p$K_a$ |
|---|---|---|
| H$_2$SO$_3$ | $K_{a1}$:1.54×10$^{-2}$ | 1.81 |
| | $K_{a2}$:1.02×10$^{-7}$ | 6.91 |
| H$_3$PO$_4$ | $K_{a1}$:7.52×10$^{-3}$ | 2.12 |
| | $K_{a2}$:6.25×10$^{-8}$ | 7.21 |
| | $K_{a3}$:2.2×10$^{-13}$ | 12.67 |
| H$_2$CO$_3$ | $K_{a1}$:4.30×10$^{-7}$ | 6.37 |
| | $K_{a2}$:5.61×10$^{-11}$ | 10.25 |
| H$_2$S | $K_{a1}$:9.1×10$^{-8}$ | 7.04 |
| | $K_{a2}$:1.1×10$^{-12}$ | 11.96 |

续表

| 酸 | $K_a$ | $pK_a$ |
|---|---|---|
| $HNO_2$ | $4.6 \times 10^{-4}$ | 3.37 |
| HF | $3.53 \times 10^{-4}$ | 3.45 |
| HCOOH | $1.77 \times 10^{-4}$ | 3.75 |
| $CH_3COOH$ | $1.76 \times 10^{-5}$ | 4.75 |
| HClO | $2.95 \times 10^{-8}$ | 7.53 |
| $H_3BO_3$ | $7.3 \times 10^{-10}$ | 9.14 |
| HCN | $4.93 \times 10^{-10}$ | 9.31 |
| 碱 | $K_b$ | $pK_b$ |
| $NH_3$ | $1.77 \times 10^{-5}$ | 4.75 |

### 3 一些物质在水中的溶度积 $K_{sp}$（25℃）

| 难容电解质 | $K_{sp}$ | 难容电解质 | $K_{sp}$ |
|---|---|---|---|
| AgBr | $5.35 \times 10^{-13}$ | CuS | $1.27 \times 10^{-36}$ |
| AgCl | $1.77 \times 10^{-10}$ | $Fe(OH)_2$ | $4.87 \times 10^{-17}$ |
| $Ag_2CrO_4$ | $1.12 \times 10^{-12}$ | $Fe(OH)_3$ | $2.64 \times 10^{-39}$ |
| AgI | $8.51 \times 10^{-17}$ | FeS | $1.59 \times 10^{-19}$ |
| $Ag_2S$ | $6.69 \times 10^{-50}(\alpha)$ $1.09 \times 10^{-49}(\beta)$ | HgS | $6.44 \times 10^{-53}$（黑） $2.00 \times 10^{-53}$（红） |
| $Ag_2SO_4$ | $1.20 \times 10^{-5}$ | $MgCO_3$ | $6.82 \times 10^{-6}$ |
| $Al(OH)_3$ | $2 \times 10^{-33}$ | $Mg(OH)_2$ | $5.61 \times 10^{-12}$ |
| $BaCO_3$ | $2.58 \times 10^{-9}$ | $Mn(OH)_2$ | $2.06 \times 10^{-13}$ |
| $BaSO_4$ | $1.07 \times 10^{-10}$ | MnS | $4.65 \times 10^{-14}$ |
| $BaCrO_4$ | $1.17 \times 10^{-10}$ | $PbCO_3$ | $1.46 \times 10^{-13}$ |
| $CaF_2$ | $1.46 \times 10^{-10}$ | $PbCl_2$ | $1.17 \times 10^{-5}$ |
| $CaCO_3$ | $4.96 \times 10^{-9}$ | $PbI_2$ | $8.49 \times 10^{-9}$ |
| $Ca_3(PO_4)_2$ | $2.07 \times 10^{-33}$ | PbS | $9.04 \times 10^{-29}$ |
| $CaSO_4$ | $7.10 \times 10^{-5}$ | $PbSO_4$ | $1.82 \times 10^{-8}$ |
| CdS | $1.40 \times 10^{-29}$ | $ZnCO_3$ | $1.19 \times 10^{-10}$ |
| $Cd(OH)_2$ | $5.27 \times 10^{-15}$ | ZnS | $2.93 \times 10^{-25}$ |

### 4 一些配离子在水中的稳定常数 $K_f$ 和不稳定常数 $K_d$

| 配离子 | $K_f$ | $lgK_f$ | $K_d$ | $lgK_d$ |
|---|---|---|---|---|
| $[AgBr_2]^-$ | $2.14 \times 10^7$ | 7.33 | $4.67 \times 10^{-8}$ | $-7.33$ |
| $[Ag(CN)_2]^-$ | $1.26 \times 10^{21}$ | 21.1 | $7.94 \times 10^{-22}$ | $-21.1$ |
| $[AgCl_2]^-$ | $1.10 \times 10^5$ | 5.04 | $9.09 \times 10^{-6}$ | $-5.04$ |
| $[AgI_2]^-$ | $5.5 \times 10^{11}$ | 11.74 | $1.82 \times 10^{-12}$ | $-11.74$ |
| $[Ag(NH_3)_2]^+$ | $1.12 \times 10^7$ | 7.05 | $8.93 \times 10^{-8}$ | $-7.05$ |
| $[Ag(S_2O_3)_2]^{3-}$ | $2.89 \times 10^{13}$ | 13.46 | $3.46 \times 10^{-14}$ | $-13.46$ |

| 配离子 | $K_f$ | $\lg K_f$ | $K_d$ | $\lg K_d$ |
|---|---|---|---|---|
| $[Co(NH_3)_6]^{2+}$ | $1.29\times10^5$ | 5.11 | $7.75\times10^{-6}$ | $-5.11$ |
| $[Cu(CN)_2]^-$ | $1\times10^{24}$ | 24.0 | $1\times10^{-24}$ | $-24.0$ |
| $[Cu(NH_3)_2]^+$ | $7.24\times10^0$ | 10.86 | $1.38\times10^{-11}$ | $-10.86$ |
| $[Cu(NH_3)_4]^{2+}$ | $2.09\times10^{13}$ | 13.32 | $4.78\times10^{-14}$ | $-13.32$ |
| $[Cu(SCN)_2]^-$ | $1.52\times10^5$ | 5.18 | $6.58\times10^{-6}$ | $-5.18$ |
| $[Fe(CN)_6]^{3-}$ | $1\times10^{42}$ | 42.0 | $1\times10^{-42}$ | $-42.0$ |
| $[HgBr_4]^{2-}$ | $1\times10^{21}$ | 21.0 | $1\times10^{-21}$ | $-21.0$ |
| $[HgCl_4]^{2-}$ | $1.17\times10^{15}$ | 15.07 | $8.55\times10^{-16}$ | $-15.07$ |
| $[HgI_4]^{2-}$ | $6.76\times10^{29}$ | 29.83 | $1.48\times10^{-30}$ | $-29.83$ |
| $[Hg(CN)_4]^{2-}$ | $2.51\times10^{41}$ | 41.4 | $3.98\times10^{-42}$ | $-41.4$ |
| $[Ni(NH_3)_6]^{2+}$ | $5.50\times10^8$ | 8.74 | $1.82\times10^{-9}$ | $-8.74$ |
| $[Ni(en)_3]^{2+}$ | $2.14\times10^{18}$ | 18.33 | $4.67\times10^{-19}$ | $-18.33$ |
| $[Zn(CN)_4]^{2-}$ | $5.0\times10^{16}$ | 16.7 | $2.0\times10^{-17}$ | $-16.7$ |
| $[Zn(NH_3)_4]^{2+}$ | $2.87\times10^9$ | 9.46 | $3.48\times10^{-10}$ | $-9.46$ |
| $[Zn(en)_2]^{2+}$ | $6.76\times10^{10}$ | 10.83 | $1.48\times10^{-11}$ | $-10.83$ |

## 5　标准电极电势（25℃）

| 电对（氧化态/还原态） | 电极反应<br>氧化态$+ne^-=$还原态 | 标准电极电势 $\varphi^{\ominus}/V$ |
|---|---|---|
| $Li^+/Li$ | $Li^+(aq)+e^-=Li(s)$ | $-3.0401$ |
| $K^+/K$ | $K^+(aq)+e^-=K(s)$ | $-2.931$ |
| $Ca^+/Ca$ | $Ca^{2+}(aq)+2e^-=Ca(s)$ | $-2.868$ |
| $Na^+/Na$ | $Na^+(aq)+e^-=Na(s)$ | $-2.71$ |
| $Mg^{2+}/Mg$ | $Mg^{2+}(aq)+2e^-=Mg(s)$ | $-2.372$ |
| $Al^{3+}/Al$ | $Al^{3+}(aq)+3e^-=Al(s)(0.1mol\cdot L^{-1}NaOH)$ | $-1.662$ |
| $Mn^{2+}/Mn$ | $Mn^{2+}(aq)+2e^-=Mn(s)$ | $-1.185$ |
| $Zn^{2+}/Zn$ | $Zn^{2+}(aq)+2e^-=Zn(s)$ | $-0.7618$ |
| $Fe^{2+}/Fe$ | $Fe^{2+}(aq)+2e^-=Fe(s)$ | $-0.447$ |
| $Cd^{2+}/Cd$ | $Cd^{2+}(aq)+2e^-=Cd(s)$ | $-0.4030$ |
| $Co^{2+}/Co$ | $Co^{2+}(aq)+2e^-=Co(s)$ | $-0.28$ |
| $Ni^{2+}/Ni$ | $Ni^{2+}(aq)+2e^-=Ni(s)$ | $-0.257$ |
| $Sn^{2+}/Sn$ | $Sn^{2+}(aq)+2e^-=Sn(s)$ | $-0.1375$ |
| $Pb^{2+}/Pb$ | $Pb^{2+}(aq)+2e^-=Pb(s)$ | $-0.1262$ |
| $H^+/H_2$ | $H^+(aq)+e^-=1/2H_2(g)$ | $0$ |
| $S_4O_6^{2-}/S_2O_3^{2-}$ | $S_4O_6^{2-}(aq)+2e^-=2S_2O_3^{2-}(aq)$ | $+0.08$ |
| $S/H_2S$ | $S(s)+2H^+(aq)+2e^-=H_2S(aq)$ | $+0.142$ |
| $Sn^{4+}/Sn^{2+}$ | $Sn^{4+}(aq)+2e^-=Sn^{2+}(aq)$ | $+0.151$ |
| $SO_4^{2-}/H_2SO_3$ | $SO_4^{2-}(aq)+4H^+(aq)+2e^-=H_2SO_3(aq)+H_2O$ | $+0.172$ |

续表

| 电对(氧化态/还原态) | 电极反应<br>氧化态$+n$e$^-$=还原态 | 标准电极电势 $\varphi^{\ominus}$/V |
|---|---|---|
| $Hg_2Cl_2/Hg$ | $Hg_2Cl_2(s)+2e^-=2Hg(l)+2Cl^-(aq)$ | +0.2681 |
| $Cu^{2+}/Cu$ | $Cu^{2+}(aq)+2e^-=Cu(s)$ | +0.3419 |
| $O_2/OH^-$ | $1/2O_2(g)+H_2O+2e^-=2OH^-(aq)$ | +0.401 |
| $Cu^+/Cu$ | $Cu^+(aq)+e^-=Cu(s)$ | +0.521 |
| $I_2/I^-$ | $I_2(s)+2e^-=2I^-(aq)$ | +0.5355 |
| $O_2/H_2O_2$ | $O_2(g)+2H^+(aq)+2e=^-H_2O_2(aq)$ | +0.695 |
| $Fe^{3+}/Fe^{2+}$ | $Fe^{3+}(aq)+e^-=Fe^{2+}(aq)$ | +0.771 |
| $Hg_2^{2+}/Hg$ | $1/2Hg_2^{2+}(aq)+2e^-=Hg(l)$ | +0.7973 |
| $Ag^+/Ag$ | $Ag^+(aq)+e^-=Ag(s)$ | +0.7990 |
| $Hg^{2+}/Hg$ | $Hg^{2+}(aq)+2e^-=Hg(l)$ | +0.851 |
| $NO_3^-/NO$ | $NO_3^-(aq)+4H^+(aq)+3e^-=NO(g)+2H_2O$ | +0.957 |
| $HNO_2/NO$ | $HNO_2(aq)+H^+(aq)+e^-=NO(g)+H_2O$ | +0.983 |
| $Br_2/Br^-$ | $Br_2(l)+2e^-=2Br^-(aq)$ | +1.066 |
| $MnO_2/Mn^{2+}$ | $MnO_2(s)+4H^+(aq)+2e^-=Mn^{2+}(aq)+2H_2O$ | +1.224 |
| $O_2/H_2O$ | $O_2(g)+4H^+(aq)+4e^-=2H_2O$ | +1.229 |
| $Cr_2O_7^{2-}/Cr^{3+}$ | $Cr_2O_7^{2-}(aq)+14H^+(aq)+6e^-=2Cr^{3+}(aq)+7H_2O$ | +1.232 |
| $Cl_2/Cl^-$ | $Cl_2(g)+2e^-=2Cl^-(aq)$ | +1.3583 |
| $MnO_4^-/Mn^{2+}$ | $MnO_4^-(aq)+8H^+(aq)+5e^-=Mn^{2+}(aq)+4H_2O$ | +1.507 |
| $H_2O_2/H_2O$ | $H_2O_2(aq)+2H^+(aq)+2e^-=2H_2O$ | +1.776 |
| $S_2O_8^{2-}/SO_4^{2-}$ | $S_2O_8^{2-}(aq)+2e^-=2SO_4^{2-}(aq)$ | +2.010 |
| $F_2/F^-$ | $F_2(g)+2e^-=2F^-(aq)$ | +2.866 |

### 6　元素周期表

为方便排版和阅读，本书中提供的是一份竖排的元素周期表。此表摘自化学工业出版社于2019年最新出版的《元素周期表和元素知识集萃》（第2版），作者为周公度、王颖霞。

# 竖排元素周期表

| 族 \ 周期和电子层 | 1 (K) | 2 (KL) | 3 (KLM) | 4 (KLMN) | 5 (KLMNO) | 6 (KLMNOP) | 7 (KLMNOPQ) | 57~71 镧系 | 89~103 锕系 |
|---|---|---|---|---|---|---|---|---|---|
| 1 (1A) | 1 氢 H 1.008 $1s^1$ | 3 锂 Li 6.941 $2s^1$ | 11 钠 Na 22.99 $3s^1$ | 19 钾 K 39.10 $4s^1$ | 37 铷 Rb 85.47 $5s^1$ | 55 铯 Cs 132.9 $6s^1$ | 87 钫 Fr [223] $7s^1$ | | |
| 2 (2A) | | 4 铍 Be 9.012 $2s^2$ | 12 镁 Mg 24.31 $3s^2$ | 20 钙 Ca 40.08 $4s^2$ | 38 锶 Sr 87.62 $5s^2$ | 56 钡 Ba 137.3 $6s^2$ | 88 镭 Ra [226] $7s^2$ | | |
| 3 (3B) | | | | 21 钪 Sc 44.96 $3d^14s^2$ | 39 钇 Y 88.91 $4d^15s^2$ | 57~71 La–Lu | 89~103 Ac–Lr | | |
| 4 (4B) | | | | 22 钛 Ti 47.87 $3d^24s^2$ | 40 锆 Zr 91.22 $4d^25s^2$ | 72 铪 Hf 178.5 $5d^26s^2$ | 104 铲 Rf [267] $6d^27s^2$ | 57 镧 La 138.9 $5d^16s^2$ | 89 锕 Ac [227] $6d^17s^2$ |
| 5 (5B) | | | | 23 钒 V 50.94 $3d^34s^2$ | 41 铌 Nb 92.91 $4d^45s^1$ | 73 钽 Ta 180.9 $5d^36s^2$ | 105 𨧀 Db [268] $6d^37s^2$ | 58 铈 Ce 140.1 $4f^15d^16s^2$ | 90 钍 Th 232.0 $6d^27s^2$ |
| 6 (6B) | | | | 24 铬 Cr 52.00 $3d^54s^1$ | 42 钼 Mo 95.96 $4d^55s^1$ | 74 钨 W 183.8 $5d^46s^2$ | 106 𨭎 Sg [271] $6d^47s^2$ | 59 镨 Pr 140.9 $4f^36s^2$ | 91 镤 Pa 231.0 $5f^26d^17s^2$ |
| 7 (7B) | | | | 25 锰 Mn 54.94 $3d^54s^2$ | 43 锝 Tc [98] $4d^55s^2$ | 75 铼 Re 186.2 $5d^56s^2$ | 107 𨨏 Bh [270] $6d^57s^2$ | 60 钕 Nd 144.2 $4f^46s^2$ | 92 铀 U 238.0 $5f^36d^17s^2$ |
| 8 (8B) | | | | 26 铁 Fe 55.85 $3d^64s^2$ | 44 钌 Ru 101.1 $4d^75s^1$ | 76 锇 Os 190.2 $5d^66s^2$ | 108 𨭆 Hs [277] $6d^67s^2$ | 61 钷 Pm [145] $4f^56s^2$ | 93 镎 Np [237] $5f^46d^17s^2$ |
| 9 (8B) | | | | 27 钴 Co 58.93 $3d^74s^2$ | 45 铑 Rh 102.9 $4d^85s^1$ | 77 铱 Ir 192.2 $5d^76s^2$ | 109 鿏 Mt [276] $6d^77s^2$ | 62 钐 Sm 150.4 $4f^66s^2$ | 94 钚 Pu [244] $5f^67s^2$ |
| 10 (8B) | | | | 28 镍 Ni 58.69 $3d^84s^2$ | 46 钯 Pd 106.4 $4d^{10}$ | 78 铂 Pt 195.1 $5d^96s^1$ | 110 𫟼 Ds [281] $6d^87s^2$ | 63 铕 Eu 152.0 $4f^76s^2$ | 95 镅 Am [243] $5f^77s^2$ |
| 11 (1B) | | | | 29 铜 Cu 63.55 $3d^{10}4s^1$ | 47 银 Ag 107.9 $4d^{10}5s^1$ | 79 金 Au 197.0 $5d^{10}6s^1$ | 111 轮 Rg [282] $6d^{10}7s^1$ | 64 钆 Gd 157.3 $4f^75d^16s^2$ | 96 锔 Cm [247] $5f^76d^17s^2$ |
| 12 (2B) | | | | 30 锌 Zn 65.38 $3d^{10}4s^2$ | 48 镉 Cd 112.4 $4d^{10}5s^2$ | 80 汞 Hg 200.6 $5d^{10}6s^2$ | 112 鎶 Cn [285] $6d^{10}7s^2$ | 65 铽 Tb 158.9 $4f^96s^2$ | 97 锫 Bk [247] $5f^97s^2$ |
| 13 (3A) | | 5 硼 B 10.81 $2s^22p^1$ | 13 铝 Al 26.98 $3s^23p^1$ | 31 镓 Ga 69.72 $4s^24p^1$ | 49 铟 In 114.8 $5s^25p^1$ | 81 铊 Tl 204.4 $6s^26p^1$ | 113 鿭 Nh [285] $7s^27p^1$ | 66 镝 Dy 162.5 $4f^{10}6s^2$ | 98 锎 Cf [251] $5f^{10}7s^2$ |
| 14 (4A) | | 6 碳 C 12.01 $2s^22p^2$ | 14 硅 Si 28.09 $3s^23p^2$ | 32 锗 Ge 72.63 $4s^24p^2$ | 50 锡 Sn 118.7 $5s^25p^2$ | 82 铅 Pb 207.2 $6s^26p^2$ | 114 铁 Fl [289] $7s^27p^2$ | 67 钬 Ho 164.9 $4f^{11}6s^2$ | 99 锿 Es [252] $5f^{11}7s^2$ |
| 15 (5A) | | 7 氮 N 14.01 $2s^22p^3$ | 15 磷 P 30.97 $3s^23p^3$ | 33 砷 As 74.92 $4s^24p^3$ | 51 锑 Sb 121.8 $5s^25p^3$ | 83 铋 Bi 209.0 $6s^26p^3$ | 115 镆 Mc [289] $7s^27p^3$ | 68 铒 Er 167.3 $4f^{12}6s^2$ | 100 镄 Fm [257] $5f^{12}7s^2$ |
| 16 (6A) | | 8 氧 O 16.00 $2s^22p^4$ | 16 硫 S 32.06 $3s^23p^4$ | 34 硒 Se 78.96 $4s^24p^4$ | 52 碲 Te 127.6 $5s^25p^4$ | 84 钋 Po [209] $6s^26p^4$ | 116 鉝 Lv [293] $7s^27p^4$ | 69 铥 Tm 168.9 $4f^{13}6s^2$ | 101 钔 Md [258] $5f^{13}7s^2$ |
| 17 (7A) | | 9 氟 F 19.00 $2s^22p^5$ | 17 氯 Cl 35.45 $3s^23p^5$ | 35 溴 Br 79.90 $4s^24p^5$ | 53 碘 I 126.9 $5s^25p^5$ | 85 砹 At [210] $6s^26p^5$ | 117 鿭 Ts [294] $7s^27p^5$ | 70 镱 Yb 173.1 $4f^{14}6s^2$ | 102 锘 No [259] $5f^{14}7s^2$ |
| 18 (8A) | 2 氦 He 4.003 $1s^2$ | 10 氖 Ne 20.18 $2s^22p^6$ | 18 氩 Ar 39.95 $3s^23p^6$ | 36 氪 Kr 83.80 $4s^24p^6$ | 54 氙 Xe 131.9 $5s^25p^6$ | 86 氡 Rn [222] $6s^26p^6$ | 118 鿫 Og [294] $7s^27p^6$ | 71 镥 Lu 175.0 $4f^{14}5d^16s^2$ | 103 铹 Lr [262] $5f^{14}6d^17s^2$ |

区域标记：s 区、p 区、d 区、ds 区、f 区

图例说明：

```
原子序数 ── 19 钾 K ── 元素符号
中文名称 ──   39.10
标准原子量（[ ]中为半衰期最长的同位素质量数） ── 4s¹ ── 价电子组态
```

s 区元素　p 区元素　d 区元素　ds 区元素　f 区元素

# 参 考 文 献

[1] 武汉大学，吉林大学等校编. 无机化学：上、下册. 第三版. 北京：高等教育出版社，1994.

[2] 北京师范大学无机化学教研室，华中师范大学无机化学教研室，南京师范大学无机化学教研室编. 无机化学：上、下册. 第四版. 北京：高等教育出版社，2008.

[3] 大连理工大学无机化学教研室编. 无机化学. 第五版. 北京：高等教育出版社，2006.

[4] 浙江大学普通化学教研组编. 普通化学. 第五版. 北京：高等教育出版社，2002.

[5] 南昌大学组织编写. 大学化学. 北京：高等教育出版社，2013.

[6] 刘伟生主编. 配位化学. 北京：化学工业出版社，2013.

[7] 孙为银编著. 配位化学. 第二版. 北京：化学工业出版社，2010.

[8] 孙小强，孟启，阎海波编. 超分子化学导论. 北京：中国石化出版社，1997.

[9] 傅献彩，沈文霞，姚天扬等编. 物理化学：上、下册. 第四版. 北京：高等教育出版社，2006.

[10] 李保山主编. 基础化学. 北京：科学出版社，2008.

[11] 浙江大学编. 无机及分析化学. 北京：高等教育出版社，2003.

[12] 李奇，陈光巨主编. 材料化学. 第2版. 北京：高等教育出版社，2010.